高等职业教育“十二五”规划教材

移动通信项目化教程

薛宏甫　张平川　吴保奎　白巧灵　编著

机 械 工 业 出 版 社

本书是专为高职高专电子信息专业师生编写的移动通信项目化简明教程，以项目为载体，以提高学生技能为导向，较为全面、系统地阐述了现代移动通信的基本原理、基本技术和当今广泛使用的各类移动通信系统，较为充分地反映了当代移动通信的新技术。

全书共分九个项目，分别是移动通信整体认识、认识移动通信系统关键技术、移动通信系统组网、GSM 系统及终端维修、CDMA 系统及终端检修、单片机温度测试短信系统、GSM 手机典型电路分析、移动通信终端的检修实训、手机电路识图能力拓展。

本书以项目为载体，以情景融合知识与技能，内容丰富、新颖，系统性强，并针对高职高专院校的教学特点，突出了实用性的内容，强化了实际操作技能的训练，可作为广大高职高专院校电子信息工程及通信类相关专业学生学习移动通信专业课程的教材，也可用于从事移动通信工作的工程技术人员和管理人员的参考阅读。

为方便教学，本书配有免费电子课件、项目思考答案、模拟试卷及答案等，凡选用本书作为授课教材的学校，均可来电（010-88379564）或邮件（cmpqu@163.com）索取，有任何技术问题也可通过以上方式联系。

图书在版编目（CIP）数据

移动通信项目化教程/薛宏甫等编著．—北京：机械工业出版社，2013.12

高等职业教育“十二五”规划教材

ISBN 978-7-111-44913-3

Ⅰ.①移… Ⅱ.①薛… Ⅲ.①移动通信－高等职业教育－教材 Ⅳ.①TN929.5

中国版本图书馆 CIP 数据核字（2013）第 282976 号

机械工业出版社（北京市百万庄大街 22 号 邮政编码 100037）

策划编辑：曲世海 责任编辑：曲世海 冯睿娟

版式设计：霍永明 责任校对：刘雅娜

封面设计：赵颖喆 责任印制：乔 宇

北京机工印刷厂印刷（三河市南杨庄国丰装订厂装订）

2014 年 1 月第 1 版第 1 次印刷

184mm×260mm · 13 印张 · 320 千字

0 001—2 000 册

标准书号：ISBN 978-7-111-44913-3

定价：26.00 元

前　　言

自20世纪60年代末蜂窝式移动通信问世以来，经过近半个世纪的发展，移动通信已成为当代通信领域内发展潜力最大、市场前景最广的热点技术，给社会带来了深刻的信息化变革。移动通信在21世纪仍有巨大的发展空间，随着第三代移动通信技术的商用和移动网与互联网的融合，全球已经进入全面移动信息时代。

随着移动通信产业的快速发展，迫切需要大量的掌握通信实用技术的中、高级技术人才，而高职高专院校和行业岗位培训部门担负着移动通信领域内中、高级技术工人的培养任务。

项目化是当今高等职业教育课程改革的根本方向，因此，本教材为适应移动通信原理与技术课程的教学改革需要，根据教学大纲的指导思想，考虑到移动通信原理与技术的深度和广度，结合职业技能培养的特点，建立了以项目为载体、以能力培养为主线的教材体系。全书共组织了九个项目，涉及移动通信系统的基本知识、基本技术和组网技术、移动通信终端设备（手机）的电路原理和检修技能、移动通信系统在智能化控制方面的应用等。

本教材在编写过程中，组织了一批长期从事课程教学且具有丰富实践经验的老师和工程技术人员，经过反复研讨，通过丰富的图表，力图体现教材内容新颖简明、理论表述通俗易懂、电路分析典型实用、结构体系灵活清晰的特点。

本书可作为高职高专院校电子信息工程技术专业、通信技术专业及相近专业的移动通信技术课程的教材，可作为电子工程师继续教育、移动通信技术培训的教材，也可用于从事移动通信工作的工程技术人员和管理人员的参考阅读。

本书项目一、五、八由吴保奎老师编写；项目三、四、六、七由张平川老师编写；项目二、九由薛宏甫高级工程师编写；附录由白巧灵老师编写。

鉴于时间仓促、作者水平有限，加之移动通信技术的发展日新月异，书中难免有疏漏甚至不当之处，恳请读者批评指正。

编　者

目　录

项目一 移动通信整体认识

情景一 认识移动通信

随着社会的发展、科学技术的不断进步，人们希望能够随时随地、迅速可靠地与通信的另一方进行信息交流。这里所说的“信息交流”，不仅指通信双方的通话，还包括数据、传真、影音图像等通信业务。当代通信主要有微波中继通信、光纤通信、卫星通信和移动通信等几种方式，其中，移动通信是现代通信中发展最为迅速的一种通信方式。它不仅是固定通信的延伸，也是实现人类理想通信必不可少的手段。移动通信系统已发展成为一种有线通信与无线通信融为一体、固定通信与移动通信相互连通的通信系统。

所谓移动通信是指通信的一方或双方在移动状态中，或临时停留在某一预定位置上进行信息传递和交换的方式。这里所说的“信息传递和交换”，不仅指语音，还包括数据、传真、影音图像等通信业务。移动通信不受时间和空间的限制，其信息交流机动、灵活、迅速、可靠，是达到个人通信的必经阶段。

移动通信技术是一门融合了当代微电子技术、计算机技术、无线通信技术、有线通信技术以及交换和网络技术的综合性技术。由于大规模集成电路和微处理器、声表面波器件、数字信号处理、程控交换技术的进步，使移动通信技术趋于完善，同时大大促进了移动通信设备的小型化、自动化，并使移动通信系统向大容量和多功能方向发展，因此，移动通信业务必将有更大发展，在整个通信业务中将占据重要地位。

移动通信涉及的范围很广，凡是固定体与移动体，或移动体之间通过无线电波进行通信，都属于移动通信的范畴。移动通信系统形式多样，本书主要介绍代表移动通信发展方向、体现移动通信主流技术的公用数字蜂窝移动通信的技术和系统，并分析了数字移动电话的故障特点、维修方法等内容。

一、认识移动通信的发展历史

1. 世界移动通信的发展历史

移动通信的历史可以追溯到19世纪末20世纪初。在1895年无线电发明之后，摩尔斯电报首先用于船舶通信，1899年11月，美国“圣保罗”号邮船在向东行驶时，收到了从150km外的怀特岛发来的无线电报，向世人宣告了移动通信的诞生。1900年1月，在波罗的海一群遇难渔民通过无线电呼叫而得救，这也是移动通信第一次在海上证明了它对人类的价值。紧接着1901年英国蒸汽机车装载了第一部陆地移动电台。1903年底莱特驾驶自己的飞行器，开创了航空新的领域，飞机更需要通信来保证飞行安全。于是移动通信这个20世纪的新生事物便相继在海、陆、空三大领域起步了。

回顾移动通信的100年发展历程，大致经历了以下五个发展阶段。

第一阶段：19世纪末至20世纪40年代初，移动通信主要应用于船舶、飞机和汽车等专用无线通信系统及军事通信系统，其使用频率主要是短波，设备采用电子管，并采用人工交换和人工切换频率的控制和接续方式。使用工作频率最初为 2MHz，到 20 世纪 40 年代提高到 30 ~ 40MHz。

第二阶段：20 世纪 40 年代中期至 60 年代，在此期间，公用移动通信业务问世，移动通信所使用的频率开始向更高的频段发展。1946 年，美国在圣路易斯城建立起世界上第一个公用汽车电话网，称为“城市系统”。此后，法国（1956 年）、英国（1959 年）等一些国家也相继组建了公用汽车电话系统，开通了汽车电话业务。同时，专用移动无线电话系统大量涌现，广泛应用于公安、消防、出租汽车、新闻和调度等方面。

但是，在此期间的电话接续为人工操作，主要使用 150MHz 和 450MHz 频段，通信方式为单工。网络体制采用大区制，可用信道数很少，网络容量也比较小。特别值得一提的是，1947 年 Bell 实验室提出了蜂窝的概念。1964 年美国开始研制更先进的移动电话系统 IMTS（Improved Mobile Telephone System）。这一阶段是移动通信系统改进与完善的阶段。

第三阶段：20 世纪 70 年代至 80 年代中期，随着集成电路技术、微型计算机和微处理器的发展，以及由美国贝尔实验室推出的蜂窝系统的概念和理论的应用，美国和日本等国家纷纷研制出陆地移动通信系统。这些陆地移动通信系统有美国的 AMPS（Advanced Mobile Phone Service）、英国的 TACS（Total Access Communications System）、北欧的 NMT（Nordic Mobile Telephone）等，其中，AMPS 成为我国主要系统之一。这个时期，系统中的主要技术是模拟调频、频分多址，使用频段为 800MHz 或 900MHz（早期使用 450MHz），信道间隔为 12.5 ~ 30kHz。这一阶段是移动通信系统不断完善和成熟的阶段，进入 80 年代后，许多无线系统已经在全世界范围内发展起来，寻呼系统和无绳电话系统不断扩大服务范围，很多相应的标准也应运而生。这一时期的系统通常称为第一代移动通信系统，也称模拟移动通信系统。这一阶段，各个国家和地区都选择与之国情相适应的系统进行研究，并对无线网络进行配置，这是产生系统标准繁多的主要原因。模拟移动通信系统制式复杂，不易实现国际漫游，不能提供综合业务数字网 ISDN（Integrated Service Digital Network）业务，而通信网的发展趋势最终将向 ISDN 过渡。因此，随着非话业务的发展，综合业务数字网逐步投入使用，对移动通信领域数字化要求越来越迫切。模拟移动通信系统设备价格高，手机体积大，电池充电后有效工作时间短，只能持续工作 8h，给用户带来不便。模拟移动通信系统用户容量受限制，在人口密度很大的城市，系统扩容困难。解决上述问题的最有效办法就是采用一种新技术，即移动通信的数字化，对应的系统称为数字移动通信系统。

第四阶段：20 世纪 80 年代到 90 年代初期，随着数字技术的发展，通信、信息领域的很多方面都面临着向数字化、综合化、宽带化方向发展的问题。数字移动通信以数字传输、时分多址和码分多址为主体技术，主要业务包括电话和数据等窄带综合数字业务，可与窄带综合业务数字网 N-ISDN（Narrow Integrated Service Digital Network）相兼容。开始进入商用的数字蜂窝系统有欧洲的 GSM（Global System for Mobile Communication）、美国的 DAMPS（Digital Advanced Mobile Phone System）、日本的 PDC（Personal Digital Cellular）等。通常将第二代移动通信系统称为数字移动通信系统。

第五阶段：20 世纪 90 年代中期至今，由于技术的发展和用户对系统传输能力的要求越来越高，几千比特每秒的数据传输能力已经不能满足一些用户对于高速率数据传输的需要，新的技术如 IP 等不能有效地实现，这些需要是高速率移动通信系统发展的市场动力。在此情况下，开始出现了传输速率为 9 ~ 150kbit/s 的通用分组无线业务 GPRS（General Packet

Radio Service）系统和其他系统，成为向第三代移动通信过渡的系统。

随着社会经济的发展以及信息个人化、业务多样化、综合化的趋向，第三代移动通信系统进入了研制阶段。国际电信联盟ITU（International Telecommunications Union）提出的第三代移动通信系统IMT-2000（International Mobile Telecommunications 2000）的克服了第二代移动通信系统因技术局限而无法提供宽带移动通信业务的缺陷。IMT-2000的目标是全球统一频段，统一标准，全球无缝覆盖；实现高质量服务、高保密性能、高频谱效率；提供从低速率的语音业务到高达2Mbit/s的多媒体业务。三代移动通信比较见表1-1。

表1-1　三代移动通信比较

第一代	第二代	第三代
模拟（蜂窝）	数字（双模式、双频）	多模式、多频
语音通信	语音和数据通信	当前通信业务（语音，中速数据）之外的新业务
仅为宏小区	宏/微小区	卫星/宏/微/微微小区
主要用于户外覆盖	户内/户外覆盖	无缝全球漫游，供户内外使用
与固定PSTN完全不同	是固定PSTN的补充	与PSTN综合，作为信息技术业务数据网、因特网、专用虚拟网的补充
以企业用户为中心	企事业和消费者	通信用户
主要接入技术：FDMA	主要接入技术：TDMA	主要接入技术；CDMA
主要标准：北欧移动电话（NMT）、先进移动电话系统（AMPS）、全接入通信系统（TACS）	主要标准：GSM、IS-136（或D-AMPS）、PDC	主要标准：三模式宽带CDMA（W-CDMA）、直扩序列（DS）、多载波（MC）和时分双工（TDD）

2002年初，IMT-2000已经开始了后3G的研究计划，目前后3G在高速移动环境支持20Mbit/s还是100Mbit/s，静止环境最高速率是100Mbit/s还是2Gbit/s等，都处于探讨阶段。事实上，虽然对于后3G还没有形成清晰、一致的概念，但新一轮的技术之争已经拉开了序幕。

2. 我国移动通信的发展历史

（1）我国移动通信发展阶段和历程　我国移动通信是从军事移动通信即战术通信起步的。民用移动通信发展较晚，大致分为早期、74系列、80系列三个阶段。

20世纪50年代末到70年代中，移动通信主要用作公安、邮电、交通、渔业等少数部门的专网。1974年才开放了四个民用波段，制定了通用技术条件，开始研制频道间隔为50kHz和100kHz的74系列产品。

1980年制定了频道间隔为25kHz的性能指标、测试方法和环境要求等部颁标准，开展了80系列设备的研制。

我国公众移动通信起步于20世纪80年代，其主要历程如下：

1987年在广州、上海率先采用900MHz TACS标准的模拟蜂窝移动通信系统，开通了蜂窝移动通信业务。至1996年，已基本建成一个覆盖全国大部分地区的全国移动通信网。该网采用的设备主要由摩托罗拉系统（称 A 网）和爱立信系统（称 B 网）组成。1995 年 1 月 1 日实现了 A 网和 B 网两系统内的分别联网自动漫游。

1996 年 1 月 1 日实现了 A 网、B 网两系统的互联自动漫游，从而真正实现了"一机在手，信步神州"。随着数字移动通信系统的发展与普及，模拟蜂窝移动通信系统于 2000 年起开始封网，逐步退出中国电信发展的历史舞台，并将频段让给数字蜂窝移动通信系统。

（2）我国移动通信现状及前景 1994 年 4 月中国联通的成立，打破了邮电"一统天下"的局面。联通决定采用技术先进、设备成熟、具有国际自动漫游功能的 GSM 数字移动通信技术，组建全国第二个公众移动通信网。

1994 年 9 月中国电信也采用 GSM 数字移动通信技术，组建中国电信全国公众数字移动通信网。从 1994 年 9 月至 1995 年底短短一年多时间，中国电信就在 15 个省、直辖市、自治区开通了 GSM 数字移动电话业务，并采用中国七号信令完成联网自动漫游。

在发展 GSM 的同时，我国积极跟踪 CDMA 技术的发展。CDMA 数字蜂窝试验网率先由长城电信在北京、上海、广州、西安四大城市建成并开通，使用效果不错。该网络采用美国 TIA 的 IS-95 双模式 CDMA 标准，该标准以高通公司（Qualcomm）的方案为基础，系统带宽为 1.25MHz。随着电信改革的深入，1999 年 4 月，原信息产业部确定由中国联通在全国范围内经营 CDMA 数字蜂窝系统。2000 年，中国联通在移动通信上投资 289 亿，主要用于 CDMA 网络建设，逐步使 CDMA 网络的系统总容量达到 1130 万户，覆盖国内大部分的重要城市并开通运营。目前，中国国内最主要的移动运营商是中国移动和中国联通，未来潜在的第三代移动运营商可能还包括固定电话公司和若干家新增的电信运营商。

为了改变我国以往在制定技术标准方面跟着国外标准跑的局面，我国政府主管部门高度重视第三代移动通信的发展，积极制定具有我国自己知识产权的 3G 标准。1998 年 6 月 30 日，在国际电信联盟 ITU 规定的提交无线传输技术 RTT 建议的最后期限里，共有 10 个组织向 ITU 提交了候选 RTT 方案，原信息产业部电信科学技术研究院代表中国也提交了自己的候选方案 TD-SCDMA。1999 年 11 月，在芬兰召开的 ITU 第 18 次会议上，TD-SCDMA 技术正式作为 IMT-2000 的三种主流标准之一，我国迎来移动通信发展的新高潮。

二、认识移动通信的发展趋势

21 世纪的通信技术正进入关键的转折期，未来几年将是技术发展最为活跃的时期。单靠现有的技术和频段，移动通信发展很难满足大量用户的增长和多业务的需求，故向更高频段发展、进一步提高频率利用率以及采用各种新型通信技术是移动通信发展必然趋势。

1. 移动通信未来的发展动向

移动通信未来的发展动向主要有以下几个方面：

（1）提高频谱利用率，开拓更高频带 随着移动通信用户的不断增长，无线电频谱将越来越拥挤，如何提高现有频谱的利用率并进一步开拓新频带显得越来越迫切。为了更有效地利用频谱，正在研究采用以下措施：

1）采用宽带通信系统，如 CDMA 系统。

2）采用微蜂窝（Microcell）或微微蜂窝（Picocell）系统。

3）频带方面，把 800～900MHz 频段用于移动通信业务。现在，世界各国不仅已建成和大量使用 800～900MHz、1800MHz（DCS1800）和 1.9GHz（PHS）频段的蜂窝公用移动通信系统，而且已经应用29GHz及更高频段的技术。

（2）新体制的研究　目前，第二代数字移动通信系统主要分成两个派别，即窄带的TDMA和宽带的CDMA。窄带的TDMA又分为欧洲的GSM和美国的DAMPS。我国现在主要引进的蜂窝技术体制有GSM和CDMA。与CDMA相比，GSM以其完整、严格的技术体系享誉全球，但GSM较模拟系统容量增加不大，只是模拟系统的两倍左右，而且与模拟系统没有兼容性，只能单独建网。CDMA容量大，是模拟系统的10倍，与模拟系统的兼容性好，并以其新颖的技术显示了巨大的发展潜力，但在技术上还不如GSM成熟，部分标准还不够完善。目前，两者都还在不断地发展，如GSM已经同时使用了900MHz和DCS1800频段系统及可连接因特网浏览信息的2.5代系统GPRS，中国联通的CDMA系统也商业化运行了2.5代（CDMA lx）的网络。

（3）开发卫星移动通信系统　卫星移动通信系统近年来发展迅速，并随着通信业务量的增长和业务种类的扩展，出现了高、中、低三种轨道并存的卫星移动通信系统。卫星移动通信系统具有覆盖面积大、信号稳定、不受地形地貌影响、不受距离限制等特点，此外，它还可以把陆上、海上和空间三种通信对象有机地综合到一个统一的通信网中，最终实现个人通信的目标。值得一提的是，小卫星通信具有成本低、重量轻、体积小、性能高和研制周期短等特点，它在个人通信、全球移动通信方面的应用十分引人注目。

（4）个人通信（Personal Communications）　个人通信是指无论任何人（Whoever），在任何地方（Wherever），在任何时候（Whenever），能向任何人（Whomever）提供任何方式（Whatever）的信息通信服务，是人类无约束自由通信的理想目标。个人通信与现有各种通信的主要区别是：用户量极大；用户跟踪管理能力极高；个人终端的功耗和体积极小；不仅提供语音和低速数据业务，而且向用户提供语音、数据和图像多媒体综合业务。因此，个人通信充分体现了当代通信技术的发展方向：数字化、综合化、智能化、宽带化、移动化和个人化。在另一方面，个人通信强调的是服务，不强调单独建立自己的通信网，而是充分利用和改造现有各种通信网络为其所用。事实上，现有各种通信手段都在向个人通信目标努力。

1985年末，在国际电信联盟（ITU）召开的讨论移动通信的CCIRSG-8会议上，提出了未来公共陆地移动通信系统（FPLMTS），1994年改名为国际移动通信系统2000（International Mobile Telecommunications 2000，简称IMT-2000），其无线传输技术RTT的标准化工作主要由ITU-R完成，而ITU-T负责网络部分。IMT-2000的目标是试图建立一个具有全球性、综合性的个人通信网，包括寻呼系统、无绳电话、蜂窝系统和移动卫星通信系统等，为全球用户提供多媒体通信业务。

现在，IMT-2000已成为第三代（3G）移动通信系统标准。在1999年11月芬兰召开的ITUTG8/1第18次会议上，正式确定了IMT-2000的三种主流标准：TD-SCDMA、CDMA2000和W-CDMA。其中TD-SCDMA首批成员为中国华为、中兴、中国电子、大唐电信、南方高科、华立、联想、中国普天等8家知名通信企业。

在网络容量方面，第二代移动通信系统仍然能够满足用户的需要。但如果从发展的角度来看，随着移动用户普及率的提高和各类新型多媒体业务，特别是因特网业务需求的大量增加，各电信运营商之间竞争的加剧，移动通信市场由第二代向第三代过渡是历史发展的必然趋势。

2. 我国第三代移动通信发展前景

我国现在已经拥有世界上最大的移动通信网，不论是用户总量，还是每年净增用户量都位居全球之首，是世界上移动通信发展最快的国家之一。在第一代和第二代移动通信系统发展进程中，由于多方面的因素，我们未能形成真正自己的移动通信产业。现在，第三代移动通信给移动通信业界提供了一个不可多得的机遇。

(1) 我国发展3G的有利条件

1) 大中城市频率资源逐渐短缺，要求3G来扩大用户容量。

2) 对高速移动数据业务、多媒体业务的要求逐年增加。

3) 第二代GSM网络已积累了营运的管理经验。

4) 通过引进国外技术、技术合作以及近10年的研究开发，已对移动通信各类关键技术有所认识、有所掌握、有所创新。交换机及移动台开发及生产能力有明显提高。

(2) 3G在中国的市场前景　现在3G已经投入运行，国内许多知名通信企业纷纷进驻3G市场，例如，中兴通讯对W-CDMA、CDMA2000和TD-SCDMA三种标准的3G都有研发。目前，中兴通讯和诺基亚Nokia合作，在北京已完成了基于3GPPR99（2002年3月版本）的W-CDMA系统的互联互通测试，通过Nokia无线基站和网络控制器设备、中兴UMTS核心网络设备和Nokia 6650——全球首款符合3GPP标准的W-CDMA/GSM双模终端，完成UMTS语音和包数据呼叫，进一步加强了中兴通讯和Nokia在中国3G领域的领先地位。

3. 第四代移动通信

在第三代积极推进的同时，第四代移动通信4G标准也初显端倪，第四代移动通信4G标准比第三代标准具有更多的功能。第四代移动通信可以在不同的固定、无线平台和跨越不同频带的网络中提供无线服务，可以在任何地方宽带接入互联网（包括卫星通信），能够提供信息通信之外的定位定时、数据采集、远程控制等综合功能。同时，第四代移动通信系统还是多功能集成宽带移动通信系统或多媒体移动通信系统，是宽带接入IP系统。

总之，第四代移动通信比第三代移动通信更接近个人通信，在技术上应该比第三代有更高的台阶，手机和终端的应用也更为广泛，人们可以尽可能多地展望第四代移动通信的发展前景。

情景二　认识主要移动通信系统

典型移动通信系统有以下几种，此处做简要介绍。

一、认识无线寻呼系统

无线寻呼系统是一种单向传递信息的个人选择呼叫系统，只能做被叫，不能做主叫，而且它只能获得数字信息或简单的文字信息。它既可公用，也可专用，只是规模大小稍有差异。无线寻呼系统传输的是数字或文字信息，现在也有少量的语言传输（但未普及使用）。与全部传输语音信息的无线电话通信相比，其无线信道的容量要大得多，频谱的利用率也高许多。无线寻呼系统虽属个人单向选择呼叫、传输简单消息的移动通信系统，但它以其价格低廉、体积小巧、使用方便和经济实惠的特点，解决了有线固定通信不能解决的紧急移动通信问题，曾得到广泛的应用。

1. 无线寻呼系统的构成

无线寻呼系统是一种传送简单信息的单向呼叫系统。它由寻呼控制中心、基站和无线寻呼机（俗称 BP 机、BB 机）三部分组成，如图 1-1 所示。

2. 无线寻呼信号和系统容量

无线寻呼信号由一个选户信号加上简单的寻呼信息组成。对选户信号的要求是容量大、传递速度快和抗干扰能力强。由于采用数字编码方式能够满足这些要求，因此，除了早期寻呼系统采用简单的模拟信号作为寻呼信号以外，现代无线寻呼系统几乎都采用二进制数字编码信号，无论寻呼接收机是数字显示还是汉字显示，在无线信道上传输的都是经过编码和调制的二进制数字信号。无线寻呼信号的编码格式广泛使用的是 POCSAG（Post Office Code Standardization Advisory Group）码，它是由英国邮政代码标准化组织制定的，后来被推荐为无线寻呼国际 1 号码，其传输速率有 512bit/s 和 1200bit/s 两种。后来在高速无线寻呼系统中，FLEX 码使用较多，其速率可达 6400bit/s。无线寻呼信号的编码和调制这里不再赘述，请参阅有关书籍。

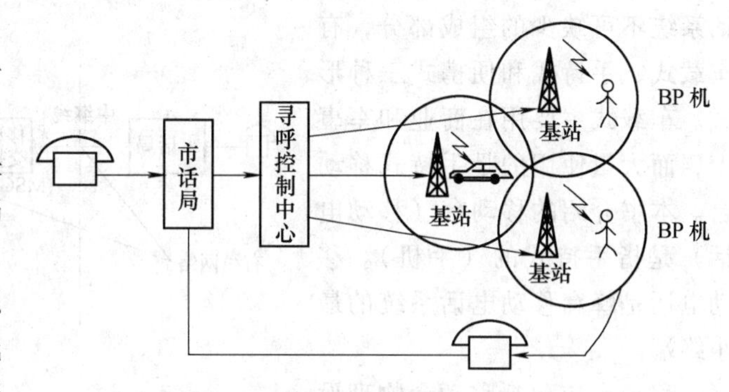

图 1-1　无线寻呼系统的基本构成

无线寻呼的系统容量主要指每频道可以服务的用户数量。每一个频道所能服务的用户数量由数据传输速率、编码效率、忙时寻呼率、允许的发送延迟、数字机与汉字机的比例，以及当地寻呼用户呼叫习惯等因素决定的。对于人工接续方式，用户数量还与话务员座席数量和话务员操作熟练程度等因素有关。

随着蜂窝移动电话系统的大量普及，无线寻呼系统已经退出市场。

二、认识蜂窝移动电话系统

蜂窝移动电话系统是一种实现移动用户与市话用户、移动用户与移动用户，以及移动用户与长途用户之间在运动中通信的系统。该系统必须具备无线传输、有线传输以及信息的收集、处理和存储等功能，使用的主要设备有无线收发信机、交换控制设备和移动终端设备等。通常蜂窝移动电话系统自已组成一个通信网络，在几个节点与公众电话交换网相连接。为了扩大移动电话系统的覆盖面积，增加信道容量，把一个移动电话服务区划分为若干个小区，以正六边形来近似每一个小区，多个正六边形拼接在一起，形状类似蜂窝，如图 1-2 所示。一般采用频分多址（FDMA）成倍增加无线信道数。

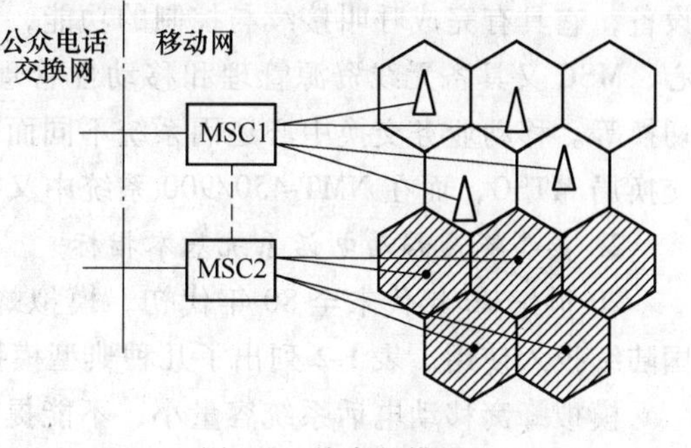

图 1-2　蜂窝的模型

1. 蜂窝移动电话系统的基本构成

蜂窝移动电话系统一般由移动台 MS、基站 BS 及移动业务交换中心 MSC 组成，它与公众电话交换网 PSTN 通过中继线相连接，如图 1-3 所示。

（1）移动台　移动台 MS（Mobile Station）是蜂窝移动电话系统不可缺少的组成部分，有车载式、手持式和便携式三种形式。车载式主要用在商业和军事上，而大量使用的是手持式移动台。本书介绍的移动台（移动电话）是指手持式的（手机）。移动电话是蜂窝移动电话系统的最小终端。

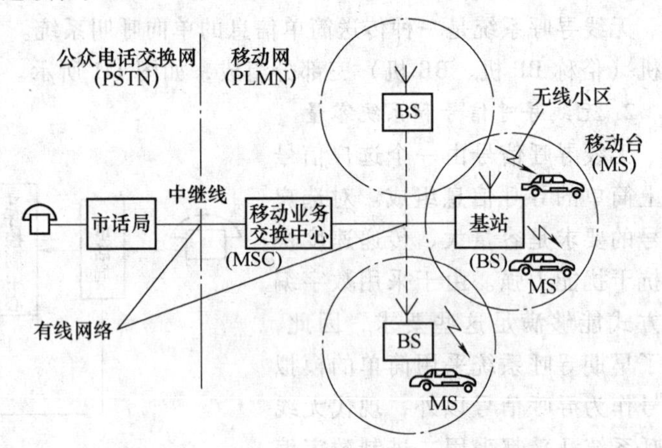

图 1-3　蜂窝移动电话系统的基本构成

移动台应包括移动台物理设备和智能部件两部分。移动台物理设备由收发信机、频率合成器、数字逻辑单元、拨号按钮和送/受话器等组成。它可以自动扫描基站载频、响应寻呼、自动更换频率和自动调整发射功率等。当移动用户与市话用户建立呼叫时，移动台与最近的基站之间确定一个无线信道，并通过 MSC 与市话通话。任何两个移动用户间的通话也是通过 MSC 建立的。

（2）基站　基站 BS（Base Station）和移动台均设有收发信机和天线馈线等设备。每个基站都有一个可靠通信的服务范围，称为无线小区。无线小区的大小，主要由发射功率和基站天线的高度决定。服务面积可分为大区制、中区制和小区制三种。大区制是指一个城市由一个无线区覆盖，此时基站发射功率很大，无线区覆盖半径可达 25km 以上。小区制一般是指覆盖半径为 2～10km 的区域，由多个无线区链合而成整个服务区的制式，此时，基站发射功率很小。目前发展方向是将小区划小，成为微区、宏区和毫区，其覆盖半径降至 100m 左右。中区制则是介于大区制和小区制之间的一种过渡制式。

（3）移动业务交换中心　移动业务交换中心 MSC（Mobile Service Switching Center）主要是提供路由进行信息处理和对整个系统的集中控制管理。MSC 对位于其服务区的 MS 进行交换和控制，同时提供移动网与固定电话公众网的接口。MSC 是移动网的核心，作为交换设备，它具有完成呼叫接续与控制的功能，这一点与固定网交换中心相同。作为移动交换中心，MSC 又具备无线资源管理和移动性管理等功能，例如移动台的位置登记与更新、越区切换等。移动业务交换中心还因系统不同而有几种名称，如在 AMPS 系统中被称为移动电话交换局 MTSO，而在 NMT-450/900 系统中又被称为移动电话交换机 MTX。

2. 典型蜂窝移动电话系统基本指标

20 世纪 70 年代末至 80 年代初，模拟蜂窝移动电话系统在美国、英国、瑞典和日本等国陆续投入使用。表 1-2 列出了几种典型模拟蜂窝移动电话系统以及它们的主要技术指标。

模拟蜂窝移动电话系统容量小，不能提供非通话业务，语音传输质量、保密性差，难以和综合业务数字网互接，而且设备不能实现小型化，制式不统一，因此自 1982 年以来，人们着手制定数字移动通信系统标准。表 1-3 列出了典型数字蜂窝移动电话系统主要技术指标。

大容量蜂窝移动电话系统可以由多个基站构成一个移动通信网。不难看出，通过基站、移动业务交换中心就可以实现在整个服务区内的任意两个移动客户之间的通信，也可以经过中继线与公众电话局进行连接，实现移动客户与有线电话客户之间的通信，从而构成一个有线、无线相结合的蜂窝移动通信系统。现在，蜂窝移动通信系统已经进入发展的顶峰阶段。

表 1-2 典型模拟蜂窝移动电话系统主要技术指标

系统特征		美国	英国	北欧		日本
系统名称		AMPS	TACS	NMT-450	NMT-900	NTT
频率/MHz	基站发	870 ~ 880	935 ~ 960	463 ~ 467.5	935 ~ 960	915 ~ 940
	移动台发	825 ~ 845	890 ~ 915	453 ~ 457.5	890 ~ 915	860 ~ 885
频道间隔/MHz		30	25	25	12.5	25
收发频率间隔/MHz		45	45	10	45	55
基站发射功率/W		100	100	50	100	25
移动台发射功率/W		3	7	15	6	5
小区半径/km		2 ~ 20	3 ~ 20	1 ~ 40	0.5 ~ 20	2 ~ 20
区群小区数 *N*/个		7/12	7/12	7/12	9/12	9/12
语音	调制方式	FM	FM	FM	FM	FM
	频偏/kHz	±12	±9.5	±5	±5	±5
信令	调制方式	FSK	FSK	FFSK	FFSK	FSK
	频偏/kHz	±8	±6.4	±3.5	±3.5	±4.5
	速率/（kbit/s）	10	8	1.2	1.2	0.3

表 1-3 典型数字蜂窝移动电话系统主要技术指标

系统		GSM/DCS	ADC（IS-54）	JDC	CDMA（IS-95）
频率/MHz	基站发	935 ~ 960/ 1805 ~ 1880	869 ~ 894	810 ~ 826/ 1429 ~ 1453	869 ~ 894
	移动台发	890 ~ 915/ 1710 ~ 1785	824 ~ 849	940 ~ 956/ 1477 ~ 1501	824 ~ 849
频道带宽/kHz		200	30	25	1250
收发频率间隔/MHz		45/95	45	130/48	45
小区最小半径/km		0.5	0.5	0.5	不定
越区切换方式		移动台辅助	移动台辅助	移动台辅助	移动台辅助
调制方式		GMDK	DQPSK	DQPSK	QPSK（下行）、 OQPSK（上行）
多址方式		TDMA/FDMA	TDMA/FDMA	TDMA/FDMA	CDMA/FDMA

三、认识无绳电话系统

无绳电话系统就是把有线电话的一部分户内布线换成无线链路，这样可使用户在一定的范围内持无绳电话自由地在移动状态下进行个人通信。因此，无绳电话系统可以认为是一个微型无线覆盖区内由无线终端、基站以及公众电话交换网（包括公众分组交换数据网）组成的具有更广意义的无线通信系统。该系统适用于企业内部、一般家庭和公众场所等特定的大楼和区段的小范围内使用，它重点解决人口稠密、人员流动量大、信息交流量也大的地区的通信。它的成本比蜂窝移动电话系统要便宜一半多。

1. 无绳电话系统发展历程

20 世纪 80 年代初推出的模拟无绳电话，组成了第一代无绳电话系统。

1989 年，欧洲推出了第一个数字无绳电话标准，以数字技术为基础的第二代无绳电话系统（CT-2）在英国投入商用。

1992 年，欧洲电信标准协会又推出了新的数字无绳电话标准：欧洲数字无绳电话系统 DECT，它是继 CT-2 后的又一种用于低功率、微小区、高密度用户环境下的第三代无绳电话系统，该系统覆盖了整个欧洲。

1993 年年底，日本颁布了个人便携电话系统 PHS（Personal Handy-phone System）标准。PHS 是日本开发的数字无绳电话系统，1994 年推出 PHS 的实验网，1995 年 7 月正式商用。

1994 年 9 月，美国联邦通信委员会的联合技术委员会推出了个人接入通信系统 PACS（Personal Access Communication System）。PACS 是美国推出的用于 1.9GHz 频段的美国国家标准协会公共空中接口标准。

2. 无绳电话系统构成和特点

无绳电话系统是一种公众电话交换网延伸的无线电双工通信系统，它由基站、手机以及公众电话交换网组成，如图 1-4 所示。

手机与基站之间采用单频时分双工方式。目前，国际上常用的公用无绳电话系统使用的无线频段为 864.1 ~ 868.1MHz，我国原国家无线电管理委员会分配的是 798 ~ 960MHz，共 40 个信道，采用动态信道分配方式。由于手机与基站内均装有接收无线信号的强度指示装置，故可以在 40 个无线信道中选择一个干扰最小的作为通话信道。一般公用无绳电话系统在室外的无线基站服务半径约 300m，在楼群内约 200m，在大楼内约 50m。只要经过注册登记，手机既可以在注册登记的基站服务区内实现双向通信（可以呼入与呼出），也可以在公用无绳电话系统服务范围内的其他基站实现单向通信（只能呼出，不能呼入）。

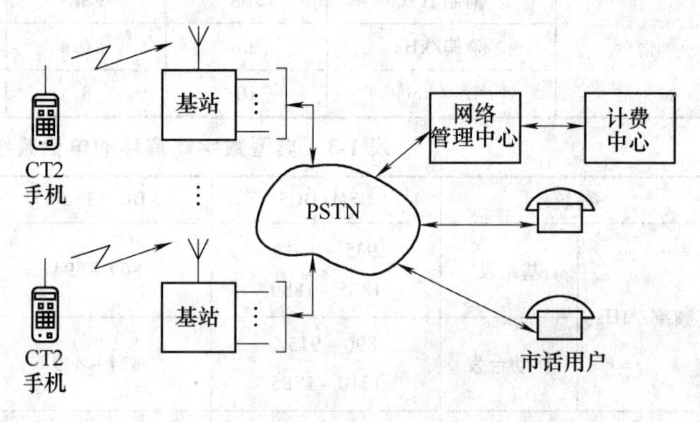

图 1-4 无绳电话系统的基本构成

无绳电话系统的主要特点是：采用 32kbit/s ADPCM 语音编解码器和 TDMA/FDMA 的多址接入方式，每个或每对载波上可传输 1 ~ 12 路语音，大多采用时分双工（TDD）的工作方式，调制方式为 GFSK 或 π/4-QPSK，手机发射功率的平均值为 5 ~ 25mW。

四、认识集群移动通信系统

集群移动通信系统又称集群调度系统，简称集群系统，是专用于调度的新体制无线通信系统，也是专用移动通信系统的高级发展阶段。从一对一的单机对讲到单信道一呼百应的调度系统，后来又出现了带选呼功能的自动拨号无线调度网。随着微电子技术及微型计算机技术在移动通信领域的大量应用，出现多信道、多用户共享的高级无线调度系统，即集群移动通信系统。

1. 集群移动通信系统的构成

集群移动通信系统一般由控制交换中心、基站 BS、用户调度台 CP、移动台 MS 以及与公众电话交换网相连接的若干中继线等组成，如图 1-5 所示。

(1) 移动台　移动台 MS 有车载台、手持机和固定台等类型，它们是由收发信机和控制单元等部分组成。

(2) 用户调度台　用户调度台 CP 通常分无线调度台和有线调度台两类，无线调度台由收发信机、控制单元、天馈线、操作台等组成；有线调度台可以是一部电话机或带显示器的操作台。

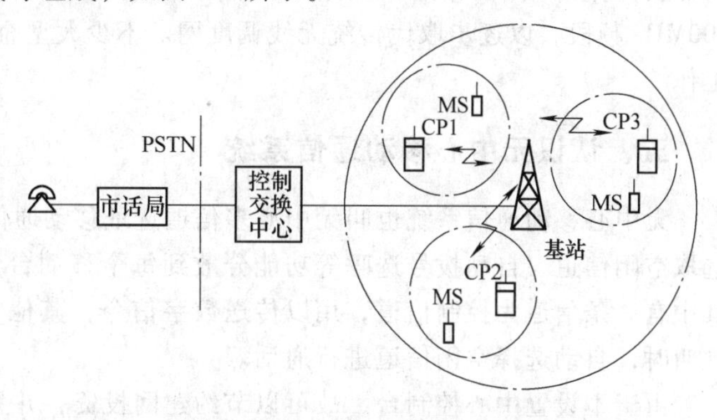

图 1-5　集群移动通信系统组成

(3) 基站　基站主要负责提供若干条共用的无线信道，每条信道有一部收发信机和一个由微处理器构成的控制单元，也称信道机。能提供多少条无线信道，在基站就有多少部信道机。每个基站都有一个可靠通信的服务范围，称为覆盖区，其大小主要由信道机发射功率和基站天线的高度决定。

2. 集群移动通信系统的主要特点

与其他移动电话系统相比，集群移动通信系统主要有以下特点：

(1) 多用户共享　由于集群系统是若干部门或单位共享的高度智能化的调度系统，所以其用户是指共享系统的部门或单位，而不是移动台。这里所说的共享，是指在通信上的共用，如共用无线信道、覆盖区，共同承担费用等。而在业务上可能无共同利益，有时甚至是对手。

(2) 采用排队制　在集群系统内部，多采用排队制，即在一次呼叫，因信道被占用而没能接通时，由储存主、被叫号码的排队设备自动记录下来，一旦有空闲信道时，按先后顺序接通。而蜂窝移动电话系统则是呼损制，一次呼叫如无空闲信道时，听到的是忙音，需挂机后，等一会儿进行重拨。

(3) 具有调度功能　集群移动通信系统是一种专用的无线调度通信系统。这里所谓的调度移动通信系统，是指由一台无线调度控制台来控制一组移动通信台工作。

(4) 具有录音功能　为了在发生差错时便于分析责任，重要的调度通话，一般情况下要通过录音机自动记录通话时间、双方号码和通话内容，并存入数据库。

(5) 可以连接市话　集群移动通信系统的通信主要在本系统内进行，其通信方式应以无线通信为主，为了开展与市话用户的通信，也可通过适当方式进入公众电话交换网，称之为市话互联功能。但仅有为数不多的移动台有权进入公众电话网，即有市话互联功能，而大多数移动台仅能在系统内部进行无线通信。

在一些大中城市及油田、铁路、矿山等大型企业，150MHz 频段早已分配完，450MHz 频段也已十分拥挤，而要求建网的用户有增无减。另一方面，根据各级无线电管理委员会对空中电波监测，分配出去的频率，其利用率很低，空中负荷量很小，话务量也不大，频率资源浪费非常严重。面对这种十分矛盾的现实，单单靠改进传统无线通信网是无法解决的，只能大力发展频率利用率高的无线通信系统。对大中城市和大型企业而言，发展集群移动通信系统，逐步淘汰传统的专用调度网是最可靠、最有效的办法。目前原国家无线电管理委员会又开放800MHz频段作为我国集群通信频段，还准备将集群系统的频段推广到450MHz和300MHz频段，以逐步取代传统无线调度网。不少大型企业的无线专用网已开始做这方面的工作。

五、认识无中心移动通信系统

无中心移动通信系统也叫无中心多信道选址移动通信系统，该系统不设中心控制台，将选取空闲信道、自动拨号选呼等功能分散到每个移动台，例如79个移动台共用80条信道，其中有一条信道为控制信道，用以传送数字信令，其他79条为通话信道。任何移动台发起呼叫时，自动选择空闲信道进行通话。

由于不设置中心控制台，故可以节约建网投资，并且频率利用率最高。系统采用数字选呼方式，共用信道传送信令，接续速度快。由于系统没有蜂窝移动电话系统和集群系统等那样复杂，建网简易，投资低，性能价格比最高，适用于个人业务和小企业的单区组网分散小系统。

情景三　认识移动通信的特征及类型

一、认识移动通信的特征

移动通信是通信条件比较差的一种通信方式，在陆地上受地形、地物和环境干扰等因素的影响较严重，其主要特征如下：

1. 电波传播环境恶劣

在移动通信特别是陆地移动通信中，由于移动台的不断运动导致接收信号强度和相位随时间、地点而不断变化，电波传播条件十分恶劣。移动台处于快速运动中，多径传播造成瑞利衰落，使接收场强的振幅和相位快速变化。移动台还经常处于建筑物与障碍物之间，局部场强值随地形环境而变动，气象条件的变化同样会使场强中值随时间变动。另外，多径传播产生的多径时延扩展，等效为移动信道传输特性的畸变，对数字移动通信影响较大。移动通信电波传播的基本理论模型是超短波在平面大地上的直射波与反射波的矢量合成。

2. 具有多普勒频移效应

移动使电波传播产生多普勒效应，如图1-6所示。由于移动台处于运动状态中，接收信号有附加频率变化，即多普勒频移f_D，f_D与移动体的移动速度有关。若电波方向与移动方向之间的夹角为θ，则有

$$f_D = \frac{v}{\lambda}\cos\theta \qquad (1\text{-}1)$$

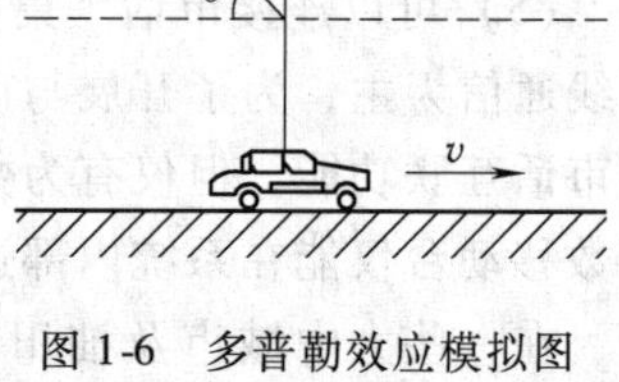

电波入射

θ

v

图1-6　多普勒效应模拟图

其中，v为移动台运动速度。运动方向面向基站时，f_D为正值；反之，f_D为负值。当运动速度较高时，必须考虑多普勒频移的影响，而且工作频率越

高，频移越大。此式表明，移动速度越快，入射角越小，则多普勒效应就越严重。

3. 干扰严重

移动通信网是多频道、多电台同时工作的通信系统。通信除受到城市噪声（主要是车辆噪声）干扰外，当移动工作时，往往受到来自其他电台的干扰（同频干扰、互调干扰），同时，还可能受到天电干扰、工业干扰和各种噪声的影响。因此，在移动通信系统设计时，应根据不同形式的干扰，采取相应的抵抗措施。

4. 频谱资源紧缺

移动通信特别是陆地移动通信的用户数量大，为缓和用户数量大与可利用的频道数有限的矛盾，除开发新频段之外，还应采取各种有效利用频率的措施，如压缩频带、缩小波道间隔、多波道共用等，即采用频谱和无线频道有效利用技术。

5. 需要采用位置登记、过境切换等移动性管理技术

由于在广大区域内的移动台是不规则运动的，而且某些系统中不通话的移动台发射机是关闭的，它与交换中心没有固定的联系，因此要实现通信并保证质量，移动通信必须发展自己的交换技术，必须具有很强的控制功能，如通信的建立和拆除，频道的控制和分配，用户的登记和定位，以及过境切换和漫游控制等。

6. 综合了各种技术

移动通信系统综合了交换机技术、计算机技术、传输技术等。

7. 对设备要求苛刻

由于移动通信环境条件较差，所以对其移动台及基站等设备要求相对苛刻。

二、认识移动通信的类型

当代世界通信主要有微波中继通信、光纤通信、卫星通信和移动通信四种方式，其中，移动通信是现代通信中发展最为迅速的一种通信手段。它是固定通信的延伸，也是实现人类理想通信必不可少的手段。移动通信按用途、频段、制式及入网方式等的不同，可以有不同的分类方法。

1. 移动通信按使用对象分类

移动通信按使用对象分类，可分为军用、民用移动通信。

2. 移动通信按用途和区域分类

移动通信按用途和区域分类，可分为陆上、海上和航空移动通信。此外，还有地下隧道矿井、水下潜艇和太空航天等移动通信。

3. 移动通信按经营方式分类

移动通信按经营方式分类，可分为公用网（简称公网）、专用网（简称专网）。在公用移动通信中，目前我国有中国电信、中国联通经营的移动电话业务。由于它是面向社会各阶层人士的，所以称为公用网。专用移动通信是为了保证某些特殊部门的通信所建立的，由于各个部门的性质和环境有很大区别，因而各个部门使用的移动通信网的技术要求有很大差异，例如公安、消防、急救、防汛、交通管理、机场调度等。

4. 移动通信按网络区制形式分类

移动通信按网络区制形式分类，可分为单区制、多区制、蜂窝制等配置方式。

5. 移动通信按无线电频道工作方式分类

移动通信按无线电频道工作方式分类，可分为同频单工、异频单工、异频双工等。

6. 移动通信按信号性质分类

移动通信按信号性质分类，可分为模拟和数字移动通信。

7. 移动通信按调制方式分类

移动通信按调制方式分类，可分为调频、调相及调幅等。

8. 移动通信按多址接入方式分类

移动通信按多址接入方式分类，可分为频分多址（FDMA）、时分多址（TDMA）及码分多址（CDMA）等。

9. 移动通信按移动通信设备分类

移动通信按移动通信设备分类，可分为无线寻呼系统、蜂窝移动电话系统、无绳电话系统、集群移动通信系统、无中心多信道选址移动通信系统和卫星移动通信系统等。

众所周知，移动通信已发展成为一种有线通信与无线通信融为一体、固定通信与移动通信相互连通的通信系统。由于大规模集成电路和微处理机的应用，大大促进了移动通信设备的小型化、自动化，并使系统向大容量和多功能方向发展，因此移动通信必将有更大发展，在整个通信业务中将占据重要地位。

情景四　认识移动通信的工作方式

移动通信按照用户的通话状态和使用频率的方法分，有三种工作方式：单工制、半双工制和双工制。

一、单工制

单工制分同频（单频）单工和异频（双频）单工两种，典型单工制示意图如图 1-7 所示。

1. 同频单工

同频是指通信的双方使用相同工作频率 f_1。单工是指通信双方的操作采用“按—讲” PTT（Push to Talk）方式。平时双方的接收机 R 均处于收听状态。如果 A 方需要发话，可按下 PTT 开关，发射机 T 工作，并使 A 方接收机关闭。这时，由于 B 方接收机 R 处于收听状态，即可实现由 A 至 B 的通话。同理，也可实现 B 至 A 的通话。在该方式中，电台的收发信机是交替工作的，故收发信机不需要使用天线共用器，而是使用同一副天线 ANT。

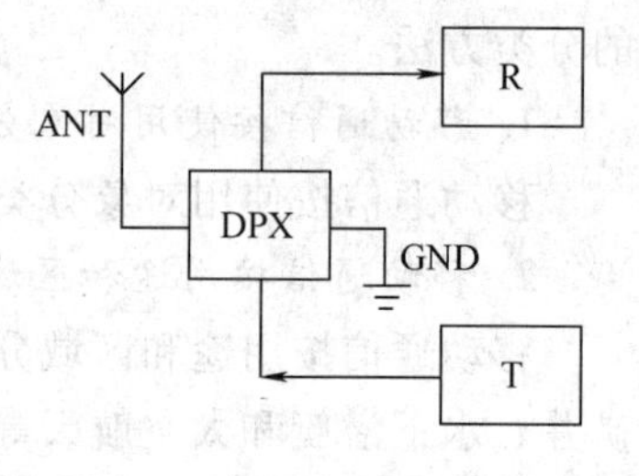

图 1-7　典型单工制示意图

（1）同频单工的优点

1）设备简单。

2）移动台之间可直接通话，不需基站转接。

3）不按键时，发射机不工作，因此功耗小。

（2）同频单工的缺点

1）只适用于组建简单和甚小容量的通信网。

2）当有两个以上移动台同时发射时就会出现同频干扰。

3）当附近有邻近频率的电台发射时，容易造成强干扰。为了避免干扰，要求相邻频率的间隔大于4MHz，因而频谱利用率低。

4）按键发话，松键受话，使用者常感到不习惯。

2. 异频单工

它是指通信双方使用两个不同频率f_1和f_2，而操作仍采用“按一讲”PTT方式。由于收发使用不同的频率，同一部电台的收发信机可以交替工作，也可以收常开，只控制发，即按下PTT发射。其优缺点与同频单工基本相同。在无中心台转发的情况下，电台需配对使用，否则通信双方无法通话，故这种方式主要用于有转信台转发（单工转发或双工转发）的情况。所谓单工转发，即转信台使用一组频率（如收用f_1，发用f_2），一旦接收到载波信号即转去发送。所谓双工转发，即转信台使用两组频率（一组收用f_1，发用f_2；另一组收用f_3，发用f_4），任一路一旦接收到载波信号即转去发送。由于使用收发频率不同且有保护间隔，所以提高了抗干扰能力，可用于组建有几个频道同时工作的通信网。

二、半双工制

半双工制工作原理如图1-8所示，转信台A使用一组频率，而移动台B采用单工制，主要用于有转信台的无线调度系统。

半双工制的优点是：

1）移动台设备简单，价格低，耗电少。

2）收发采用不同频率，提高了频谱利用率。

3）移动台受邻近电台干扰小。

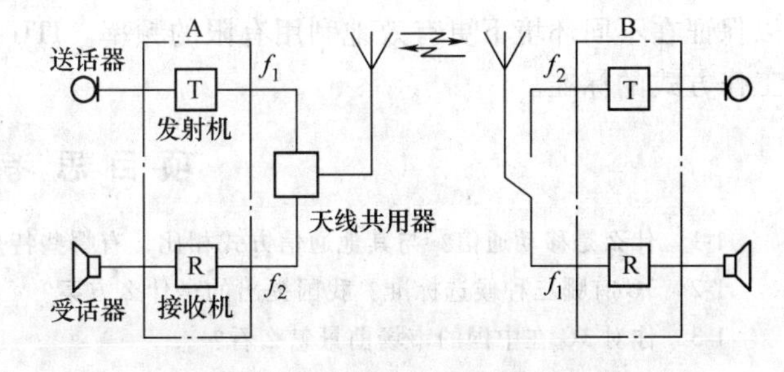

图1-8　半双工制工作原理

它的缺点是移动台仍需按键发话，松键受话，使用不方便。由于收发使用不同的频率，同一部电台的收发信机可以交替工作，也可以收常开，只控制发，即按下PTT发射。在中心台转发的系统中，移动台必须使用该方式，一般专用移动通信系统可采用此方式。

三、双工制

双工制通信指通信双方收发信机同时工作，在任一方发话的同时，也能收到对方的语音，无需PTT开关，如图1-9所示，公用移动通信系统一般采用这种方式。双工制有频分双工FDD和时分双工TDD两种形式。

1. 频分双工

频分双工FDD（Frequency Division Duplex）也称为异频双工，是一种上行链路（移动台到基站）和下行链路（基站到移动台）采用不同频率（有一定频率间隔要求）工作的方式。FDD方式工作在对称的频带上，此时发射机和接收机能同时工作，能进行不需按键控制的双向对讲，移动台需要天线共用装置。这种方式的优点如下：

1）由于发送频带和接收频带有一定的间隔，所以可以大大提高抗干扰能力。

2）使用方便，不需控制收发的操作，便于与公众电话交换网接口。

3）适宜多频道同时工作的系统。

4）适合于宏小区、较高功率、高速移动覆盖。

该方式的缺点如下：

1）移动台不能互相直接通话，而要通过基站转接。

2）由于发射机处于连续发射状态，电源耗电量较大。

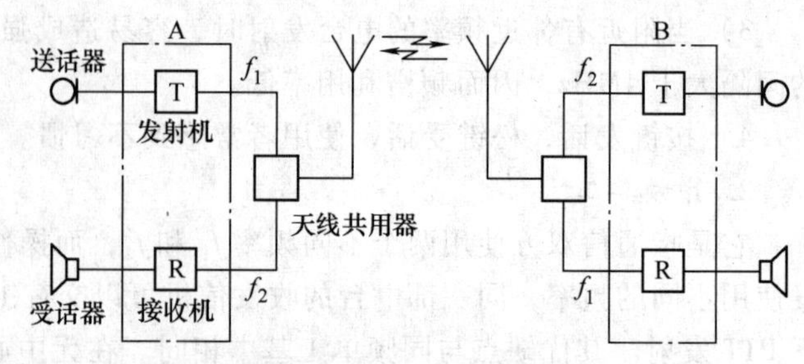

图 1-9 双工制通信方式

3）移动台之间需要占用两个频道，设备较复杂，价格较贵。

2. 时分双工

时分双工 TDD（Time Division Duplex）是同频双工通信所采用的技术。它是一种上行链路和下行链路通过使用不同的时隙来区分的、工作在相同频率上的双工方式。TDD 方式是工作在非对称频带上的，物理信道上的时隙分为发射和接收两个部分，通信双方的信息是交替发送的。TDD 方式工作于非对称频带，适合于微小区、低功率、慢速移动覆盖，上、下行空间传输特性接近，比较适合采用智能天线技术。

FDD 和 TDD 是分别适合于不同应用场合的。如果混合采用 FDD 和 TDD 两种方式，就可以保证在不同环境下更有效地利用有限的频率。ITU 在第三代移动通信标准中就采纳了不同工作方式的标准。

项目思考

1-1 什么是移动通信？与其他通信方式相比，有哪些特点？

1-2 3G 有哪三种候选标准？我国提出的是什么方案？

1-3 你对 3G 在中国的市场前景怎么看？

1-4 已知移动台运动速度 v、工作频率 f 及电波到达角 θ，则多普勒频移 f_D 为多少？

1-5 移动通信有哪几种工作方式？分别有什么特点？

1-6 常用的移动通信系统有哪些？

1-7 移动通信系统由哪些部分组成？

1-8 无线寻呼系统由哪儿部分组成？

1-9 无绳电话系统、集群通信系统有哪些特点？

1-10 请上网了解 3G、4G 的最新发展。

项目二　认识移动通信系统关键技术

移动通信是人类通信技术发展的里程碑，采用了大量先进新颖的关键技术，主要有多址技术、数字信号调制解调技术、自适应均衡技术、分集接收技术、交织技术、编码技术、跳频技术、扩频通信技术等。

情景一　认识多址技术

多址技术就是使众多的客户共用公共通信信道所采用的一种技术。实现多址的方法基本上有三种，即采用频率、时间或码元分割的多址方式，通常人们称它们为频分多址（FDMA）、时分多址（TDMA）和码分多址（CDMA）。

一、频分多址

频分多址即 FDMA（Frequence Division Multiple Access），应用这种多址方式的蜂窝系统主要有北美的 AMPS 和英国的 TACS。在我国，AMPS 和 TACS 这两种制式都有应用，但 TACS 占绝大多数。所谓 FDMA，就是在频域中一个相对窄带信道里，信号功率被集中起来传输，不同信号被分配到不同频率的信道里，发往和来自邻近信道的干扰用带通滤波器限制，这样在规定的窄带里只能通过有用信号的能量，而任何其他频率的信号被排斥在外。模拟蜂窝移动通信系统都采用了 FDMA。

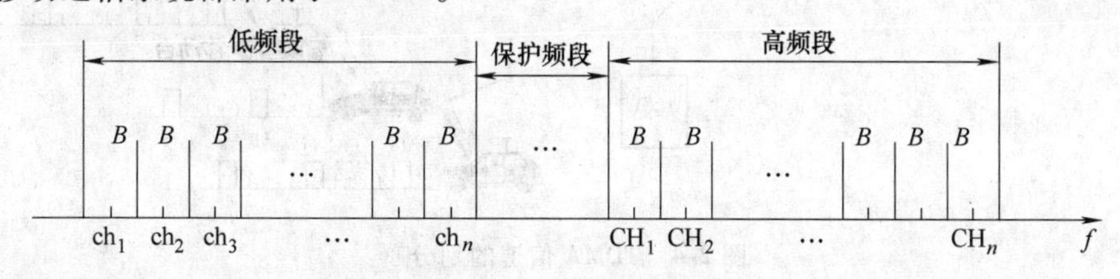

图 2-1　FDMA 的频道划分

传统的无线电广播均采用频分多址（FDMA）方式，每个广播信道都有一个频点，如果你要收听某一广播信道，则必须把你的收音机调谐到这一频点上。模拟移动系统也采用了此技术，某一小区中的某一客户呼叫占用了一个频点，即一个信道（实际上是占用两个，因为是双向连接，即双工通信），则其他呼叫就不能再占用。

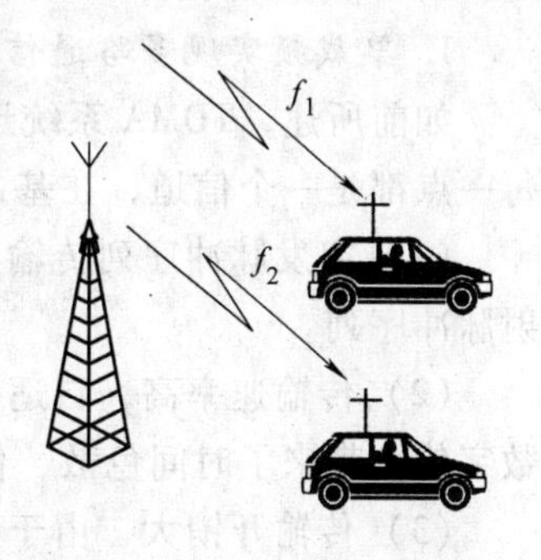

图 2-2　FDMA 工作示意图

FDMA 是把通信系统的总频段划分成若干个等间隔的频道（或称信道）分配给不同的用户使用。这些频道互不交叠，其宽度应能传输一路语音或数据信息，而在相邻频道之间无明显的串扰，如图 2-1 所示。FDMA 工作示意图如图 2-2 所示。

二、时分多址

时分多址 TDMA（Time Division Multiple Address）就是一个信道由一连串周期性的时隙构成，不同信号的能量被分配到不同的时隙里，利用定时选通来限制邻近信道的干扰，从而只让在规定时隙中有用的信号通过。实际上，现在使用的 TDMA 蜂窝系统都是 FDMA 和 TDMA 的组合，如美国 TIA 建议的数字移动通信系统 DAMPS 就是先使用了 30kHz 的频分信道，再把它分成 6 个时隙进行 TDMA 传输。TDMA 工作示意图如图 2-3 所示。

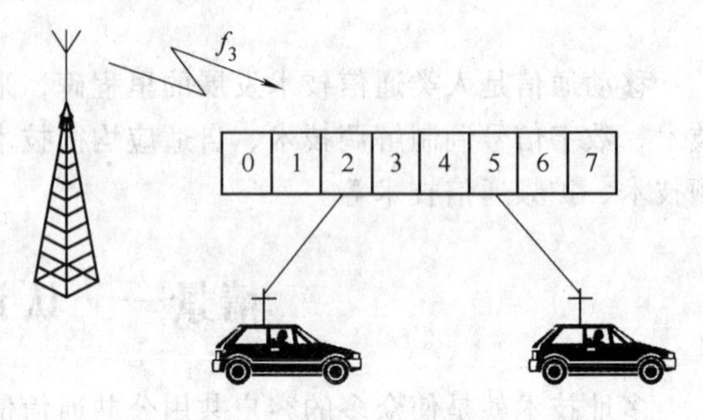

图 2-3　TDMA 工作示意图

TDMA 将每个频带信道分成若干时隙（时间片），然后把每个时隙再分配给每个用户，根据一定的时隙分配原则，使各个移动用户在每帧内只能按指定的时隙向基站发送信号，在满足定时和同步的条件下，基站可以分别在各时隙中接收到各个移动用户的信号而不混扰。TDMA 信道的划分如图 2-4 所示。

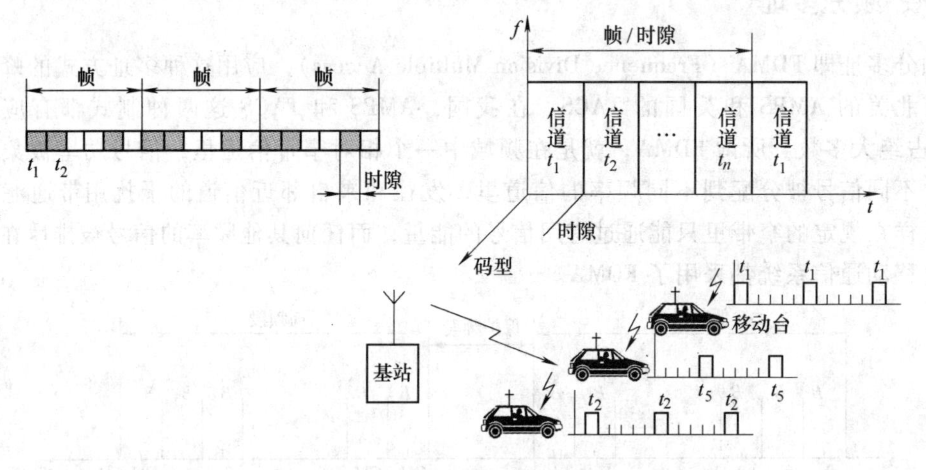

图 2-4　TDMA 信道的划分

TDMA 系统具有如下特性：

1. 单载频实现多路通信

如前所述，TDMA 系统形成频率时间矩阵，在每一频率上产生多个时隙，这个矩阵中的每一点都是一个信道，在基站控制分配下，可为任意一移动客户提供电话或非话业务。

（1）突发脉冲序列传输　移动台信号功率的发射是不连续的，只是在规定的时隙内发射脉冲序列。

（2）传输速率高，自适应均衡　每载频含有时隙多，则频率间隔宽，传输速率高，但数字传输带来了时间色散，使时延扩展量加大，则务必采用自适应均衡技术。

（3）传输开销大　由于 TDMA 分成时隙传输，使得收信机在每一突发脉冲序列上均需重新获得同步。为了把一个时隙和另一个时隙分开，保护时间也是必须的。因此，TDMA 系统通常比 FDMA 系统需要更多的开销。

2. 对于新技术是开放的

例如当语音编码算法改进而降低比特速率时，TDMA 系统的信道很容易重新配置以接纳新技术。

（1）共享设备的成本低　由于每一载频为许多客户提供业务，所以 TDMA 系统共享设备的每客户平均成本与 FDMA 系统相比是大大降低了。

（2）移动台较复杂　它比 FDMA 系统移动台完成更多的功能，需要复杂的数字信号处理。

三、码分多址

CDMA 码分多址（Code Division Multiple Access）来源于北美的 IS-95 CDMA 系统。所谓 CDMA，就是每一个信号被分配一个伪随机二进制序列进行扩频，不同信号的能量被分配到不同的伪随机序列里。在接收机里，信号用相关器加以分离，这种相关器只接收选定的二进制序列并压缩其频谱，凡不符合该用户二进制序列的信号，其带宽就不被压缩。结果只有有用信号的信息才被识别和提取出来。

可见，在 CDMA 通信系统中，不同用户传输信息所用的信号不是靠频率不同或时隙不同来区分的，而是用不同的编码序列来区分的，或者说，靠信号的不同波形来区分。如果从频率域或时间域来观察，多个 CDMA 信号是互相重叠的。

在 FDMA 和 TDMA 系统中，为了扩大通信用户容量，都尽力压缩信道带宽，但这种压缩是有限度的，因为信道带宽的变窄将导致通话质量的下降。而 CDMA 却相反，可大幅度地增加信道宽度，这是因为它采用了扩频通信技术。

CDMA 所用扩频码有多少个不同的互相正交的码序列，就有多少个不同的地址码，也就有多少个码分信道。

情景二　移动通信中的调制解调技术

人的耳朵能够听到的语音频率范围为 20～20000Hz，一般认为只要 300～3400Hz，就足以表达说话的内容了。如果考虑到语音的原始声音和真实度问题，则需要 50～15000Hz 的频率范围。声音范围的频率被称作低频或音频。

1. 常用的调制解调技术

调制时必须具备调制信号和载波。调制信号可以分为模拟信号和数字信号。可供使用的载波有正弦波和方波。调制方式可以按照调制信号的类型和载波类型的组合来分类。表 2-1 给出了调制方式的分类情况，可以依照信息的形式、传送线路的特性和对传送质量的要求来选择调制方式。

表 2-1　调制方式

载波类型	调制信号类型	调制方式
高频正弦波	模拟信号	模拟调制
高频正弦波	数字信号	数字调制
方波	模拟信号	脉冲调制

载波具有振幅、频率、相位和宽度等要素。调制就是让载波的某一个要素随调制信号变

化，如图 2-5 所示。

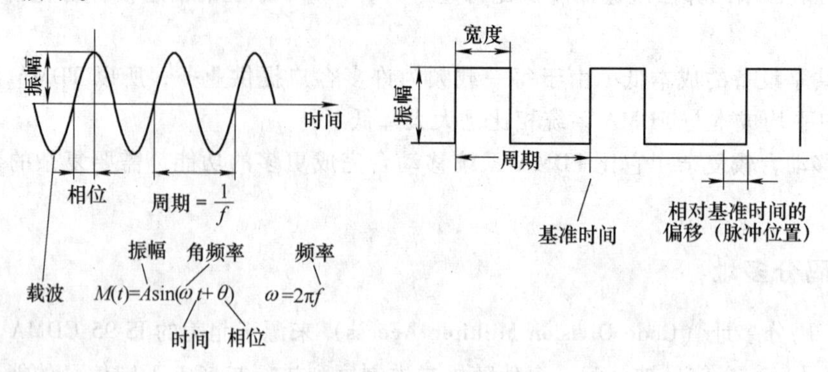

图 2-5 载波的要素

数字调制是指调制信号为数字基带信号，载波为高频正弦波的调制。与模拟调制相同，数字调制也同样是让载波的振幅、频率或者相位产生变化，但调制信号是 1 或 0。

2. 数字移动通信系统的调制方式

经语音编码后的信号是数字信号，此信号向外发送还需要经过调制。应用于移动通信的数字调制技术，按信号相位是否连续可分为相位连续型调制和相位不连续型调制，按信号包络是否恒定可分为恒包络调制和非恒包络调制。在实际应用中，有两类用得最多的数字调制方式：线性调制技术、恒包络（连续相位）调制技术。数字调制技术是振幅和相位联合调制（APM）技术。

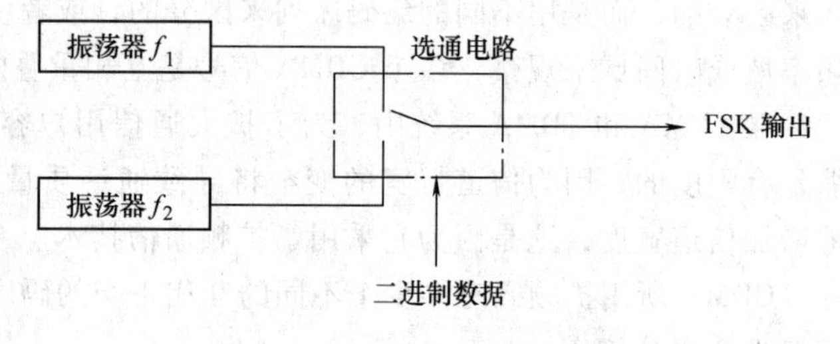

图 2-6 FSK 基本原理示意图

频移键控 FSK 是数字信号的频率调制，可看成调频的一种特例。产生频移键控信号的基本原理如图 2-6 所示。

传送编码为 10001101，其工作波形如图 2-7 所示。从图中可以看出，FSK 调制相当于 D-A 转换，经过调制后的数字信号变成了 f_1、f_2 二值频率变化，显然，这个信号具有模拟信号的特点。

3. 高斯最小频移键控 GMSK

调制技术中，应用最多的是最小频移键控 MSK、平滑调频 TFM、高斯最小频移键控 GMSK。GSM 系统采用高斯最小频移键控 GMSK。GMSK 与 FSK 不同之处是：

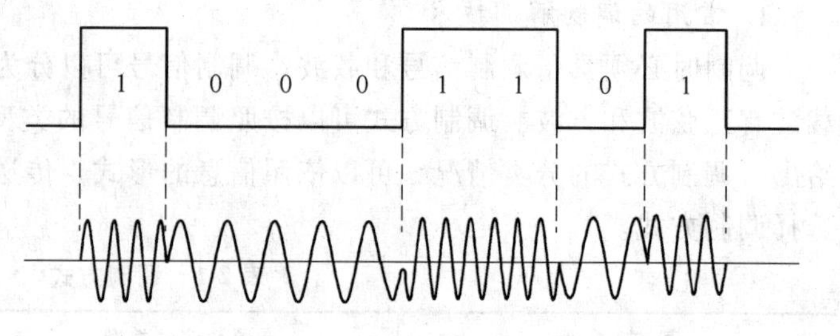

图 2-7 FSK 工作波形

1）在调制时，使高、低电平所调制的两个频率 f_1、f_2 尽可能接近，即频移最小，这样可节省频带。

2）可以控制相位的连续性，在每个码元持续期 T_s 内，频移恰好引起 π/2 的相位变化。

3）在 MSK 调制器之前加入了高斯低通滤波器，因其滤波特性与高斯曲线相似，故以此相称。GMSK 信号产生原理如图 2-8 所示，GMSK 调制器电路框图如图 2-9 所示。

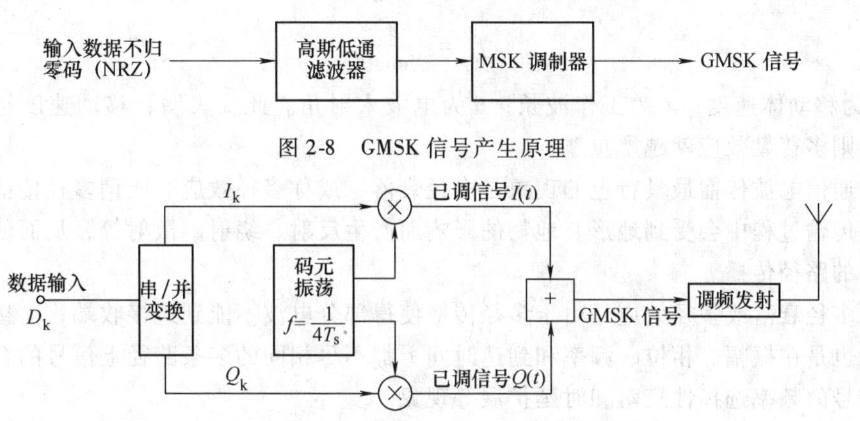

图 2-8　GMSK 信号产生原理

图 2-9　GMSK 调制器电路框图

4. 解调技术

频移键控调制完成后，接收端如何解调出这个二进制码呢？FSK 解调如图 2-10 所示。

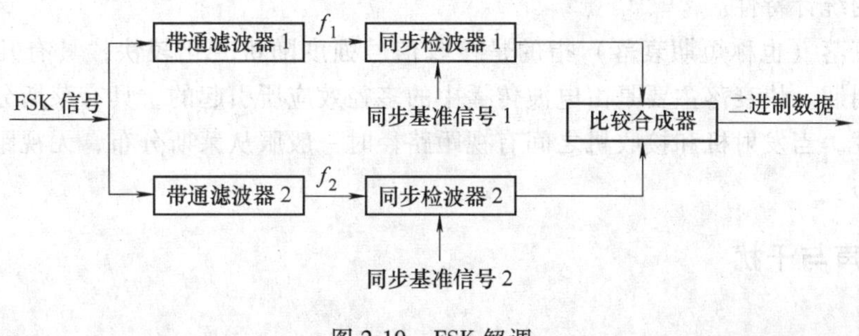

图 2-10　FSK 解调

情景三　移动通信信号环境

一、无线电波的传播

1. VHF、UHF 频段的电波传播特性

发射机天线发出的无线电波，可依不同的路径到达接收机。在自由空间中，电波沿直线传播而不被吸收，也不发生反射、折射和散射等现象而直接到达接收点的传播方式称为直射波传播。直射波传播损耗可看成自由空间的电波传播损耗 L_{bs}，L_{bs} 的表示式为

$$L_{bs} = 32.45\text{dB} + 20\lg d + 20\lg f$$

式中，d 为距离（km）；f 为工作频率（MHz）。

2. 多普勒效应和多径衰落

在移动通信系统（特别是陆地移动通信系统）中，由于移动台可能在各种环境中不断运动，建筑群或障碍物对其影响不断变化，电磁波在传播时会产生反射、折射、绕射等现象，由此会产生多径干扰、信号传播延迟和展宽及多普勒效应等，从而导致接收信号的强度和相位随时间、地点而不断变化。只有充分研究电波传播的规律，才能进行合理的系统设计。所谓多普勒效应指的是当移动台（MS）具有一定速度 v 时，基站（BS）接收到移动台

的载波频率将随 v 的不同，产生不同的频移，反之也如此。移动产生的多普勒频率为

$$f_{a}=\frac{v}{\lambda\cos\theta}$$

式中，v 为移动体速度；λ 为工作波长；θ 为电波入射角。此式表明，移动速度越快，入射角越小，则多普勒效应就越严重。

移动通信电波传播最具特色的现象是多径衰落，或称多径效应。所谓多径传播，是指无线电波在传输过程中会受到地形、地物的影响而产生反射、绕射、散射等，从而使电波沿着各种不同的路径传播。

所谓多径衰落或多径效应是由于多径传播使得部分电波不能到达接收端，而接收端接收到的信号也是在振幅、相位、频率和到达时间上都不尽相同的多条路径上信号的合成，因而会产生信号的频率选择性衰落和时延扩展等现象。

移动通信电波传播中的衰落常分为慢衰落和快衰落两种。

所谓慢衰落（也称长期衰落）指的是接收信号强度随机变化缓慢，具有十几分钟或几小时的长衰落周期。慢衰落主要是由电波传播中的阴影效应以及能量扩散所引起的，具有对数正态分布的统计特性。

所谓快衰落（也称短期衰落）指的是接收信号强度随机变化较快，具有几秒钟或几分钟的短衰落周期。快衰落主要是由电波传播中的多径效应所引起的，具有莱斯分布或瑞利分布的统计特性。当发射机和接收机之间有视距路径时一般服从莱斯分布，无视距路径时一般服从瑞利分布。

二、噪声与干扰

1. 噪声

移动信道中加性噪声（简称噪声）的来源是多方面的，一般可分为：① 内部噪声；②自然噪声；③ 人为噪声。内部噪声是系统设备本身产生的各种噪声。不能预测的噪声统称为随机噪声。自然噪声及人为噪声为外部噪声，它们属于随机噪声。噪声依据特征又可分为脉冲噪声和起伏噪声。脉冲噪声是在时间上无规则的突发噪声，例如，汽车发动机所产生的点火噪声。这种噪声的主要特点是其突发的脉冲幅度较大，而持续时间较短；从频谱上看，脉冲噪声通常有较宽频带。热噪声、散弹噪声及宇宙噪声是典型的起伏噪声。

在移动信道中，外部噪声（也称环境噪声）的影响较大，美国 ITT（国际电话电报公司）将噪声分为六种：①大气噪声；②太阳噪声；③银河噪声；④郊区人为噪声；⑤市区人为噪声；⑥典型接收机的内部噪声。其中，前五种均为外部噪声。有时将太阳噪声和银河噪声统称为宇宙噪声。大气噪声和宇宙噪声属自然噪声。

所谓人为噪声，是指各种电气装置中电流或电压发生急剧变化而形成的电磁辐射，诸如电动机、电焊机、高频电气装置、电气开关等所产生的火花放电而形成的电磁辐射。在移动通信中，人为噪声主要是车辆的点火噪声。

2. 干扰及其抑制技术

干扰主要有以下几种：

（1）邻道干扰　所谓邻道干扰是指相邻或邻近频道的信号相互干扰。目前，移动通信系统广泛使用的 VHF、UHF 电台，频道间隔是 25kHz。然而，调频信号的频谱是很宽的，

理论上说，调频信号含有无穷多个边频分量，当其中某些边频分量落入邻道接收机的通带内时，就会造成邻道干扰。解决邻道干扰的措施包括：

1）降低发射机落入相邻频道的干扰功率，即减小发射机带外辐射。

2）提高接收机的邻道选择性。

3）在网络设计中，避免相邻频道在同一小区或相邻小区内使用，以增加同频道防护比。

（2）同频道干扰　接收机输出端有用信号达到规定质量的情况下，在接收机输入端测得与有用射频信号同频的无用射频信号现象，称为同频道干扰。

（3）互调干扰　在专用网和小容量网中，互调干扰可能成为设台组网较关心的问题。产生互调干扰的基本条件是：几个干扰信号（ω_A、ω_B、ω_C）与受干扰信号的频率（ω_S）之间满足$2\omega_A-\omega_B=\omega_S$或$\omega_A+\omega_B-\omega_C=\omega_S$的条件；干扰信号的幅度足够大；干扰（信号）站和受干扰的接收机都同时工作。

互调干扰分为发射机互调干扰和接收机互调干扰两类。为减轻接收机的互调干扰，可以采取下列措施：

1）高放和混频器宜采用具有平方律特性的器件（如结型场效应晶体管和双栅场效应晶体管）；

2）接收机输入回路应有良好的选择性，如采用多级调谐回路，以减小进入高放的强干扰；

3）在接收机的前端加入衰减器，以减小互调干扰。

另外，对于移动通信网，由于需要频道多和采用空腔谐振式合成器，只有采用互调最小的等间隔频道配置方式，并依靠设备优良的互调抑制指标才能抑制互调干扰。对于专用的小容量移动通信网，主要采用不等间隔排列的无三阶互调的频道配置方法来避免发生互调干扰。

（4）阻塞干扰　当外界存在一个离接收机工作频率较远，但能进入接收机并作用于其前端电路的强干扰信号时，由于接收机前端电路的非线性而造成有用信号增益降低或噪声增高，使接收机灵敏度下降的现象称为阻塞干扰。这种干扰与干扰信号的幅度有关，幅度越大，干扰越严重。当干扰电压幅度非常强时，可导致接收机收不到有用信号而使通信中断。

（5）近端对远端的干扰　当基站同时接收从两个距离不同的移动台发来的信号时，距基站近的移动台B（距离d_2）到达基站的功率明显要大于距离基站远的移动台A（距离d_1，$d_2 \ll d_1$）到达的功率，若二者频率相近，则距基站近的移动台B就会造成对距基站远的移动台A的有用信号的干扰或抑制，甚至将移动台A的有用信号淹没，这种现象称为近端对远端干扰。

克服近端对远端干扰的措施主要有两个：一是使两个移动台所用频道拉开必要间隔；二是移动台端加自动（发射）功率控制（APC）电路，使所有工作的移动台到达基站的功率基本一致。由于频率资源紧张，几乎所有的移动通信系统对基站和移动终端都采用APC工作方式。

情景四 认识自适应均衡技术

根据均衡的应用分析域不同，均衡可分为频域均衡和时域均衡两种。频域均衡是使包括均衡器在内的整个系统的总传输函数满足无失真传输的条件，频域均衡往往用于校正幅频特性和群时延特性；时域均衡就是从时间响应的角度来考虑，使包括均衡器在内的整个系统的冲激响应满足无码间窜扰的条件。频域均衡多用于模拟通信，时域均衡多用于数字通信。

根据均衡的线性特性不同，均衡可分为线性均衡和非线性均衡两种。线性均衡器一般适用于信道畸变不太大的场合，也就是说，它对深衰落的均衡能力不强，故在移动通信系统中都采用即使是在严重畸变信道上也有较好的抗噪声性能的非线性均衡，也就是自适应均衡。自适应均衡基本原理图如图 2-11 所示。

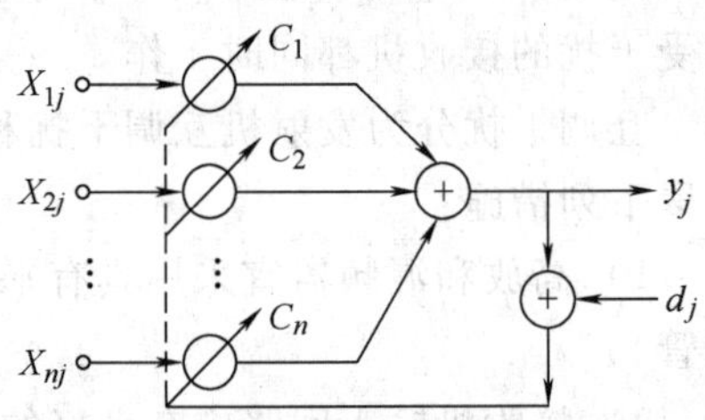

图 2-11 自适应均衡基本原理图

设 X_{1j}、X_{2j}、…、X_{nj} 为接收端获得的来自于不同传输路径的发送信号，它们分别通过带有自动调整抽头的增益器增益后，再进行叠加，只要各增益器的自动调整抽头增益值 C_i 设置合理，就可使输出响应的码间串扰最小，从而能够获得高质量的接收信号 y_j。而增益值 C_i 的调整是以输出 y_j 与所希望的值 d_j 进行比较而获得的误差 e_j 为依据的。用 e_j 去控制 C_i，以使 C_i 逐步达到一定准则下的最佳值 C^*。计算最佳值 C^* 所依据的准则和导出更新抽头系数 C_i 的算法是实现自适应均衡的关键。自适应均衡器的抽头系数需随着输入信号序列的变化而进行不断的调整，从而能够跟踪信道的变化，使输出信号序列与发送序列最为接近，以消除因信道特性不理想而引起的码间串扰。

情景五 认识编码技术

一、语音编码技术

1. GSM 系统语音编码技术

由于 GSM 系统是一种全数字系统，语音或其他信号都要进行数字化处理，因而第一步要把语音模拟信号转换成数字信号（即 1 和 0 的组合）。我们对 PCM 编码比较熟悉，它采用 A 律波形编码，分为以下 3 步：

采样：在某瞬间测量模拟信号的值，采样速率为 8kHz/s。

量化：对每个样值用 8 个比特的量化值来表示对应的模拟信号瞬间值，即为样值指配 256（2^8）个不同量化电平值中的一个。

编码：每个量化值用 8 个比特的二进制代码表示，组成一串具有离散特性的数字信号流。用这种编码方式，数字链路上的数字信号比特速率为 64kbit/s。如果 GSM 系统也采用此种方式进行语音编码，那么每个语音信道是 64kbit/s，8 个语音信道就是 512kbit/s。考虑实际可使用的带宽，GSM 规范中规定载频间隔是 200kHz，因此要把语音信号保持在规定的频带内，必需大大降低每个语音信道编码的比特率，这就要靠改变语音编码的方式来实现。

语音信号有多种编码方式，但最基本的是脉冲编码调制 PCM。典型的脉冲编码调制电路组成如图 2-12 所示。

图 2-12　典型的脉冲编码调制电路组成

声码器编码速率较低（可低于 5kbit/s），虽然不影响语音的可懂性，但语音的失真很大，很难分辨是谁在讲话。波形编码器语音质量较高，但要求的比特速率相应较高。因此 GSM 系统语音编码器是采用声码器和波形编码器的混合物——混合编码器，全称为线性预测编码-长期预测编码-规则脉冲激励编码器（LPC-LTP-RPE 编码器），如图 2-13 所示。

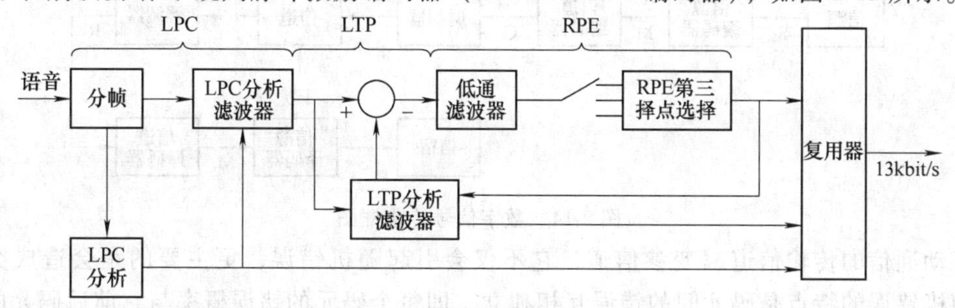

图 2-13　GSM 系统语音编码器框图

2. CDMA 系统的语音编码

目前 CDMA 系统的语音编码主要有两种，即码激励线性预测编码（CELP）8kbit/s 和 13kbit/s。8kbit/s 的语音编码达到 GSM 系统 13kbit/s 的语音水平甚至更好，13kbit/s 的语音编码已达到有线长途语音水平。CELP 采用与脉冲激励线性预测编码相同的原理，只是将脉冲位置和幅度用一个矢量码表代替。

二、信道编码技术

1. 信道编码的基本原理

语音信号经过语音编码后，紧接着还要进行信道编码。由语音编码过程可以看出，采用 LPC-LTP-RPE 编码方案，可以降低数字信号的传输速率，实现数字信号压缩。

采用数字传输时，所传信号的质量常常用接收比特中有多少是正确的来表示，并由此引出比特差错率（BER）的概念。BER 表明传输的总比特中有多少比特被检测出错误，差错比特数目或所占的比例要尽可能小。

为了进行处理，可使用信道编码。信道编码能够检出和校正接收比特流中的差错。这是因为加入一些冗余比特，把几个比特上携带的信息扩散到更多的比特上。为此付出的代价是必须传送比该信息所需要的更多的比特，但这种方法可以有效地减少数据差错。

为了便于理解，我们举一个简单的例子加以说明。假定要传输的信息是一个“0”或一个“1”，为了提高保护能力，各添加 3 个比特：

信息	添加比特	发送比特
0	000	0000

1 111 1111

对于每一比特（0 或 1），只有一个有效的编码组（0000 或 1111）。如果收到的不是 0000 或 1111，就说明传输期间出现了差错。比例关系是 1∶4，必须发送的是该信息所需要的 4 倍的比特。

接收编码组可能为	0000	0010	0110	0111	1111
判决结果为	0	0	X	1	1

图 2-14 表示了数字信号传输的过程，其中信源可以是语音、数据或图像的电信号“S”，经信源编码器构成一个具有确定长度的数字信号序列“M”，人为地再按一定规则加进非信息数字序列，以构成码字“C”（信道编码），然后再经调制器变换为适合信道传输的信号。

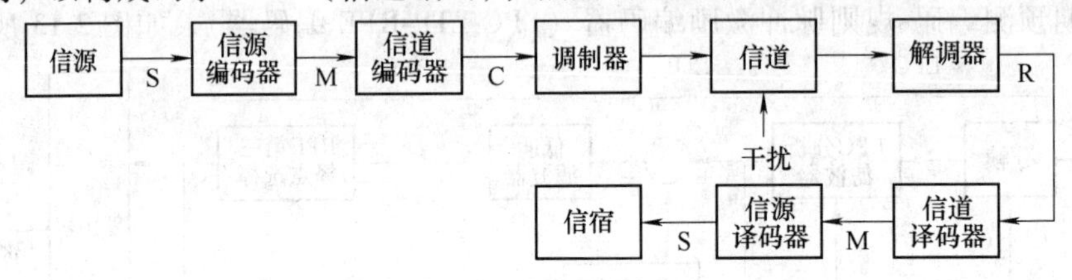

图 2-14 数字信号传输框图

移动通信的传输信道属变参信道，它不仅会引起随机错误，更主要的是会造成突发错误。随机错误的特点是码元间的错误互相独立，即每个码元的错误概率与它前后码元的错误与否是无关的。突发错误则不然，一个码元的错误往往影响前后码元的错误概率。或者说，一个码元产生错误，则后面几个码元都可能发生错误。因此，在数字通信中，要利用信道编码对整个通信系统进行差错控制。差错控制编码可以分为分组编码和卷积编码两类。分组编码的原理框图如图 2-15 所示。

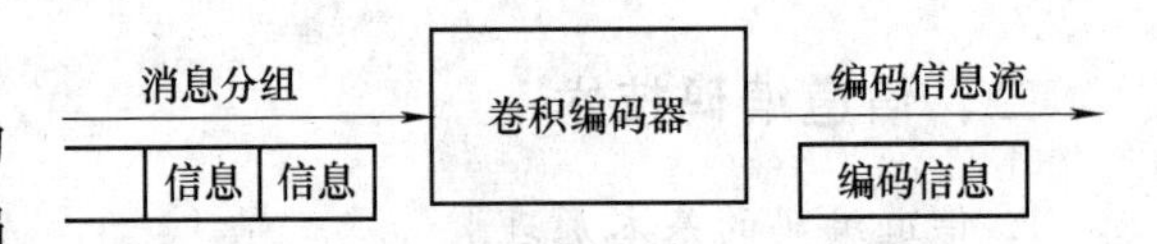

图 2-15 分组编码的原理框图

卷积编码的原理框图如图 2-16 所示。

2. GSM 数字语音的信道编码

在 GSM 系统中，上述两种编码方法均在使用。首先对一些信息比特进行分组编码，构成一个“信息分组 + 奇偶（检验）比特”的形式，然后对全部比特做卷积编码，从而形成编码比特。这两次编码适用于语音和数据，但它们的编码方案略有差异。采用“两次”编码的好处是：有差错时，能校正的校正（利用卷积编码特性），能检测的检测（利用分组编码特性）。GSM 系统首先是把语音分成 20ms 的音段，这 20ms 的音段通过语音编码器被数字化和语音编码，产生 260 个比特流，并被分成 50 个最重要比特、132 个重要比特、78 个不重要比特。

图 2-16 卷积编码的原理框图

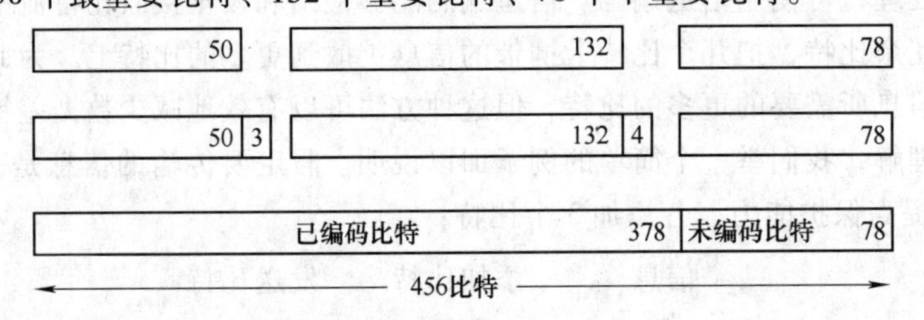

图 2-17 GSM 数字语音的信道编码

如图2-17所示，对上述50个最重要比特添加3个奇偶检验比特（分组编码），这53个比特同132个重要比特与4个尾比特一起卷积编码，比率1∶2，因而得到378个比特，另外78个比特不予保护。

情景六　认识跳频技术

通常我们所接触到的无线通信系统都是载波频率固定的通信系统，如无线对讲机、汽车移动电话等，都是在指定的频率上进行通信，所以也称作定频通信。这种定频通信系统，一旦受到干扰就将使通信质量下降，严重时甚至使通信中断。例如，电台的广播节目，一般是一个发射频率发送一套节目，不同的节目占用不同的发射频率。有时为了让听众能很好地收听一套节目，电台同时用几个发射频率发送同一套节目。这样，如果在某个频率上受到了严重干扰，听众还可以选择最清晰的频道来收听节目，从而起到了抗干扰的效果。但是这样做的代价是需要很多频谱资源才能传送一套节目。如果在不断变换的几个载波频率上传送一套广播节目，而听众的收音机也跟随着不断地在这几个频率上调谐接收，这样，即使某个频率上受到了干扰，也能很好地收听到这套节目，这就变成了一个跳频系统。

另外，在敌我双方的通信对抗中，敌方企图发现我方的通信频率，以便于截获所传送的信息内容，或者发现我方通信机所在的方位，以便于引导炮火摧毁。定频通信系统容易暴露目标且易于被截获，这时，采用跳频通信就比较隐蔽也难以被截获。因为跳频通信是“打一枪换一个地方”的游击通信策略，使敌方不易发现通信使用的频率，一旦被敌方发现，通信的频率也已经“转移”到另外一个频率上了。如果敌方摸不清“转移规律”，就很难截获我方的通信内容。

因此，跳频通信具有抗干扰、抗截获的能力，并能做到频谱资源共享，所以在当前现代化的电子战中跳频通信已显示出巨大的优越性。另外，跳频通信也应用到民用通信中以抗衰落、抗多径、抗网间干扰和提高频谱利用率。

在GSM系统中引用了跳频技术，其主要目的是为了减小由多径效应引起的瑞利衰落，采用跳频技术可以改善由衰落造成的误码特性。

跳频是指在通话期间载波频率在n个频点上变化。跳频分为快跳和慢跳两种。快跳是指跳频速率高于或等于信息比特率，即每个信息比特跳一次以上；慢跳是指跳频速率低于信息比特率，即连续n个比特跳频一次。GSM系统采用的是慢跳，跳频的速率大约为217次/s。跳频只在业务信道TCH上进行，广播控制信道BCCH不进行跳频。

情景七　认识扩频通信技术

一、扩频通信的基本概念

所谓扩频通信，是指系统占用的频带宽度远大于要传输的原始信号的带宽（或信息比特率），且与原始信号带宽（信息比特率）无关。下面介绍它的主要特点。

1. 易于重复使用频率，提高无线频谱利用率

无线频谱十分宝贵，虽然从长波到微波都得到了开发利用，仍然满足不了社会的需求。

在窄带通信中，主要依靠波道划分来防止信道之间发生干扰。为此，世界各国都设立了频率管理机构，用户只能使用申请获准的频率。

扩频通信发送功率极低（1～650mW），采用了相关接收这一高技术，且可工作在信道噪声和热噪声背景中，易于在同一地区重复使用同一频率，也可与现今各种窄道通信共享同一频率资源。所以，在美国及世界绝大多数国家，扩频通信不需申请频率，任何个人与单位可以无执照使用。

2. 抗干扰性强，误码率低

扩频通信在空间传输时所占有的带宽相对较宽，而接收端又采用相关检测的办法来解扩，使有用宽带信号恢复成窄带信号，而把非所需信号扩展成宽带信号，然后通过窄带滤波技术提取有用的信号。这样，各种干扰信号因其在接收端的非相关性，解扩后在窄带信号中只有很微弱的成分，信噪比很高，因此扩频通信抗干扰性强。由于扩频系统这一优良性能，误码率很低，正常条件下可低到10^{-10}，最差条件下约10^{-6}，能完全满足国内相关系统对通道传输质量的要求。

3. 隐蔽性好，对各种窄带通信系统的干扰很小

由于扩频信号在相对较宽的频带上被扩展了，单位频带内的功率很小，信号湮没在噪声里，一般不容易被发现，而想进一步检测信号的参数（如伪随机编码序列）就更加困难，因此说其隐蔽性好。

再者，由于扩频信号具有很低的功率谱密度，它对目前使用的各种窄带通信系统的干扰很小。

4. 可以实现码分多址

扩频通信提高了抗干扰性能，但付出了占用频带宽的代价。

如果让许多用户共用这一宽频带，则可大大提高频带的利用率。由于在扩频通信中存在扩频码序列的扩频调制，充分利用各种不同码型的扩频码序列之间优良的自相关特性和互相关特性，在接收端利用相关检测技术进行解扩，则在分配给不同用户码型的情况下可以区分不同用户的信号，提取出有用信号。这样一来，在一宽频带上许多对用户可以同时通话而互不干扰。

5. 抗多径干扰

在无线通信的各个频段，长期以来，多径干扰始终是一个难以解决的问题。在以往的窄带通信中，采用两种方法来提高抗多径干扰的能力：一是把最强的有用信号分离出来，排除其他路径的干扰信号，即采用分集接收技术；二是设法把来自不同路径的不同延迟、不同相位的信号在接收端从时域上对齐相加，合并成较强的有用信号，即采用梳状滤波器的方法。

这两种方法在扩频通信中都易于实现。另外，采用频率跳变扩频调制方式的扩频系统，由于用多个频率信号传送同一个信息，实际上起到了频率分集的作用。

6. 能精确地测距

我们知道电磁波在空间的传播速度是固定不变的光速。人们自然会想到，如果能够精确测量电磁波在两个物体之间传播的时间，也就等于测量两个物体之间的距离。

在扩频通信中，如果扩展频谱很宽，则意味着所采用的扩频码速率很高，每个码片占用的时间就很短。当发射出去的扩频信号被被测物体反射回来后，在接收端解调出扩频码序列，然后比较收发两个码序列相位之差，就可以精确测出扩频信号往返的时间差，从而算出

二者之间的距离。测量的精度决定于码片的宽度，也就是扩展频谱的宽度。码片越窄，扩展的频谱越宽，精度越高。

7. 适合数字语音和数据传输，以及开展多种通信业务

扩频通信通常采用数字通信、码分多址技术，适用于计算机网络，适合于数据和图像传输。

8. 安装简便，易于维护

扩频通信设备具有高度集成性，采用了现代电子科技的尖端技术，因此，十分可靠、小巧，大量运用后成本低，安装便捷，易于推广应用。CDMA扩频通信可以增加容量，降低成本，提高质量。由于CDMA系统要求低，基站覆盖范围大，可以少设基站。例如，美国洛杉矶TDMA系统的MPS制式要450个基站，而用CDMA系统只要180个基站。在扩频的CDMA系统中，语音采用可变速率的编码，功率控制及信噪比要求低，移动手机功率可做得很小，如小到几毫瓦到几十毫瓦。

二、扩频通信的方法

在通信系统中采用的调制技术的传输带宽，都是大于信息本身的最小带宽的，但这不属于扩频通信概念的范畴。我们把扩频100倍以上的调制称为扩频调制，即 $GP = W/B > 100$。其中，GP 称为扩频增益，W 为信道带宽，B 为信息带宽。

扩频通信理论基础来源于信息论中的香农公式，信息论中有

$$C = W\lg(1 + S/N)$$

式中，C 为信道容量；S/N 为信噪比。

由上述公式可得出一个重要结论：如果 C 一定，可用不同带宽 W 和信噪比 S/N 组合来传输。当 W 传输带宽较大时，则用较小的信号功率（S/N 较小）来传送，这表明宽带系统有较好的抗干扰性能。因此，当信噪比太小，不能保证通信质量时，常采用宽带系统，即通过增加带宽来提高信道容量，以改善通信质量，这也就是通常所说的以宽频带换功率的措施。根据这一原理，扩频通信就是将信号频谱扩展100倍以上再传输，从而提高了抗干扰能力，使之在强干扰情况下（甚至信号被噪声淹没）仍然可以维持正常通信。也就是说扩频越宽其处理增益越高，则抗干扰能力越强。

CDMA扩频的方法如图2-18所示。

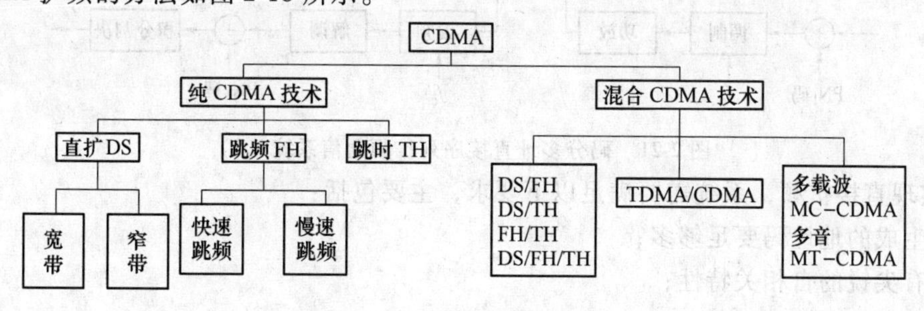

图2-18　CDMA扩频的方法

三、扩频通信的实现

1. 扩频通信主要实现方法

(1) 直接序列 (DS) 扩频系统　用一个高速伪随机序列与信息数据相乘 (模 2 加)。由于伪随机序列的带宽远远大于信息数据带宽，从而扩展了传输信号频带。

(2) 跳频 (FH) 扩频系统　在伪随机序列控制下，发射频率在一组预先设计的频率上，按照一定规律离散跳变，从而扩展了信号频带。图 2-19 所示为跳频信号的时频矩阵图。从时域上看，跳频信号是一个多频率的移频键控信号；从频域上看，跳频信号的频谱是在一个很宽频带上随机跳变的不等间隔的频率信道。

(3) 跳时 (TH) 扩频系统　此系统与跳频扩频系统类似，区别在于前者控制频率，后者控制时间。

(4) 脉冲线性调频系统　此系统的载频在一个给定的脉冲间隔内，线性地扫过一个宽的频带，扩展发射信号的频谱。

此外，还有以上四种系统的组合系统等，用于商用的一般为前两种。

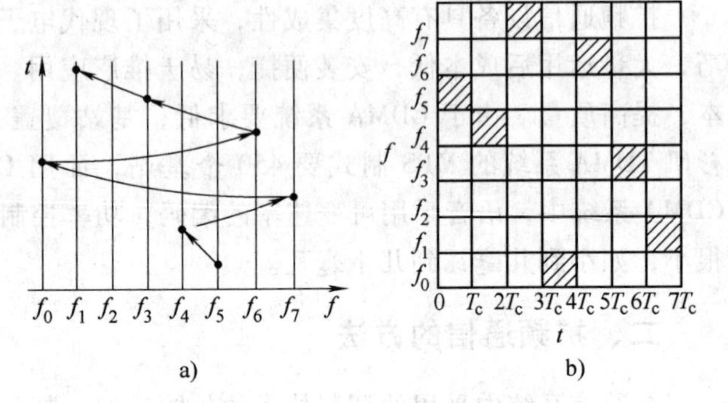

图 2-19　跳频信号的时频矩阵图

2. 码分多址扩频通信系统

码分多址 (CDMA) 与直接序列扩频技术相结合，构成了码分多址直接序列扩频通信系统。该系统主要有以下两种方式：

第 1 种如图 2-20 所示。发送端用户数据信息首先与对应的用户地址码调制 (模 2 加)，然后再与高速伪随机码 (PN 码) 进行扩频调制 (模 2 加)。在接收端，进行和发端对应的反变换 (进行相关检测)，即可得到所需的用户信息。

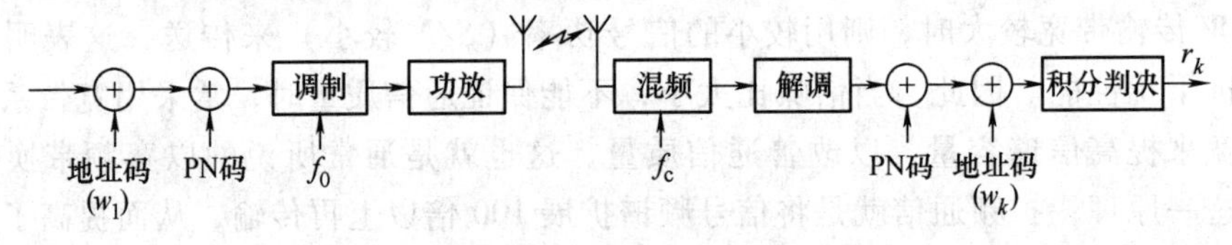

图 2-20　码分多址直接序列扩频通信系统 (1)

第 2 种如图 2-21 所示。

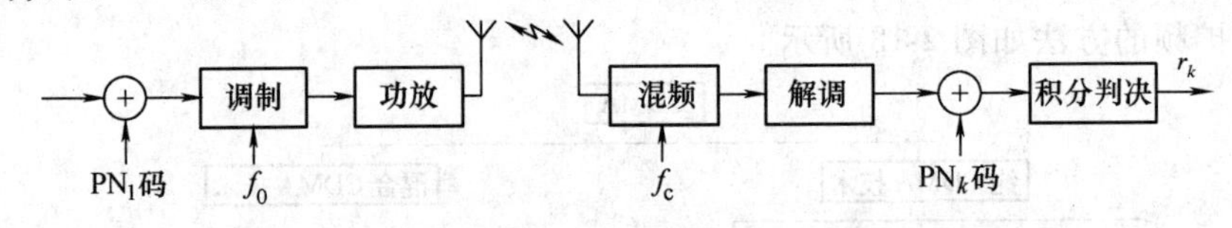

图 2-21　码分多址直接序列扩频通信系统 (2)

为实现直接扩频，系统需要满足以下要求，主要包括：

1) 生成的地址码要足够多；

2) 有尖锐的自相关特性；

3) 有处处为零的互相关特性；

4) 不同码元素平衡相等；

5) 有尽可能大的复杂度。

要同时满足以上条件是困难的，有些码只能作地址码，不能作扩频码，有的既可作地址码，又可作为扩频码，如沃尔什码（地址码）和M序列伪随机码。沃尔什码是一组正交码，它具有良好的自相关特性和处处为零的互相关特性，但由于该码组所占频谱不宽等原因，不能作为扩频码，只能作为地址码使用。

M序列（最大长度线性反馈移位寄存器序列）具有类似白噪声的特性（真正的随机信号和噪声是不能重复和再现的），所以M序列既可作地址码，也可以作为扩频码。可用M序列作为一种伪随机码（PN码）代替随机噪声性能。

情景八 认识交织技术

在陆地移动通信这种变参信道上，比特差错经常是成串发生的，这是由于持续较长的深衰落谷点会影响到相继一串的比特。然而，信道编码仅在检测和校正单个差错和不太长的差错串时才有效。为了解决这一问题，希望能找到把一条消息中的相继比特分散开的方法，即一条消息中的相继比特以非相继方式被发送。这样，在传输过程中即使发生了成串差错，恢复成一条相继比特串的消息时，差错也就变成单个（或长度很短），这时再用信道编码纠错功能纠正差错，恢复原消息，这种方法就是交织技术。

1. 交织技术的一般原理

假定由一些4比特组成的消息分组，把4个相继分组中的第1个比特取出来，并让这4个第1比特组成一个新的4比特分组，称作第一帧，4个消息分组中的比特2～4，也做同样处理，如图2-22所示。

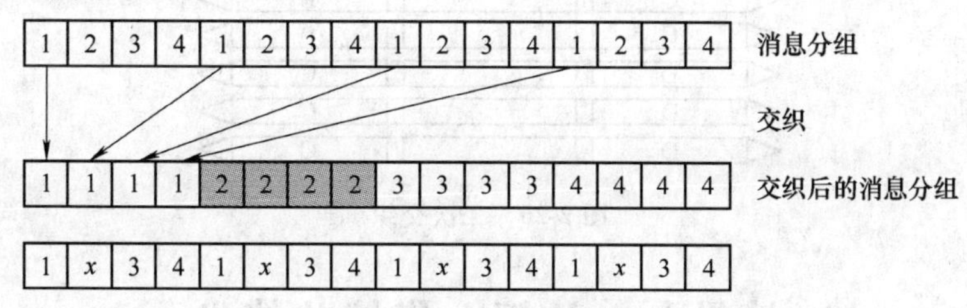

图2-22 交织原理

2. GSM系统中的交织方式

在GSM系统中，信道编码后进行交织。交织分为两次，第一次交织为内部交织，第二次交织为块间交织。语音编码器和信道编码器将每20ms语音数字化并编码，提供456个比特。首先对它进行内部交织，即将456个比特分成8帧，每帧57比特，如图2-23所示。

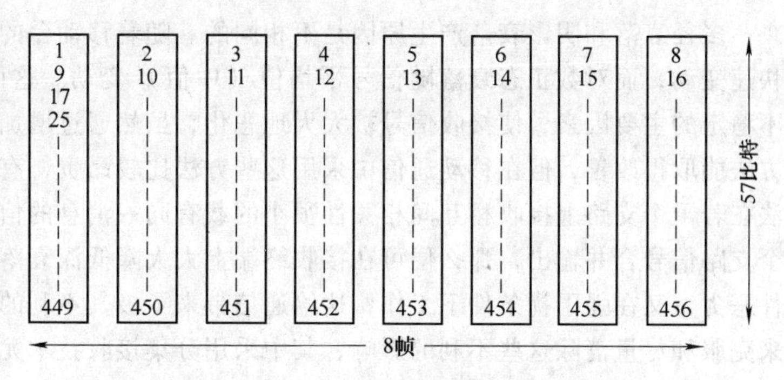

图2-23 GSM系统中20ms语音编码交织

如果将同一20 ms语音的2组57比特插入到同一普通突发脉冲串（见图2-24）中，那么该突发脉冲串丢失则会导致该20ms的语音损失25%的比特，显然信道编码难以恢复这么多丢失的比特。因此必须在两个语音帧间再进行一次交织，即块间交织。

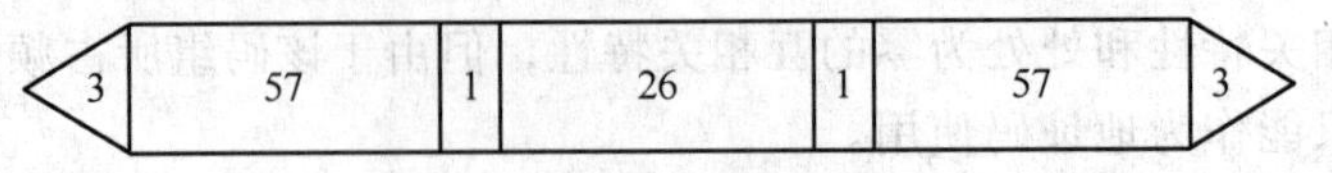

图 2-24 普通突发脉冲串

把每 20ms 语音 456 比特分成的 8 帧为一个块，假设有 A、B、C、D 四块，如图 2-25 所示。在第一个普通突发脉冲串中，两个 57 比特组分别插入 A 块和 D 块的各 1 帧，插入方式如图 2-26 所示。

A	B	C	D
20 ms 语音 456比特	20 ms 语音 456比特	20 ms 语音 456比特	20 ms 语音 456比特

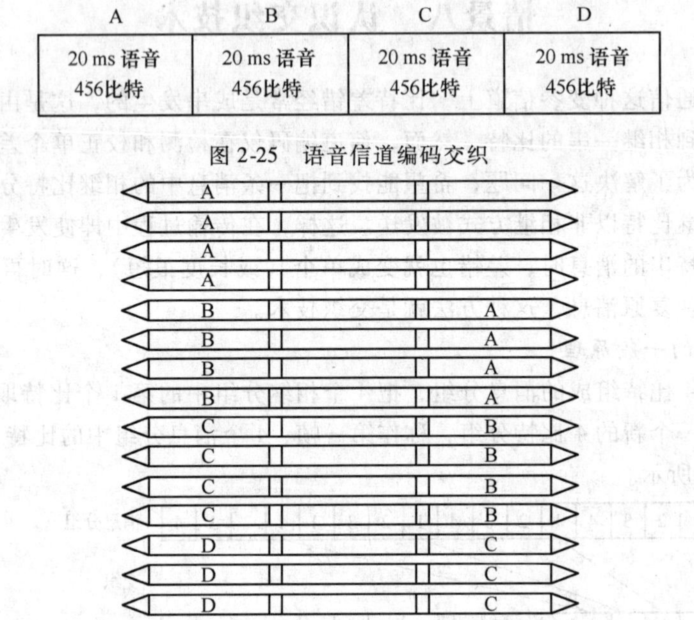

图 2-25 语音信道编码交织

图 2-26 二次交织

情景九 认识分集接收技术

多径衰落和阴影衰落产生原因是不相同的。随着移动台的移动，瑞利衰落随信号瞬时值快速变动，而对数正态衰落随信号平均值（中值）变动。这两者是构成移动通信接收信号不稳定的主要因素，使接收信号被大大地恶化，虽然通过增加发信功率、天线尺寸和高度等方法能取得改善，但在移动通信中采用这些方法比较昂贵，有时也显得不切实际。而分集方法在若干个支路上接收相互间相关性很小的载有同一消息的信号，然后通过合并技术再将各个支路信号合并输出，那么便可在接收终端上大大降低深衰落的概率。移动通信电波传播条件恶劣，又在强干扰条件下工作，这给通信带来了极其不利的影响。因此人们采用多种技术来克服和尽量消除这些不利的影响，其中采用分集接收技术尤为重要。

分集接收技术大体分为两大类：显分集和隐分集。

采用的分集方式是显而易见的，称显分集，如空间分集、频率分集、时间分集、极化分集、路径分集等。在移动通信中，通常采用空间分集。下面对这些技术作一简单介绍。

1）空间分集：是利用空间的多副天线来实现的。在发送端采用一副天线，在接收端采用多副天线接收。

在移动通信中，空间略有变动就可能造成较大的场强变化。当使用两个接收信道时，它们受到的衰落影响是不相关的，且二者在同一时刻经受深衰落谷点影响的可能性也很小，因此这一现象引出了利用两副接收天线，独立地接收同一信号，再合并输出的方案，衰落的程度被大大地减小，这就是空间分集。空间分集是利用场强随空间的随机变化实现的，空间距离越大，多径传播的差异就越大，所接收场强的相关性就越小。这里所说的相关性是个统计术语，表明信号间相似的程度，因此必须确定必要的空间距离。经过测试和统计，国际无线电咨询委员会 CCIR（International Radio Consultative Committee）建议，为了获得满意的分集效果，移动单元两天线间距大于 0.6 个波长，即 $d>0.6\lambda$，并且最好选在 $\lambda/4$ 的奇数倍附近。若减小天线间距，即使小到 $\lambda/4$，也能起到相当好的分集效果。

2）极化分集：主要指在移动通信中，在同一点上极化方向相互正交的两个天线，发出的信号呈现互不相关的衰落特性，可使干扰减小。

3）角度分集：主要指在移动通信中，移动台接收端信号来自不同方向，接收端利用天线方向性，接收不同方向信号，使其收到的信号互不相关。

4）频率分集：与前面讲的频分多址类似。

5）时间分集：与前面讲的时分多址类似。

6）路径分集：由于移动通信中无线电波到达接收端都会产生多径衰落现象，N-CDMA 系统可以把各路信号分离出来，通过相关接收，分别进行处理，然后进行合并，从而克服多径效应的影响，等效于增加了接收功率，变不利因素为有利因素，这就是 CDMA 系统特有的路径分集技术。

隐分集主要是指把分集作用隐蔽在传输信号之中，如交织编码、纠错编码、自适应均衡等技术。

情景十　移动通信系统频率资源规划

频率资源是一种宝贵的资源，提高频率资源的利用效率已经成为一个非常迫切的课题。为此，移动通信发展的主要趋势是：工作频段由短波、超短波、微波到毫米波、红外和超长波；实现建立在新的频段（比如 5～8GHz 乃至更高）上的无线通信系统；频道间隔可以是 100kHz、50kHz、25kHz 到 12.5kHz 或直接采用宽带扩频信道。

国际电信联盟（ITU）在 1979 年首次给陆地移动通信划分出主要频段，无线电频段的划分及主要用途见表 2-2。根据 ITU 的规定，1980 年我国原国家无线电管理委员会制定出陆地移动通信使用的频段（以 900MHz 为中心）。集群移动通信：806～821MHz（上行）、851～866MHz（下行）。军队：825～845MHz（上行）、870～890MHz（下行）。大容量公用陆地移动通信：890～915MHz（上行）、935～960MHz（下行）。

我国大容量公用陆地移动通信采用的是 TACS 体制的模拟移动通信系统，相邻频道间隔为 25kHz。为支持个人通信发展，1992 年，ITU 在世界无线电管理大会（WARC’92）上，对工作频段作了进一步划分。

未来移动通信频段：1710～2690MHz 在世界范围内可灵活应用，并鼓励开展各种新的移动业务；1885～2025MHz 和 2110～2200MHz 用于 IMT-2000 系统，以实现世界范围的移动通信。

表 2-2　无线电频段的划分及主要用途

频率范围 f	波长 λ	频段名称	常用介质	典型用途
3 ~ 30kHz	10^8 ~ 10^4m	甚低频 VLF	有线线对、长波无线电	音频、电话、数据终端、长距离导航、时标
30 ~ 300kHz	10^4 ~ 10^3m	低频 LF	有线线对、长波无线电	导航、信标、电力线通信
0.3 ~ 3MHz	10^3 ~ 10^2m	中频 MF	同轴电缆、中波无线电	调幅广播、移动陆地通信、业余无线电
3 ~ 30MHz	10^2 ~ 10m	高频 HF	同轴电缆、短波无线电	移动无线电话、短波广播、定点军用通信、业余无线电
30 ~ 300MHz	10 ~ 1m	甚高频 VHF	同轴电缆、米波无线电	电视、FM 广播、空中管制、车辆通信、导航、集群通信、无线寻呼
0.3 ~ 3GHz	100 ~ 10cm	特高频 UHF	波导、分米波无线电	电视、空间遥感、导航、点对点通信、移动通信
3 ~ 30GHz	10 ~ 1cm	超高频 SHF	波导、厘米波无线电	雷达、微波接力、卫星和空间通信
30 ~ 300GHz	10 ~ 1mm	极高频 EHF	波导、毫米波无线电	雷达、微波接力、射电天文学
10^5 ~ 10^7GHz	3×10^{-4} ~ 3×10^{-6}cm	紫外、可见光、红外	光纤、激光空间传播	光通信

移动卫星通信频段：其中小低轨道移动卫星通信应用 148 ~ 149.9MHz（上行），137 ~ 138MHz、400.15 ~ 401MHz（下行）；大轨道移动卫星通信应用 1610 ~ 1626.5MHz（上行），2483.5 ~ 2500MHz（下行）；

第三代移动卫星通信应用 1980 ~ 2010MHz（上行）、2170 ~ 2200MHz（下行）。1995 年，修改为 1980 ~ 2025MHz（上行）、2160 ~ 2200MHz（下行）。

另外，我国大容量公用陆地移动通信还采用了 GSM 体制的数字移动通信系统，相邻频道间隔为 200kHz。上行链路采用 905 ~ 915MHz 频段，下行链路采用 950 ~ 960MHz 频段。随着业务的发展，可根据需要向下扩展，相应缩小模拟公用移动电话网的频段（890 ~ 905MHz、935 ~ 950MHz）。我国原国家无线电管理委员会分配给移动通信系统的频率见表 2-3。

表 2-3　我国原国家无线电管理委员会分配给移动通信系统的频率

系统或使用部门	上行频率/MHz	下行频率/MHz
中国联通 CDMA	825～835	870～880
中国移动 GSM900	890～909	935～954
中国移动 GSM 室内分布系统	885～890	930～935
中国联通 GSM900	909～915	954～960
中国移动 DCS1800	1710～1720	1805～1815
中国联通 DCS1800	1745～1755	1840～1850

项目思考

2-1　什么叫移动通信？举出几种移动通信的例子。

2-2　什么叫频分多址？举出两种频分多址应用的例子。

2-3　什么叫时分多址？举出两种时分多址应用的例子。

2-4　什么叫码分多址？举出两种码分多址应用的例子。

2-5　常用调制解调技术有哪几种？

2-6　什么是 GMSK？为什么应用它？它是怎样实现调制和解调的？

2-7　什么是多径衰落？什么是多普勒效应？

2-8　什么是快衰落？什么是慢衰落？它们对于移动通信的质量有何影响？

2-9　什么是噪声？有哪几种？

2-10　什么是干扰？有哪几种？分别采用什么样的抑制技术？

2-11　什么是自适应均衡技术？它有何应用？

2-12　什么是语音编码技术？有哪些？

2-13　什么是信道编码技术？有哪些？

2-14　什么是跳频技术？为什么要采用跳频？

2-15　什么是扩频？它的主要理论依据是什么？有哪些实现方法？

2-16　什么是交织技术？它有何作用？

2-17　什么是分集接收技术？有什么应用？

2-18　我国移动通信使用的主要频段有哪些？未来的 3G/4G 将使用哪些频段？

项目三　移动通信系统组网

移动通信系统的组网就是由若干个移动用户组成一个系统，系统内的用户可以在无线电覆盖范围内的任何地方，实现在移动过程中相互通信。现代的公众移动通信网普遍要求能实现移动用户和其他网络（如有线电话网）用户之间相互通信，以实现其四通八达的通信功能。因此，移动通信系统的组网技术不仅要研究移动通信网本身的最佳组建技术，还应探讨移动通信网和其他网络之间的最佳连接方式。

根据服务对象与公众电话交换网（PSTN）联系程度的不同，可将移动通信网划分为公众移动通信网和专用移动通信网两类。

本项目主要讲授公众移动通信网服务区的划分方法，区群的构成，移动通信网的结构及信道结构，移动通信网进入公众电话交换网的方式，路由、接续及多信道共用等方面的内容。

情景一　移动通信系统的区制

移动通信网所覆盖的区域称为移动通信的服务区。根据服务区覆盖方式的不同，可将移动通信网划分为大区制和小区制。

一、大区制移动通信系统

一个服务区只用一个基站（Base Station，BS）来覆盖全地区，由基站来负责该地区移动通信的联络和控制，这种组成方式称为大区制。相应的通信系统称为大区制移动通信系统，如图 3-1 所示。

为了扩大服务区，基站天线通常架设的很高，发射机的输出功率也较大，一般为 50～200W，覆盖半径达 30～50km。因为基站的天线高，输出功率大，移动台（Mobile Station，MS）在整个服务区内移动时，均可正确接收基站发来的信号（下行信号）。为了扩大覆盖区域，保证服务区内的双向通信质量，往往需要在基站的外围设立若干个分集接收站（R），但这样做会增加系统的复杂性和造价，如图 3-2 所示。

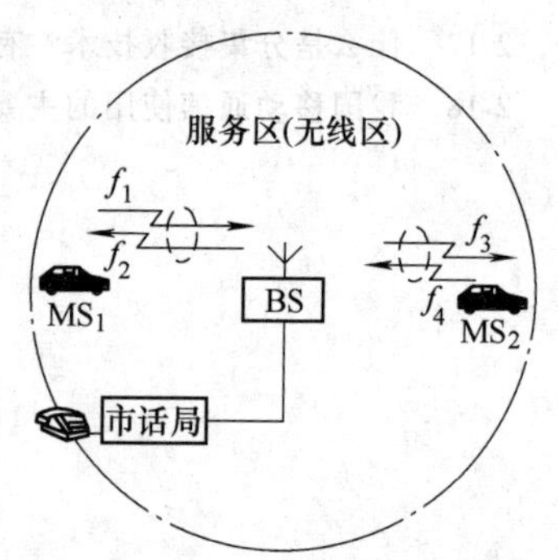

图 3-1　大区制移动通信系统示意图

在移动通信的发展初期采用大区制是有利的，因为大区制的主要优点是组网简单，投资少，见效快，适合于用户密度不大或业务较小的区域。但为了避免相互间的干扰，服务区内的所有频率均不能复用，因而使这种体制的频率利用率很低，用户数很少。随着公众移动通信的发展及用户的不断增长，在频率有限的情况下，必须提高频率复用率，这就要采用小区制的组网方式，以达到扩大容量的目的。

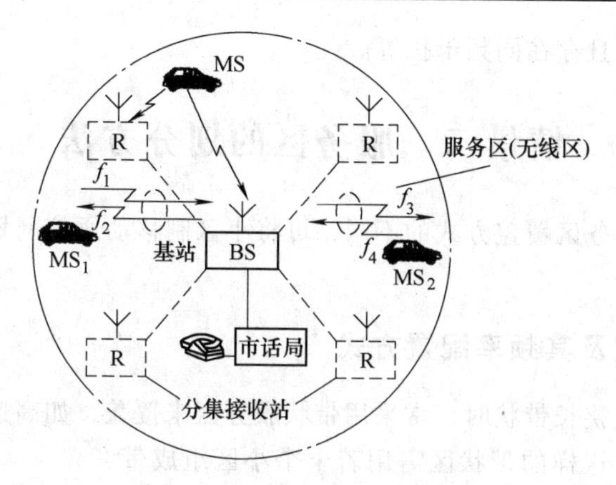

图 3-2　具有分集接收站的大区制移动通信系统示意图

二、小区制移动通信系统

小区制是将整个服务区划分为若干个无线小区。每个小区的半径为 2 ~ 10km，发射功率为 5 ~ 20W。每个小区设置一个基站（BS），由它负责本小区内移动用户的联络和控制。同时设置一个移动业务交换中心（Mobile Services Switching Center，MSC），统一控制本服务区内基站协调地工作，实现小区之间移动用户通信的转接，以及移动用户和市话用户之间的通信，如图 3-3 所示。

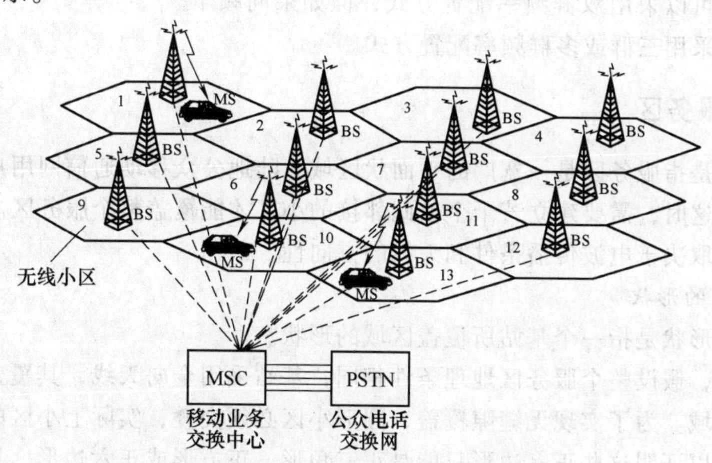

图 3-3　小区制移动通信系统示意图

在小区制中，可以采用频率复用技术。所谓频率复用就是指在一个较大的服务区内，同一组信道可以多次重复使用。图 3-3 中，小区 1 和小区 3、小区 2 和小区 4，就可以使用同一组信道而不相互干扰。通过频率复用技术，在不增加频道数目的情况下，小区制移动通信系统的用户容量可以大大增加。并且当用户数继续增大时，无线小区还可以继续划小为微小区（Microcell）和微微小区（Picocell），以提高频率复用率，适应用户增长的需求，故小区制网络结构具有很大的灵活性。

小区制的主要优点是频率复用率高，系统容量大，不需要建立分集接收站。小区制移动通信系统适合于用户容量大的公众移动通信系统。但是小区制移动通信系统基站多，建网投资大，系统结构复杂，且存在同频干扰等。

情景二　服务区的划分方法

根据移动通信网服务区覆盖方式的不同，可将小区制移动通信网划分为带状服务区和面状服务区。

一、带状服务区及其频率配置方式

当移动用户分布呈狭长带状时，常采用带状服务区来覆盖，如高速公路、铁路、沿海水域、沿河航道等地区。这样的带状区需用若干个小区组成带状的网络才能实现最佳覆盖，如图3-4所示。

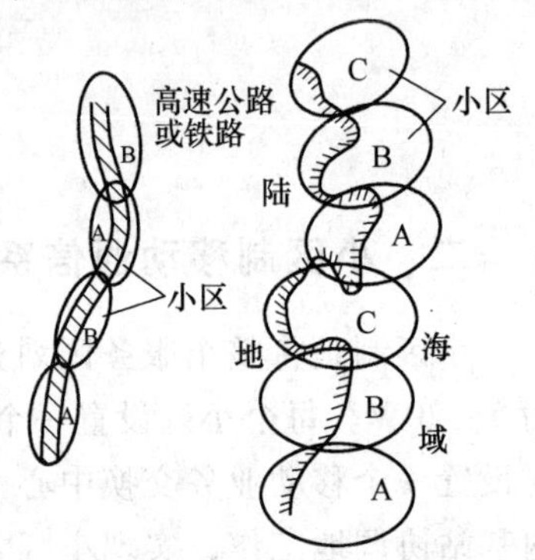

图3-4　带状服务区

由于覆盖区狭长，带状服务区宜采用定向天线，使每个小区呈椭圆形。为了避免同频干扰，相邻接的小区不可使用同一组信道进行工作。如图3-4所示，相邻小区分别使用A频道组和B频道组进行通信，称为双群频率配置方式，简称双频制。若采用A、B、C三组频道组成一群进行频率配置，则称为三群频率配置方式，简称三频制。

在规划带状服务区时，从减少建网成本和提高频率复用率的角度考虑，可以采用双群频率配置方式，但如果同频干扰过于严重，应采用三群或多群频率配置方式。

二、面状服务区

面状服务区是指服务区是一宽广的平面状区域。陆地公众移动通信网用户的分布大多是广大平面状的，这时，需要建立若干个彼此邻接的小区才能覆盖整个服务区。服务区内小区的划分及组成，取决于电波传播条件和天线的方向性。

1. 无线小区的形状

无线小区的形状是指一个基站所覆盖区域的形状。

为分析方便，假设整个服务区地理条件相同，基站采用全向天线，其覆盖区域是以基站为中心的圆形区域。为了实现无缝隙覆盖，圆形小区必须交叠，实际上小区的形状应为圆内接正多边形。可以证明这些正多边形只能是正三角形、正方形或正六边形，见表3-1。

由表3-1可见，在小区半径R相同的情况下，正六边形小区单位小区面积最大；相邻小区交叠面积最小，各基站间同频干扰最小；相邻小区中心间距最大，各基站间相互干扰最小。在服务面积一定的情况下，采用正六边形小区来覆盖，所需基站的数目最少，最经济，效果也最好。因此，面状服务区的最佳组成形式是正六边形，由于正六边形构成的网络形同蜂窝，常称之为蜂窝网。

2. 蜂窝式区群的组成

蜂窝式移动通信网组网时，广泛采用若干个正六边形无线小区构成某种形式固定的小区群，称为单位无线区群，简称区群。再由区群彼此邻接覆盖整个服务区。在这种结构的网络中，为了防止同频干扰，区群内的小区所使用的频率是不能重复的。只有不同的单位无线区群间才能进行频率复用。

表 3-1　无线小区的形状及其有关参数

小区形状	正三角形	正方形	正六边形
区域构成			
单位小区面积	$1.3R^2$	$2R^2$	$2.6R^2$
交叠面积	$1.2\pi R^2$	$0.73\pi R^2$	$0.35\pi R^2$
中心间距 D	R	$\sqrt{2}R$	$\sqrt{3}R$

通常，区群的组成应满足以下两个条件：

1）区群间可以进行无缝隙覆盖。

2）邻接之后的区群应保证同频小区之间的距离相等。

满足以上条件的区群形状和群内小区数量是有限的，可以证明，区群内的小区数 N 应满足下式：

$$N = i^2 + ij + j^2$$

式中，i、j 均为正整数，其中一个可以为0，但两个不能同时为0。设无线小区的半径为 R，则同频小区之间的中心间距 D 满足下式：

$$D = \sqrt{3N}R$$

满足上式的各种单位无线小区中区群的个数及中心间距见表 3-2。

表 3-2　单位无线小区中区群的个数及中心间距

i	1	0	1	2	0	1	…
j	1	2	2	2	3	3	…
N	3	4	7	12	9	13	…
D	$3R$	$2\sqrt{3}R$	$\sqrt{21}R$	$6R$	$3\sqrt{3}R$	$\sqrt{39}R$	…

区群形状如图 3-5 所示。

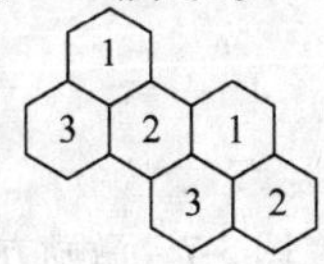

a) 3个无线小区组成的区群 $D=3R$

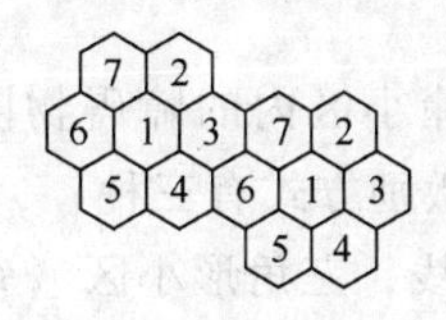

b) 7个无线小区组成的区群 $D=\sqrt{21}R$

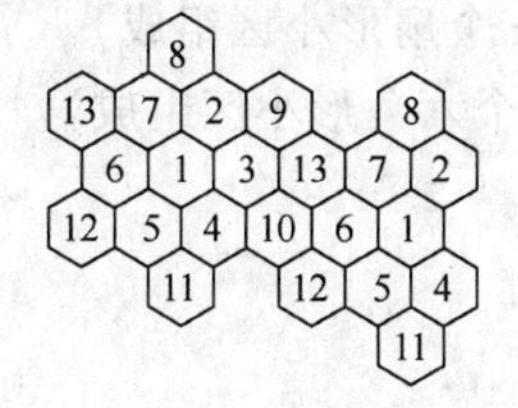

c) 13个无线小区组成的区群 $D=\sqrt{39}R$

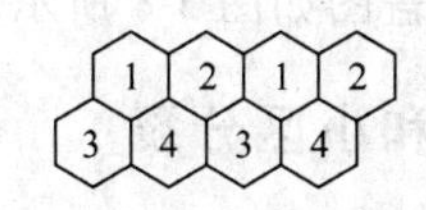

d) 4个无线小区组成的区群 $D=2\sqrt{3}R$

图 3-5　区群形状

对于蜂窝式区群，确定同频小区的方法如图 3-6 所示。

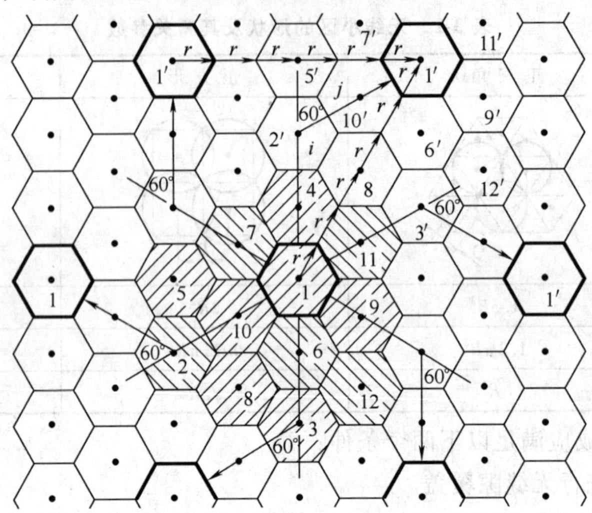

图 3-6　12 个小区的区群确定同频小区的方法示意图

具体方法是：从某一小区 1 出发，沿蜂窝各边的垂线方向跨过 j 个小区，再向左或向右移 60°再跨过 i 个小区，即可找到与之相邻的六个同频小区 1′。

三、激励方式

激励方式是指基站对本服务小区的辐射和覆盖方式。通常对正六边形小区的激励方式有两种，即中心激励和顶点激励。

1. 中心激励

中心激励是将基站设在小区的中央，采用全向天线，用圆形辐射区覆盖整个小区，如图 3-7a 所示。

2. 顶点激励

顶点激励是将基站设置于正六边形的顶点处，采用定向天线来覆盖无线小区，如图 3-7b 所示。

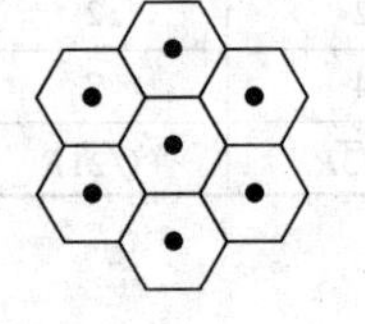

a) 中心激励

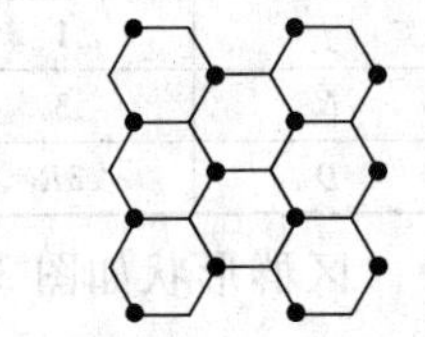

b) 顶点激励

图 3-7　激励方式

这种激励方式对消除小区内的障碍物阴影很有好处。常见的顶点激励方式有三种：

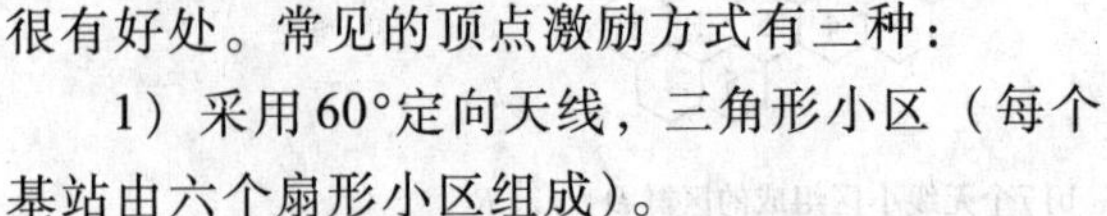

1）采用 60°定向天线，三角形小区（每个基站由六个扇形小区组成）。

2）采用 120°定向天线，菱形小区（每个基站由三个扇形小区组成）。

3）采用 60°定向天线，三叶草形（每个基站由三个六角形小区组成）。

顶点激励方式覆盖图如图 3-8 所示。

四、小区模型和小区分裂

1. 小区模型

目前常用的单位无线区群的模型可分为三种，即 12 个基站构成的单位无线区群、7 个

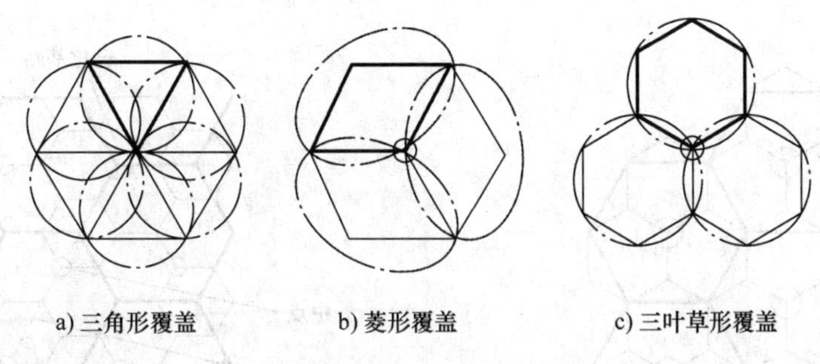

a) 三角形覆盖　　b) 菱形覆盖　　c) 三叶草形覆盖

图 3-8　顶点激励方式覆盖图

基站构成的单位无线区群及 4 个基站构成的单位无线区群，如图 3-9 所示。

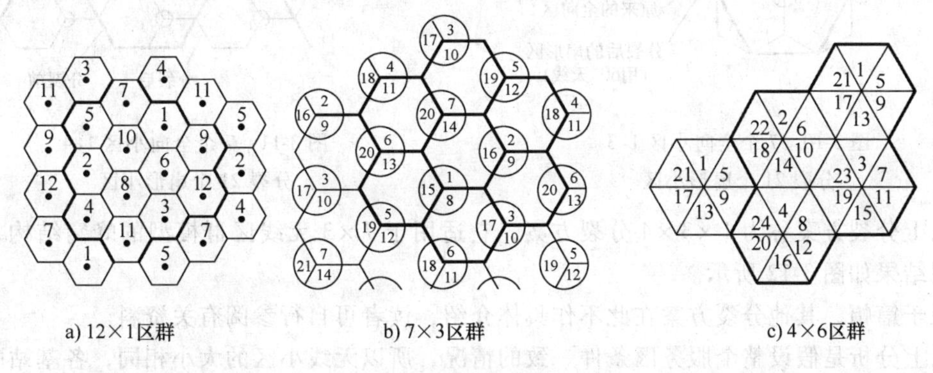

a) 12×1区群　　b) 7×3区群　　c) 4×6区群

图 3-9　小区模型

其中图 3-9a 为第一种模型，采用中心激励方式，每个小区配置一个频道组，整个区群共需用 12 个频道组，简称 12×1 区群。图 3-9b 为第二种模型，采用顶点激励，每个基站采用 120°定向天线激励三个扇形小区，整个区群需要 7×3 = 21 个频道组，简称 7×3 区群。图 3-9c 为第三种模型，也采用顶点激励，每个基站采用 60°定向天线激励六个三角形小区，整个区群共需 4×6 = 24 个频道，简称 4×6 区群。我国现已建成的公众移动通信网基本采用 7×3模型，即图 3-9b 所示的结构。

2. 小区分裂

一般在移动通信网组网初期，用户不太多时，小区规划的比较大，并且采用全向天线来覆盖整个小区。但随着用户数和话务量的增长，配置在该小区内的频道数便不够使用，此时，必须采用小区分裂（Cell Splitting）的方法来缩小无线小区，提高频率复用率，从而达到扩大容量的目的。

所谓小区分裂是指将全向基站小区分裂成 n 个较小的小区，这是一种用来扩充移动网容量的有效措施，每经过一次分裂都可以增加频率复用率，扩大系统容量。小区分裂时，应保证原有基站能继续使用并且原来的频率复用规则不变。符合规则的小区分裂方案较多，例如，图 3-10 显示了将一个中心激励方式单位区群中的每个全向基站分裂成 3 个扇形小区（称为 1:3 分裂方案，该方案不用增设新的基站），其结果是将 7 个全向小区分裂成 21 个扇形小区。

进一步分裂可以按 1:4 方案进行，如图 3-11 所示，它将 7 个基站 21 个扇形小区分裂成 4 个单位无线区，每个单位无线区仍为 7 个基站 21 个扇形小区，这种分裂方案需要增加新的基站。

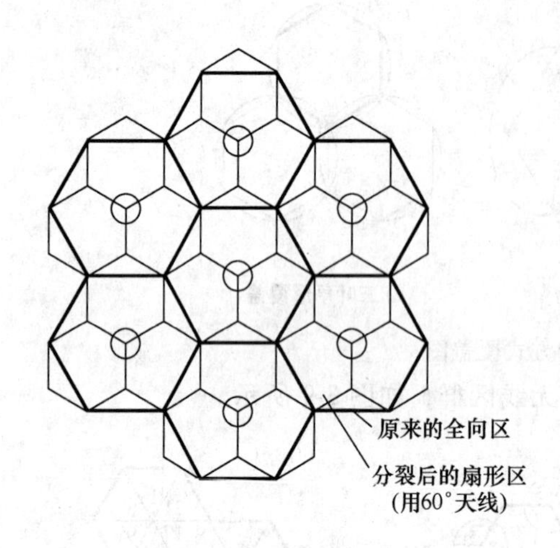

图 3-10 7 个全向小区 1∶3 分裂 21 个扇形小区

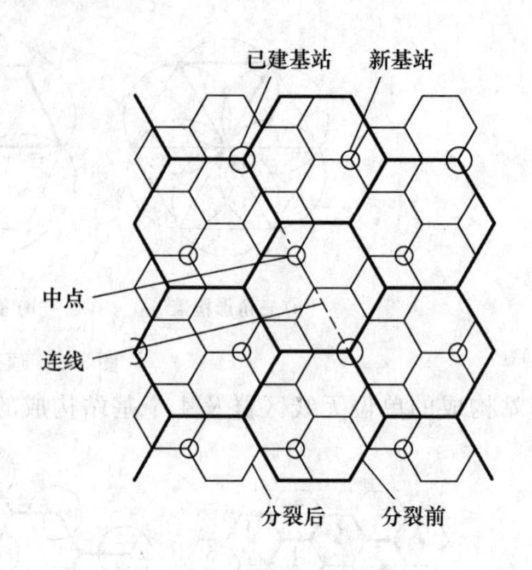

图 3-11 7 个全向小区 1∶4 分裂 21 个扇形小区

以上分裂方案称为 1×3×4 分裂方案，它适用于 7×3 无线区群模型的蜂窝结构，其综合分裂结果如图 3-12 所示。

限于篇幅，其他分裂方案在此不作具体介绍，读者可自行参阅有关资料。

以上分析是假设整个服务区条件一致的情况，所以无线小区的大小相同，各基站配置的频道数目也相同。而实际情况中，服务区内地理条件和用户分布都是不均匀的。例如，城市用户密度比乡村密度大，城市商业中心用户密度比生活区要大。因此，实际规划服务区时，小区的划分和频道数的分配就应灵活设计。用户密度大的地区，小区面积应小一些或分配的频道数多一些，反之，则小区面积划大一些或分配的频道数少一些。一个实际的服务区小区划分结构如图 3-13 所示。

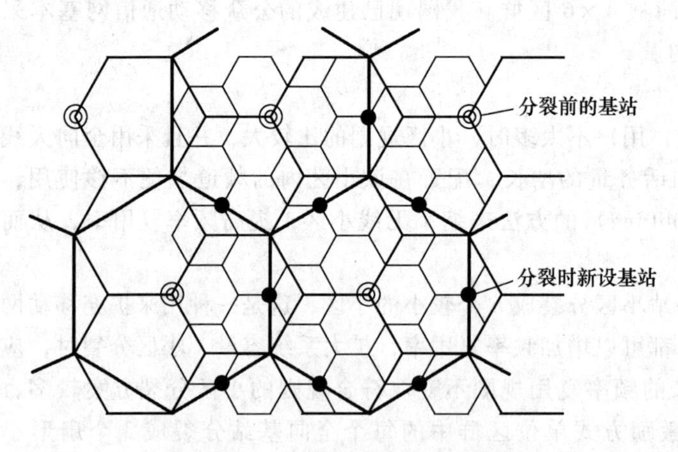

图 3-12 1×3×4 蜂窝综合分裂结果

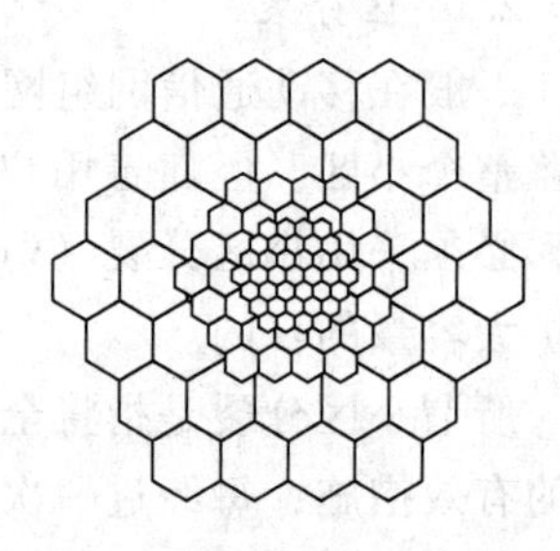

图 3-13 实际的服务区小区划分结构

组网时，对于需要覆盖但建设基站却不经济的局部地区，会出现由于地形地物的影响而使无线电波覆盖不到的盲区或死区。这时可以在适当的地点建立直放站，以建立起这些地区内的移动台和基站之间的通信，实现整个服务区的覆盖。直放站实际上是一个同频放大的中继站，可以接收和转发基站和处于死区内移动台的信号，其增益约为80dB，覆盖距基站30～50km的地区，如图3-14所示。由于直放站具有经济，可靠、简单和易于安装的特点，所以得到了广泛应用。

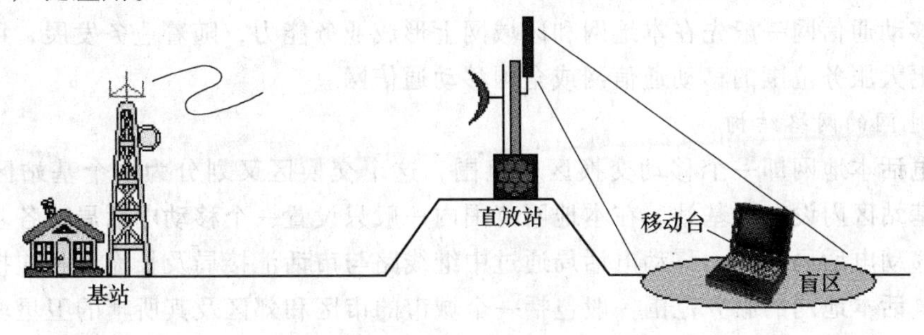

图3-14　直放站

情景三　认识移动通信网的结构

移动通信网是指与有线的公众电话交换网（PSTN）相连通而构成的有线与无线相结合的电话通信系统，是一个交换式通信系统，并可以根据网络范围的大小及交换控制功能的要求，形成不同的网络结构。

一、网络结构

一个典型的移动通信网服务区的网络结构如图3-15所示。由图可见，一个完整的移动通信网从服务区范围的层次上可分为小区、基站区、位置区、MSC区和服务区。

小区是指一个基站或该基站的一个分系统（定向天线）所覆盖的区域。

基站区是指由一个基站提供服务的所有小区覆盖的区域。它通过无线信道与移动台连接，通过中继线路与移动业务交换中心（MSC）连接。

位置区是指移动台可以在其中自由移动而无需更新其位置登记信息的区域，它由若干个基站组成。当一个移动台从一个位置区移动到另一个位置区时，必须重新进行位置登记。位置区不是移动网组成中必不可少的部分，一般在达到4～5万移动用户时才有必要设置位置区。

MSC区是指由一个移动业务交换中心所管辖的范围，它可由若干个位置区组成。

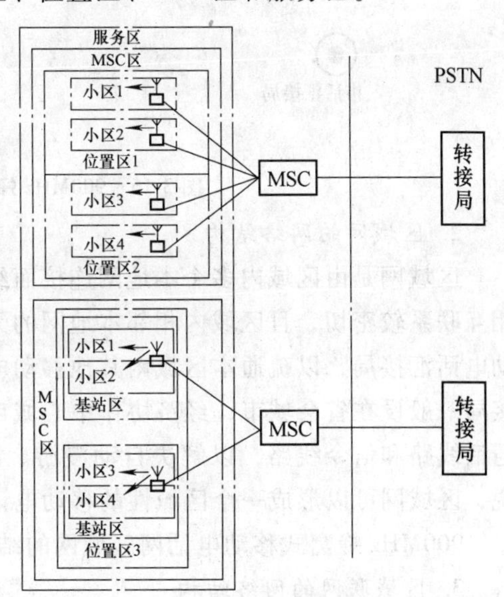

图3-15　服务区的网络结构

服务区又称业务区，是指由一个或多个移动通信网所组成的区域。一个服务区的范围可以是一个国家，或是一个国家的一部分，也可由若干个国家组成。

一个或若干个移动业务交换中心（MSC）组成一个移动通信网，MSC是移动通信网的核心，也是移动通信网无线系统与公众电话交换网（PSTN）之间的接口，它负责对网内移动台进行管理，并控制移动台之间及移动台与市话用户之间的双向通信过程。

根据移动通信网覆盖范围的大小，移动通信网可包括本地网、区域网及与区域网联网三个层次。移动通信网一般先在本地网和区域网上形成业务能力，随着业务发展，可由区域网联网形成更大服务范围的移动通信网或全国移动通信网。

1. 本地网的网络结构

移动电话本地网即一个移动交换区的范围，这个交换区又划分为多个基站区或扇形小区，每个基站区内设一个基站。在本地网范围内一般只设置一个移动电话局。各基站通过中继线路与移动电话局相连，移动电话局通过中继线路与市话汇接局及长途局相连接。

移动电话本地网的服务范围一般包括一个城市的市区和郊区及其所辖的卫星城镇、郊县县城和农村地区，在这个范围内采用同一个移动区号。

900MHz 蜂窝式移动电话本地网的结构如图 3-16 所示。

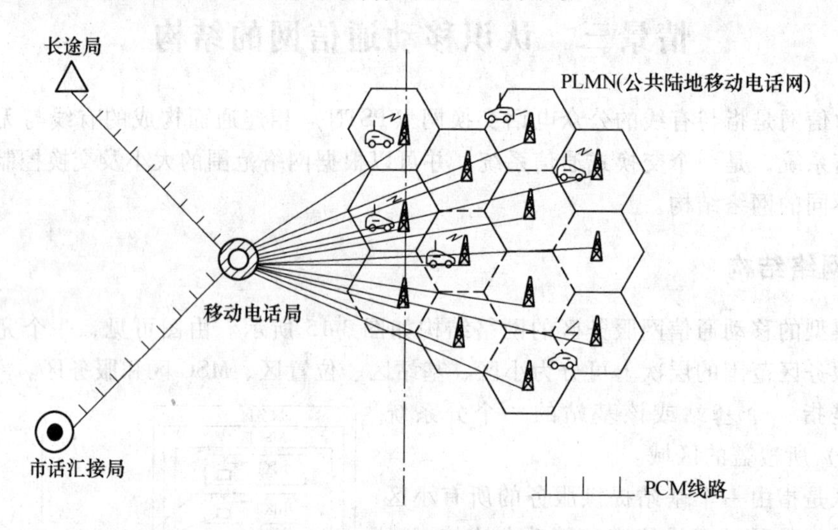

图 3-16 900MHz 蜂窝式移动电话本地网的结构

2. 区域网的网络结构

区域网是由区域内多个本地网连接而组成的地区性网络。一般一个区域内的不同本地网相互联系较密切，且区域内相邻本地网的无线覆盖区已相连接。在区域网内一般设置一个移动电话汇接局，以疏通本区域内其他移动电话汇接局的来、去、转话语音业务。移动电话汇接局一般设在省会城市，经济协作中心城市或较大城市。在各移动电话汇接局之间设有专用通话线路和信令线路，以解决自动漫游、越局切换和局间通话业务的需要。从移动业务来说，区域网可以形成一个区域性的移动电话独立网。

900MHz 蜂窝式移动电话网区域网的结构如图 3-17 所示。

3. 区域联网的网络结构

区域联网是指由若干个区域网相连接而构成的跨地区或全国性网络。从网络结构来看，它与区域网的结构没有本质区别。当区域网的范围进一步扩大，形成跨地区或覆盖全国的网络时，便形成了区域联网的网络结构。应当指出的是，在区域联网的网络结构中，一般存在多个移动汇接局，以疏通各个区域网间以及移动网与公众电话网间的业务联络。

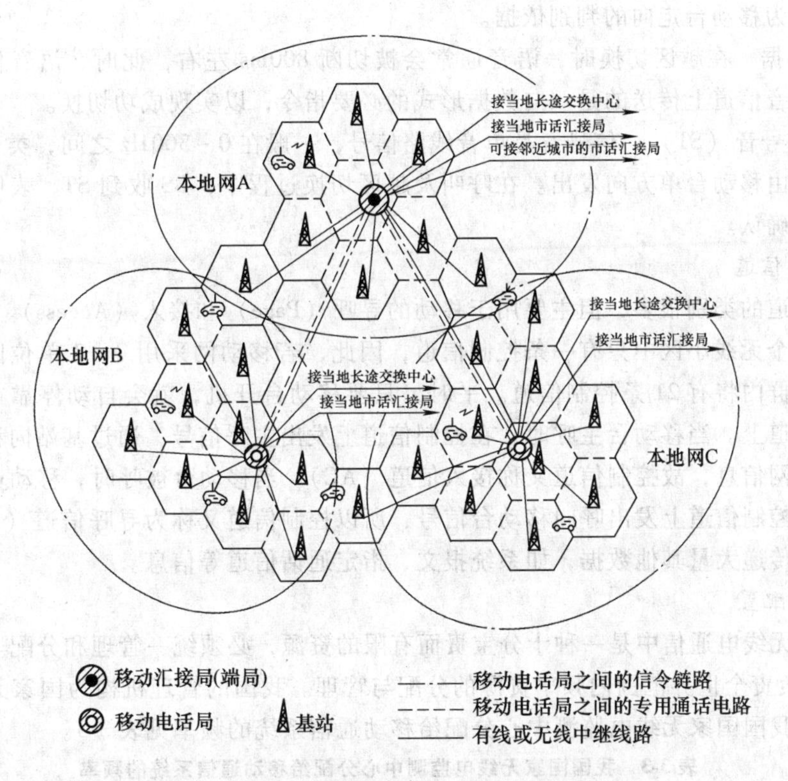

图3-17　900MHz蜂窝式移动电话网区域网的结构

二、信道分配

信道是信息传输的通道。在移动通信网中，进行一次正常的通话，除了传送语音信号外，还需要传送许多控制信号，这就需要多种信道，包括有线信道和无线信道。这里主要介绍基站和移动台之间的无线信道。

移动通信网中的信道可分为物理信道与逻辑信道两种。物理信道是实际的信道（如一段带宽或一个时隙），在基站中对应于信道单元，在设备上每个物理信道表现为一部发射机、一部收信机及相应的控制单元。逻辑信道是根据信道中传送信息的种类不同而划分的，在实际传送时必须要被置于某一个物理信道上才能实现。逻辑信道可以分为语音信道（VC）和控制信道（CC）两种。

1. 语音信道

语音信道主要用于传递语音信号。通常，每个无线小区有若干条语音信道，它统一受移动业务交换中心（MSC）的控制与管理。当一条语音信道被占用时，基站上与之对应的发射机打开，当占用结束（空闲状态）时，该发射机关闭。

语音信道还传送以下一些信息：

(1) 检测音（SAT）　在模拟移动通信系统（AMPS和TACS）中，检测音是在语音期间连续发送的带外单音，分别为5970Hz、6000Hz和6030Hz三个单频信号。在一个区群的所有小区中只能使用三者之一，而相邻区群应使用不同的检测音。检测音由基站的语音信道发出经移动台环回。其作用是：对语音质量跟踪监测；作为静噪控制信号，提高抗同频干扰的能力；作为移动台走向的判别依据。

（2）数据 在越区切换时，语音通常会被切断800ms左右，此时，语音信道被用来传送数据。语音信道上传送的是双向数据形式的必要指令，以实现成功切换。

（3）信号音（ST） 信号音是单音线路信号，一般在0～300Hz之间，类似于固定电话的回铃音，由移动台单方向发出。在呼叫及越区切换过程中，BS收到ST，表明移动台对已发生事件的确认。

2. 控制信道

控制信道的类别很多，但主要用于移动的寻呼（Page）和接入（Access）。

通常一个无线小区中只有一条控制信道，因此，若移动网采用7×3单位区群组网，则每个单位区群内将有21条控制信道。平时，只要移动台开机，就会自动停靠在信号最强的一条控制信道上。当移动台主呼时，在控制信道上发出主呼信号，通过基站向移动业务交换中心发出入网信息，故控制信道又称接入信道（AC）。当移动台被呼时，移动业务交换中心通过基站在控制信道上发出呼叫移动台信号，所以控制信道又称为寻呼信道（PC）。在控制信道中，还传递大量其他数据，如系统报文、指定通话信道等信息。

3. 频率配置

频率在无线电通信中是一种十分宝贵而有限的资源，必须统一管理和分配。国际电信联盟（ITU）负责全世界范围内频率资源的分配与管理。我国的管理机构为国家无线电监测中心。目前，我国国家无线电监测中心分配给移动通信系统的频率见表3-3。

表3-3 我国国家无线电监测中心分配给移动通信系统的频率

系统和使用部门	上行频率/MHz	下行频率/MHz
中国联通 CDMA	825～835	870～880
中国移动 GSM 室内分布系统	885～890	930～935
中国移动 GSM900	890～909	935～954
中国联通 GSM900	909～915	954～960
中国移动 DCS1800	1710～1720	1805～1815
中国联通 DCS1800	1745～1755	1840～1850

以上频段在使用时都要按照一定的技术要求划分成若干个等间隔的无线信道。一般每条无线信道收发使用两个不同的频率，一个用于基站发、移动台收（下行），另一个用于移动台发、基站收（上行），它们成对出现，称为双工信道。例如，我国规定900MHz频段移动通信网相邻无线信道间隔为25kHz，双工信道收发频率间隔为45MHz。表3-4是GSM900系统的工作信道号与频率对照表。

同时，这些划分好的信道按照一定要求划分成若干组，每组可分配给一个特定的单位区群使用。相隔一定距离后，该频率组又可重复使用，这就是频率复用。例如，我国采用的7×3区群结构可按21个扇形小区为单位来进行频道配置，如图3-18所示，图中数字表示频道号。

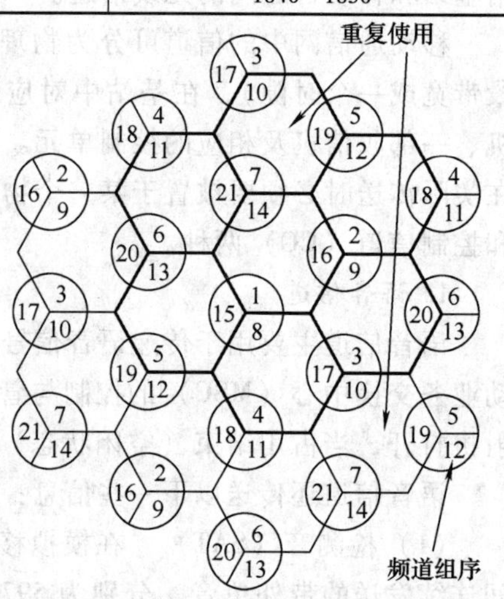

图3-18 7×3共21个扇形小区区群的频道组配置图

表 3-4　GSM900 系统的工作信道号与频率对照表

工作信道号	接收频率（基站到手机）/MHz	发射频率（手机到基站）/MHz	工作信道号	接收频率（基站到手机）/MHz	发射频率（手机到基站）/MHz
001	935.20	890.20	063	947.60	902.60
002	935.40	890.40	064	947.80	902.80
002	935.60	890.60	065	948.00	903.00
004	935.80	890.80	066	948.20	903.20
005	936.00	891.00	067	948.40	903.40
⋮	⋮	⋮	⋮	⋮	⋮
058	946.60	901.60	120	959.00	914.00
059	946.80	901.80	121	959.20	914.20
060	947.00	902.00	122	959.40	914.40
061	947.20	902.20	123	959.60	914.60
062	947.40	902.40	124	959.80	914.80

情景四　移动通信网接入公众电话网的方式

移动通信网进入市网的方式就是指移动电话接入公众电话网的方式，移动用户要与市话用户通话，就必须进入公众电话网。移动通信网进入公众电话网的方式因移动通信网的类型和容量不同而异，但双向接续必须是自动进行的，通常可归纳为以下三种类型。

一、用户线接入方式

这种接入方式是直接把移动用户作为市话局的一个用户，如图 3-19 所示。系统常采用单个基站，利用无线用户集中器通过市话用户线接入公众电话网。集中器可根据实际情况设在基站内或市话局内，它的功能是在市话交换机的控制下对市话用户线与无线信道的接续进行控制，以解决市话线数（N）大于基站无线信道数（M）的矛盾。

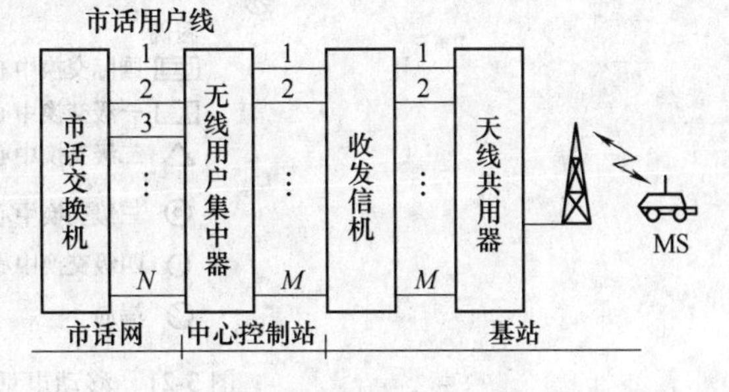

图 3-19　用户线接入方式

这种接入方式的特点是：移动用户的编号与公众电话网一致，每个用户要占用一个市话用户号码及一对市话用户线；移动用户之间以及移动用户与市话用户之间的接续均为自动进行；结构简单、灵活、无需改动市话交换机。这种方式适用于采用单个基站的小容量（一般小于 200 个用户）移动通信系统。

二、市话中继线接入方式

通常在移动用户较多、基站也较多且其通信业务主要集中在系统内部、与公众电话网的话务量不大的移动通信系统中，可以采用移动电话小交换机经市话中继线接入公众电话网。

对于这种接入方式，移动通信网实际上相当于公众电话网一个分局。因此，移动通信网与公众电话网接续时，如同市话分局间相互接续，是在市话中继线上进行的，如图 3-20 所示。

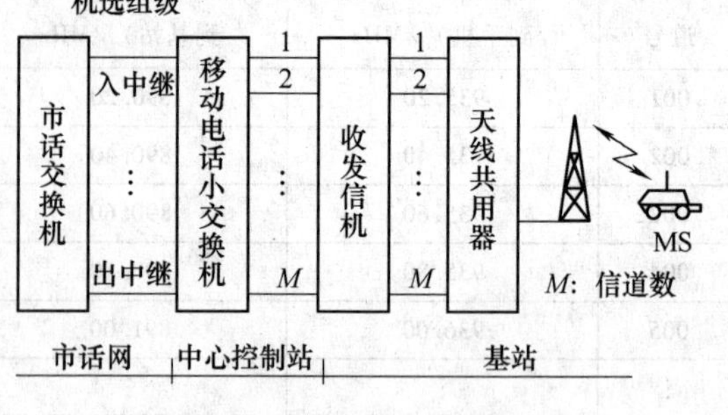

图 3-20 市话中继线接入方式

这种方式的特点是：

1）移动交换设备较简单，移动系统功能扩展方便；

2）对信令系统要求较高，要形成自动双向接续必须要有复杂的信令系统支持；

3）移动用户编号自成体系且用户之间相互呼叫无需经过公众电话网。

这种方式适用于中小容量的移动通信系统。

三、移动电话汇接中心方式

移动电话汇接中心方式就是将某个大地区或全国的各种移动电话网汇接起来，构成一个区域性的或全国性的移动电话汇接中心，然后与长途干线或国际干线接续，形成地区性的、全国性的甚至国际性的无线移动通信网，如图 3-21 所示。

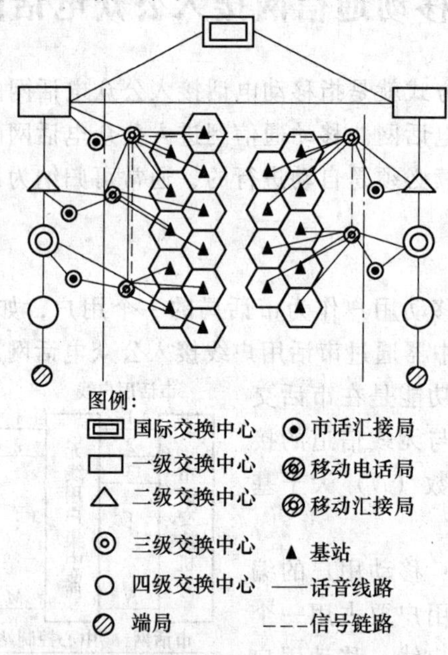

图 3-21 移动电话汇接中心方式

这种方式的特点是：移动用户采用和市话用户相同的编号制度；系统构成复杂，必须具有独立的数据库和信令系统；这种方式适用于大容量移动电话系统。

情景五 移动通信网路由及接续技术

本情景将具体介绍移动通信网的路由选择及接续技术。

一、移动用户呼叫固定用户

1. 移动用户呼叫本地固定用户

移动用户呼叫本地固定用户时，先经基站接至移动电话局，再经当地市话汇接局（TM）、市话端局（LE）接至固定用户，其路由如图3-22所示。

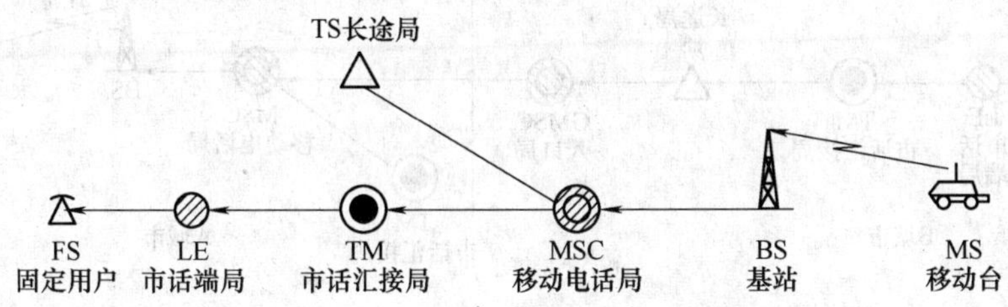

图3-22　移动用户呼叫本地固定用户

2. 移动用户呼叫外地固定用户

移动用户呼叫外地固定用户时，先由移动电话局接至当地长途局（TS），再在公众电话网（PSTN）中选择路由接到外地长途局，经外地长途局转接至当地市话汇接局后，接至固定用户，其路由如图3-23所示。

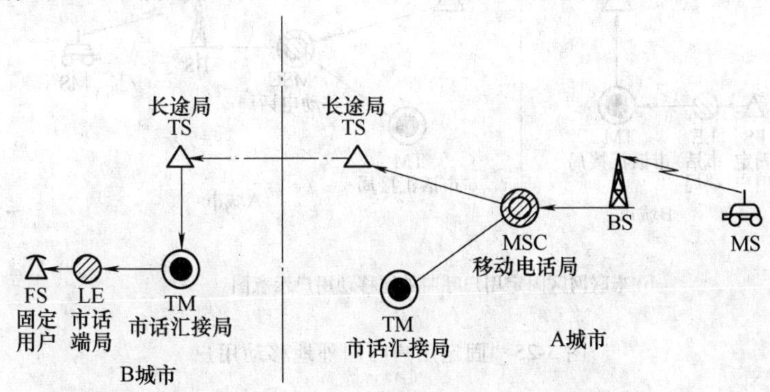

图3-23　移动用户呼叫外地固定用户

二、固定用户呼叫移动用户

1. 固定用户呼叫本地移动用户

固定用户呼叫本地移动用户时，呼叫由市话端局经市话汇接局接入当地移动电话局，由其位置信息找到所要呼叫的移动用户，如图3-24所示。

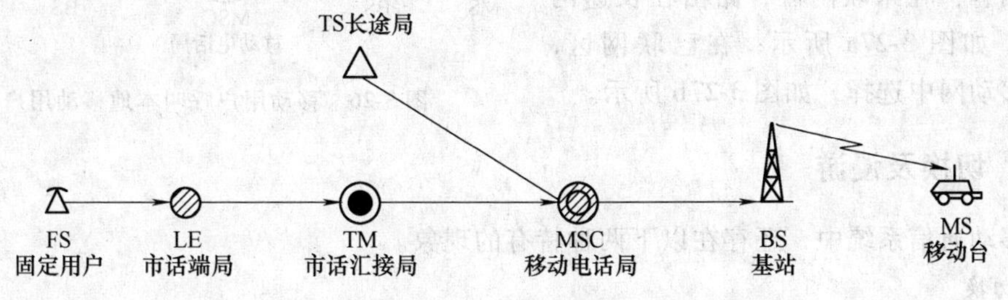

图3-24　固定用户呼叫本地移动用户

2. 固定用户呼叫外地移动用户

固定用户呼叫外地移动用户时，分两种情况：在已联网区，呼叫通过当地长途局选择当地移动电话局作为入口局（GMSC），在移动网中寻找路由进行接续，如图 3-25a 所示；在未联网区，则先将呼叫接至本地长途局，在公众电话网中选择路由，经外地长途局接到外地移动电话局，再在移动网中寻找路由进行接续，如图 3-25b 所示。

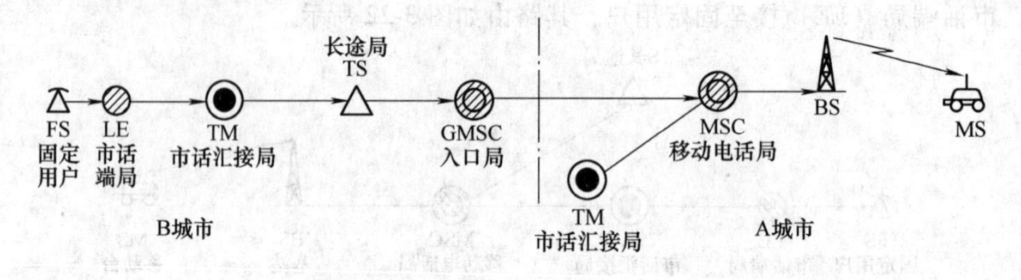

a) 已联网区固定用户呼叫外地移动用户示意图

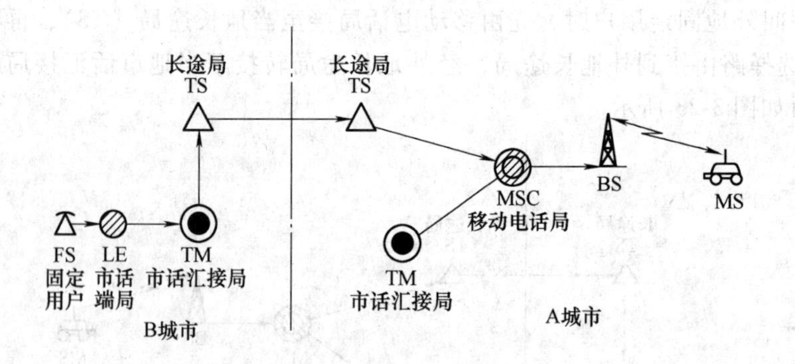

b) 未联网区固定用户呼叫外地移动用户示意图

图 3-25 固定用户呼叫外地移动用户

三、移动用户呼叫移动用户

1. 移动用户呼叫本地移动用户

移动用户呼叫本地移动用户时，在本地网中选择路由，如图 3-26 所示。

2. 移动用户呼叫外地移动用户

移动用户呼叫外地移动用户时，路由选择有两种：在未联网区，路由在长途网中选择，如图 3-27a 所示；在已联网区，路由在移动网中选择，如图 3-27b 所示。

图 3-26 移动用户呼叫本地移动用户

四、切换及漫游

在移动通信系统中，还存在以下两种特有的现象。

1. 切换

切换包括越区切换和越局切换。

（1）越区切换 一个移动台从一个小区进入另一个小区，就要改由另一个小区基站控

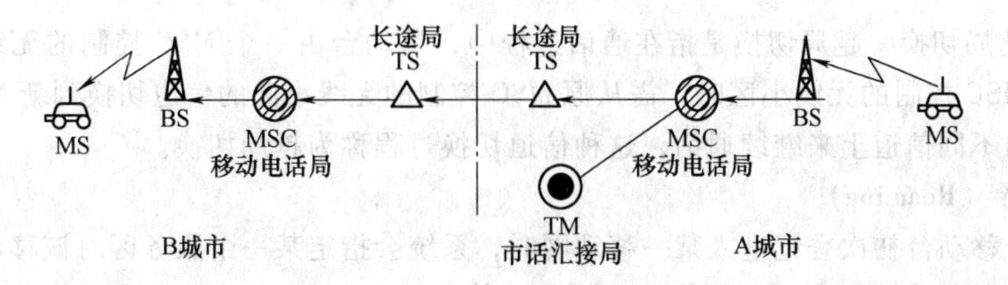

a) 未联网区移动用户呼叫外地移动用户示意图

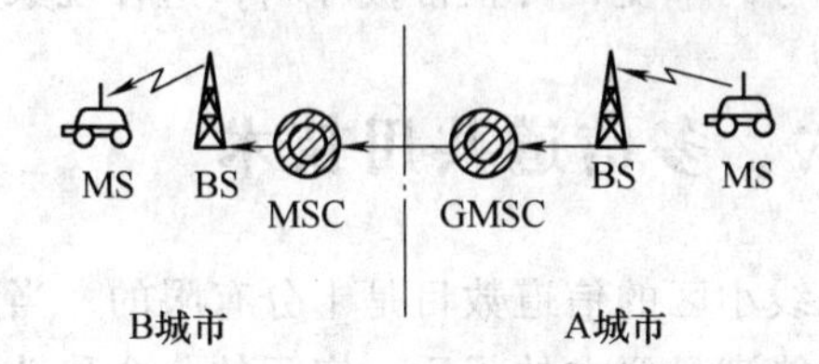

b) 已联网区移动用户呼叫外地移动用户示意图

图 3-27　移动用户呼叫外地移动用户

制。移动台经过小区边界时可能正在通话，这时需从原基站的信道切换到新基站的不同信道上来，且不能影响正在进行的通话，这种现象称为越区切换（Hand Off），或简称越区。小区越小，通话中需要切换的次数越多，对系统的交换控制技术的要求也越高。越区切换过程示意图如图 3-28 所示。

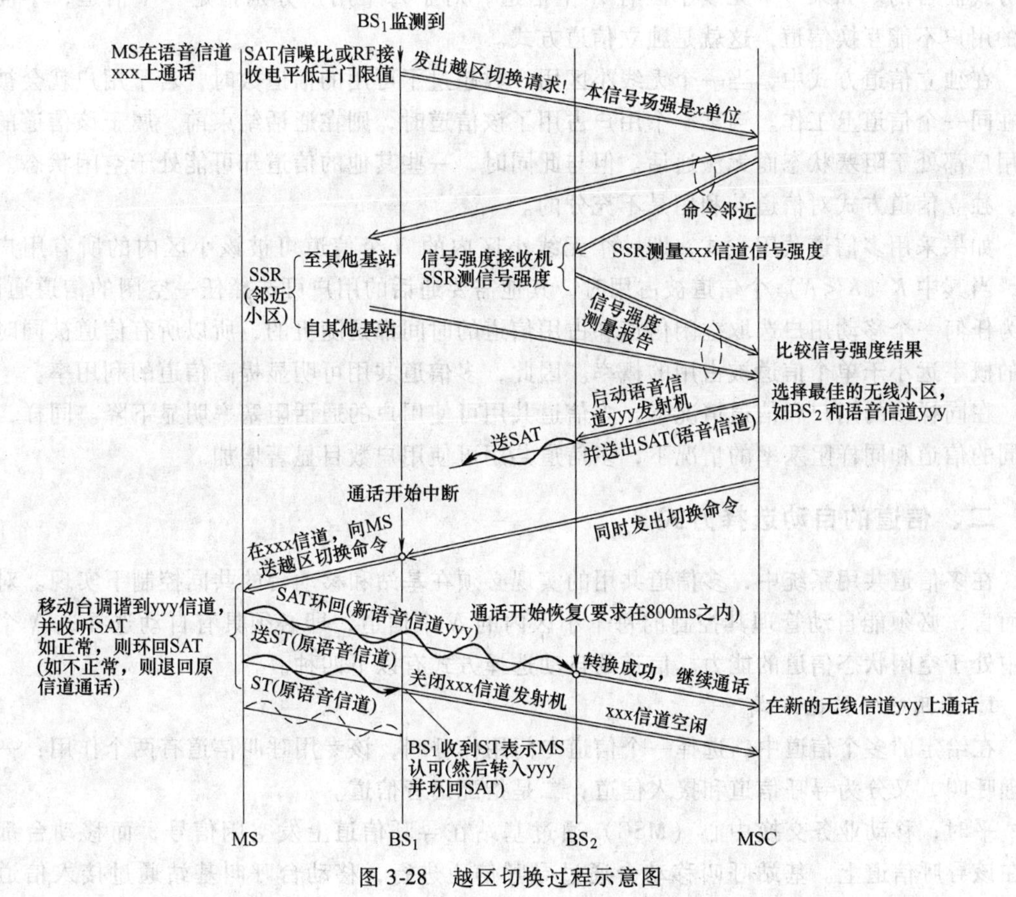

图 3-28　越区切换过程示意图

（2）越局切换　越局切换是指在通话过程中，移动台由一个MSC控制的无线小区进入到另一个MSC控制的无线小区时，需从原MSC控制的无线小区的信道切换到新MSC控制的无线小区的不同信道上来继续通话，这种信道切换过程称为越局切换。

2. 漫游（Roaming）

当一个移动台初次登记进入某一移动网时，系统会指定某一个服务区对该移动台进行常规管理，该服务区被称为“原籍位置区”或“管理区”。当一个移动台由本管理区出发进入到其他管理区时，仍要保持它的电话号码不变，可正常被呼叫，这种现象称为漫游。

情景六　多信道共用技术

由于移动网络系统分配给每个无线小区的信道数目是十分有限的，当用户数目超过该小区的信道数时，就会出现信道数目不能满足要求的矛盾。实际的公众移动通信网中，其用户数目是远远超出分配给它的信道数目的，解决这一矛盾除了采用前面介绍过的频率复用技术外，另一种有效的手段是利用多信道共用技术。

一、多信道共用概述

所谓多信道共用是指在网内的大量移动用户共同使用若干无线信道，它是相对于独立信道方式而言的。如果一个无线小区有 N 个信道，对于每个用户分别指定一个信道，不同信道的用户不能互换信道，这就是独立信道方式。

在独立信道方式中，当一个无线小区用户数超过了可用的信道数时，若干用户就会被指定在同一个信道上工作。当某一个用户占用了该信道时，则在通话结束前，属于该信道的其他用户都处于阻塞状态而无法通话。但与此同时，一些其他的信道却可能处于空闲状态。显然，独立信道方式对信道的利用是不充分的。

如果采用多信道共用方式，即一个无线小区内的 N 个信道可被该小区内的所有用户共用，当其中 K（$K<N$）个信道被占用时，其他需要通话的用户可选择任一空闲的信道通话。因为任何一个移动用户选取空闲信道和占用信道的时间都是随机的，所以所有信道被同时占用的概率远小于单个信道被占用的概率。因此，多信道共用可明显提高信道的利用率。

在同样多的用户和信道情况下，多信道共用可使用户的通话阻塞率明显下降。同样，在相同的信道和同样阻塞率的情况下，多信道共用可使用户数目显著增加。

二、信道的自动选择方式

在多信道共用系统中，多信道共用的实现必须在基站和移动台的共同控制下实现。对基站而言，必须能自动管理其控制的每个小区内的 N 个信道，即必须具有自动选择这 N 个信道中处于空闲状态信道的能力。信道的自动选择方式有以下四种。

1. 专用呼叫信道方式

在给定的多个信道中，选择一个信道专门用作呼叫，该专用呼叫信道有两个作用：一是处理呼叫，又分为寻呼信道和接入信道；二是指配语音信道。

平时，移动业务交换中心（MSC）通过基站在寻呼信道上发空闲信号，而移动台都守候在该寻呼信道上。基站呼叫移动台通过寻呼信道进行，移动台呼叫基站通过接入信道进行。一旦呼叫或接入成功，MSC 就通过寻呼信道指定可用的语音信道，移动台根据指令转入指定的语音信道进行通话。呼叫信道又空出来，可以处理其他用户的呼叫。该方式处理一次呼叫所需时间很短，一般为几百毫秒甚至更短，所以设置一个专用呼叫信道可以处理成百上千个用户。

专用呼叫信道方式一般用于大容量移动系统，并采用数字信令，目前移动通信系统就采用这种方式。由于专用呼叫信道方式需要一个专门信道用做呼叫信道，减少了语音信道的数目，因此不适合信道数目小于 12 的小容量移动通信系统。

2. 循环定位方式

这种方式由基站临时指定一个信道做呼叫信道，并在该临时呼叫信道上发空闲信号。平时所有未通话的移动台都自动对全部信道进行扫描搜索，一旦在哪个信道上收到空闲信号，就停留在该信道上。因此在平时，所有移动台都集中守候在临时呼叫信道上，当某个用户叫通后，就在此信道上通话。此时，基站要另选一个空闲信道作为临时呼叫信道发空闲信号，于是所有未通话的移动台接收机都自动转到新的临时呼叫信道上守候（定位）。

可见，在循环定位方式下，其呼叫信道是临时的、不断改变的。一旦临时呼叫信道转为语音信道。BS 要重新确定某空闲信道为临时呼叫信道，并发空闲信号。移动台一旦收不到空闲信道就不断进行信道扫描。

这种方式信道利用率高（全部信道都可用作通话），接续快，但由于所有不通话的移动台都守候在同一临时呼叫信道上，同抢概率大，因此这种方式只适合小容量系统。

3. 循环不定位方式

这种方式是在循环定位方式的基础上，为减少同抢概率而出现的一种改进方式。

循环不定位方式中的基站在所有不通话的空闲信道上都发出空闲信号，网内移动台自动扫描空闲信道，并随机地依靠在就近的空闲信道上（不定位）。避免了循环定位方式中所有有通话的移动台都在一个临时呼叫信道上主叫抢占的情况。当基站呼叫寻呼台时，必须选择一个空闲信道先发出时间足够长的召集信号（其他空闲信道停发空闲信号），而后再发出选呼信号。网内移动台由于收不到空闲信号重新进入扫描状态，一旦扫到召集信号就停在该信道上等候被呼。一旦发现自己未被呼中，重新处于不停的信道扫描状态。

从以上可以看出，循环不定位方式的优点是减少了冲突概率。但移动台被呼的接续时间比较长，而且，系统的全部信道（不管通话与不通话）都处于工作状态。这种多信道的常发状态，会引起严重的互调干扰，因此这种方式只适合于信道数较少的系统。

4. 循环分散定位方式

循环分散定位方式克服了循环不定位方式的移动台被呼的接续时间比较长的缺点。在这种方式中，基站在全部不通话的空闲信道上都发空闲信号，网内移动台分散停靠在各个空闲信道上，移动台主呼是在各自停靠的空闲信道上进行的，保留了循环不定位方式的优点。基站呼叫移动台时，其呼叫信号在所有的空闲信道上发出，并等待应答信号，从而提高了接续的速度。

这种方式接续快，效率高，同抢概率小。但当基站呼叫移动台时，这种方式必须在所有空闲信道上同时发出选呼信号，因而干扰比较严重。这种方式同样只适合小容量系统。

项 目 思 考

3-1 移动通信的服务区覆盖方式有哪两种？各有何特点？

3-2 带状服务区有什么特点？

3-3 面状服务区中，无线小区的最佳形状是什么？为什么？

3-4 单位无线区群的组成应满足什么条件？

3-5 顶点激励常采用哪几种方式？

3-6 常见的小区模型有哪几种？我国采用哪种小区模型？

3-7 简述 1×3×4 方案的分裂过程及适用场合。

3-8 请画出移动通信网的网络结构图，并作简要介绍。

3-9 小区分裂的目的是什么？分裂原则是什么？

3-10 请画出 900MHz 移动电话网的本地网的结构图。

3-11 请画出 900MHz 移动电话网的区域网的结构图。

3-12 语音信道和控制信道各有何作用？分别传送何种信号？

3-13 请简要介绍目前我国 900MHz 移动通信系统的频率配置情况。

3-14 请简要介绍移动电话网以市话中继线方式进入公众电话网的连接方式及特点。

3-15 简述移动用户呼叫外地固定用户的路由及接续过程。

3-16 移动通信中信道的自动选择方式有哪几种？简述其中任意一种的工作过程及特点。

项目四　GSM 系统及终端维修

本项目主要介绍体现移动通信 2G 主流技术的 GSM 数字移动通信的系统和组网技术，以及 GSM 主流终端设备的维修技能等内容。

情景一　数字移动通信系统的组成

自 20 世纪 80 年代以来，世界各国通信公司开始建立数字移动通信系统，尤其全球移动通信系统 GSM（Global System for Mobile Communication）已覆盖了全欧洲，并在全世界得到了广泛扩展。目前，我国也已采用 GSM 数字移动通信标准。本书在后续内容中还将介绍其发展历程。

一个完整的 GSM 系统主要由网络子系统 NSS（Network Switching Subsystem）、基站子系统 BSS（Base Station Subsystem）、移动台子系统 MS（Mobile Subsystem）和操作维护子系统 OSS（Operations Support System）等四部分组成。系统组成如图 4-1 所示。

1. 网络子系统 NSS

网络子系统 NSS 是数字移动通信的基本组成部分，主要作用是完成交换功能和用户数据的移动性管理、安全性管理所需的数据库功能，NSS 主要由以下功能实体构成：

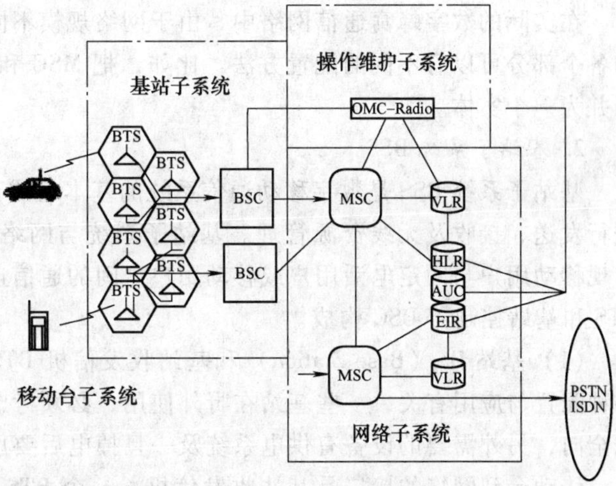

图 4-1　数字移动通信系统的组成

（1）移动业务交换中心 MSC（Mobile Service Switching Center） MSC 对位于其服务区的 MS 进行交换和管理，同时提供移动网与固定公众电话网的接口。MSC 是移动网的核心，其主要作用如下：

1）控制和管理其覆盖区域内的移动台，并完成话路交换；

2）对所有呼叫查询建立路由，构成移动网与其他网络的接口；

3）完成公共信道信令系统功能以及计费功能；

4）完成 BSS、MSC 之间的切换以及辅助性资源管理、移动性管理。

（2）访问者位置寄存器 VLR（Visitor Location Register）访问者位置寄存器是一个数据库，它与一个或多个 MSC 相连。当漫游用户进入某个 MSC 区域时，必须向该 MSC 的 VLR 登记，并被分配一个移动用户漫游号，在 VLR 中建立该用户的有关信息，在多数情况下，VLR 总是与多个 MSC 集成在一起。其主要作用如下：

1）存储漫游用户的有关数据，并可增改相应存储内容；

2）建立呼叫时完成用户数据的检索；

3）完成登记、取消登记的功能；

4）向鉴权中心索取并存储鉴权参数。

（3）归属位置寄存器 HLR（Home Location Register） 归属位置寄存器也是一个数据库，存储管理部门用于移动用户管理的数据。每个移动用户都应在其归属位置寄存器中注册登记，HLR 主要存储两类信息：一是有关用户的参数；一是有关移动台目前所处位置的信息，以便建立至被叫移动台的呼叫路由，例如 MSC、VLR 地址等。典型的 HLR 是一台独立的计算机，作为一个物理设备，它没有交换能力，能管理成千上万的用户。其主要作用如下：

1）存储归属用户的有关数据，并可增改相应存储内容；

2）提供 VLR 请求的数据检索；

3）提供移动用户漫游号，支持用户的鉴权操作；

4）配合 VLR 完成登记功能，向前一个 VLR 发起取消登记功能；

（4）鉴权中心 AUC（Authentication Center） 鉴权中心是认证移动用户的身份以及产生相应认证参数的功能实体。

（5）设备识别寄存器 EIR（Equipment Identity Register） 设备识别寄存器是存储有关移动台设备参数的数据库，主要完成对移动设备的识别、监视、闭锁等功能，以防止非法移动台的使用。

在实际的数字蜂窝通信网络中，由于网络规模不同、运营环境和生产设备的不同，上述的各个部分可以有不同的配置方法。比如，把 MSC 和 VLR 合并在一起，HLR、AUC 和 EIR 合并为一个实体。

2. 基站子系统 BSS

基站子系统 BSS 是数字移动通信系统的基本组成部分，它通过无线接口与移动台相接，进行发送、接收及无线资源管理。基站子系统与网络子系统中的移动交换中心 MSC 相连，实现移动用户与固定电话用户或移动用户之间的通信连接。基站子系统主要由基站收发信机 BTS 和基站控制器 BSC 构成。

（1）基站 BS（Base Station）和基站收发信机 BTS（Base Transceiver Station） 基站的各种配置与应用有关，一些基站在野外使用，必须考虑环境和机械强度。基站可设置成扇形或全向，另外需要的设备有供电系统及一旦掉电后要用的后备电源。

移动台到网络的接口是基站收发信机，一个 BTS 由无线收发信机及多块用于无线电接口的信号处理模块组成。BTS 是无线接口设备，完全由 BSC 控制，主要负责无线传输，完成无线与有线的转换、无线分集、无线信道加密、跳频等功能。基站的功率等级见表 4-1。

表 4-1 基站的功率等级

功率等级	GSM900 基站的最大功率/W	DCS1800 基站的最大功率/W
1	320	20
2	160	10
3	80	5
4	40	2.5
5	20	
6	10	
7	5	
8	2.5	

（2）基站控制器 BSC（Base Station Controller）　一个基站控制器监视和控制一个基站。BSC 的主要任务是实现频率管理以及 BTS 的控制和交换功能。BSC 通过 BTS 和远程命令对无线电接口进行管理，主要有无线信道的安排和释放、切换的安排。BSC 向下连接一系列 BTS，向上连接移动交换中心 MSC。

BTS 可以直接与 BSC 连接，也可以通过基站接口设备（采用远端控制的连接方式）与 BSC 相连接。此外，基站子系统为了适应无线与有线系统使用的传输速率不同，在 BSC 与 MSC 之间增加了码变换器及相应的子复用设备。

3. 移动台子系统

移动台是 GSM 移动通信网中用户使用的终端设备，有手持和车载移动台两种，最常用的是手持移动台，因为它的功能全、体积小、使用十分方便。

移动台由发信收信回路及控制接口部分组成，通过无线接口接入 GSM 系统。移动台的原理图如图 4-2 所示。

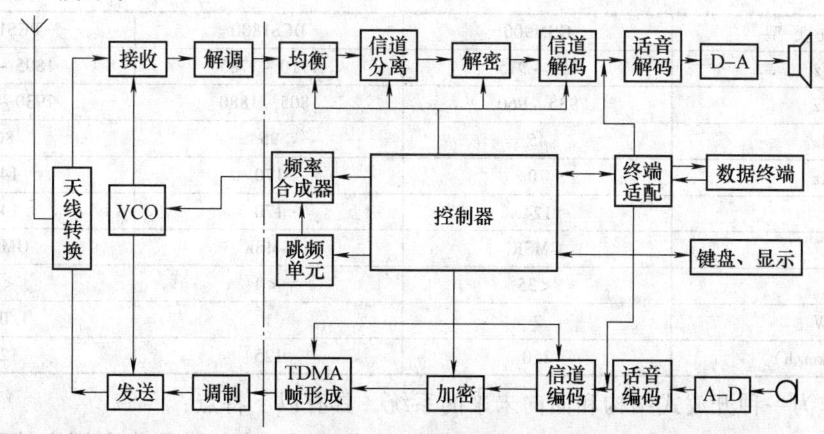

图 4-2　移动台原理图

移动台的主要功能包括：通过无线接入进入通信网络，完成各种控制和处理以提供主叫或被叫通信；具备与使用者之间的人机接口，例如要实现语音通信必须要有送、受话器，键盘以及显示屏幕等，或者与其他终端设备相连接的适配器，或两者兼有。

移动台还涉及用户注册与管理。移动台依靠无线接入，不存在固定的线路，移动台本身必须具备用户的识别号码，这些用于识别用户的数据资料可以由电话局一次性注入移动台。另外，还可采用用户识别模块，即一种信用卡的形式，称为 SIM 卡（后续有详细介绍），使用移动台的人必须将 SIM 卡插入移动台才能使用，是一种使用非常灵活的方式。移动台的功率等级见表 4-2。

表 4-2　移动台的功率等级

功 率 等 级	GSM900 基站的最大功率/W	DCS1800 基站的最大功率/W
1	20	1
2	8	0.25
3	5	
4	2	
5	0.8	

4. 操作维护子系统 OSS

操作维护子系统包括操作维护中心和网络管理中心。它负责全网的通信质量及运行的检验和管理，纪录和收集全网运行中的各种数据。它与全网内各设备之间都有连接线，并对各设备执行监视和控制的职能。

情景二　数字移动通信系统参数

一、我国数字移动通信系统参数

现阶段，我国 GSM 包括 3 个并行的系统，即 GSM900（900MHz）、DCS1800（1800MHz）和 PCS1900（1900MHz）。目前中国移动通信开通了 GSM900 和 DCS1800 两个系统，中国联通只开通了 GSM900 系统。

GSM 数字移动通信系统主要参数见表 4-3。

表 4-3　GSM 数字移动通信系统主要参数

参数类型	GSM900	DCS1800	PCS1900
发射频带/MHz	890~915	1710~1785	1805~1910
接收频带/MHz	935~960	1805~1880	1930~1990
双工间隔/MHz	45	95	80
频率范围/MHz	70	170	140
信道数量	124	170	140
调制方式	GMSK	GMSK	GMSK
蜂窝半径/km	<35	<4	<4
移动台功率/W	2	1	1/0.5
移动速度/（km/h）	250	125	125

GSM 作为一种开放式结构和面向未来的系统，具有以下特点：

1）频谱效率高：由于采用了高效调制器、信道编码、交织、均衡和语音编码技术，使系统具有较高的频谱利用率。

2）容量较大：由于每个信道传输带宽增加，使得同频复用载干比要求降至 9dB，GSM 系统的容量效率即每兆赫每小区的信道数比 TACS 系统提高 3~5 倍。

3）语音质量好：鉴于数字传输技术的特点以及 GSM 规范中有关空中接口和语音编码的定义，在门限值以下时，语音质量总是达到相同的水平而与无线传输质量无关。

4）安全性好：通过鉴权、加密和使用临时移动用户识别号（TMSI），达到安全目的。

5）漫游：漫游是移动通信的重要特征，它标志着用户可以从一个网络自动进入另一个网络。对于 GSM 标准，它可以提供全球漫游，当然网络经营者之间的某些协议还是必需的，例如为了计费，可以通过 MOU 协调。另外，可实现 GSM 与 ISDN、PSTN 等互联，这意味着用户不必带着终端设备而只需带其 SIM 卡进入其他国家或地区即可。

二、GSM 移动通信系统的帧结构及信道类型

1. GSM 移动通信系统的帧结构

GSM 将每一个无线信道分成 8 个不同时隙，每个时隙支持一个用户，这样一个无线信道能够支持 8 个用户。每个用户被安排在无线信道的一个时隙中并只能在该时隙发送。时隙从 0~7 编码。这相同频率的 8 个时隙被称为一帧。用户在某一时隙发送被称为突发时隙。

一个突发时隙长度为577μs，一帧约为4.615ms。若用户在上行频率的0时隙发送，则将在下行频率的0时隙接收。时隙0的上行发射出现在接收下行时隙的三个时隙之后。这样带来一个好处是移动台不需要双工器。但它需要同步发射和接收。移动台中去掉双工器，可使GSM手机更轻，功耗更小，制造价格更便宜。

GSM移动通信系统的帧结构如图4-3所示，分为超高帧、超帧、复帧、TDMA帧和时隙5个层次。1个超高帧为2048个超帧，即2715648个TDMA帧。

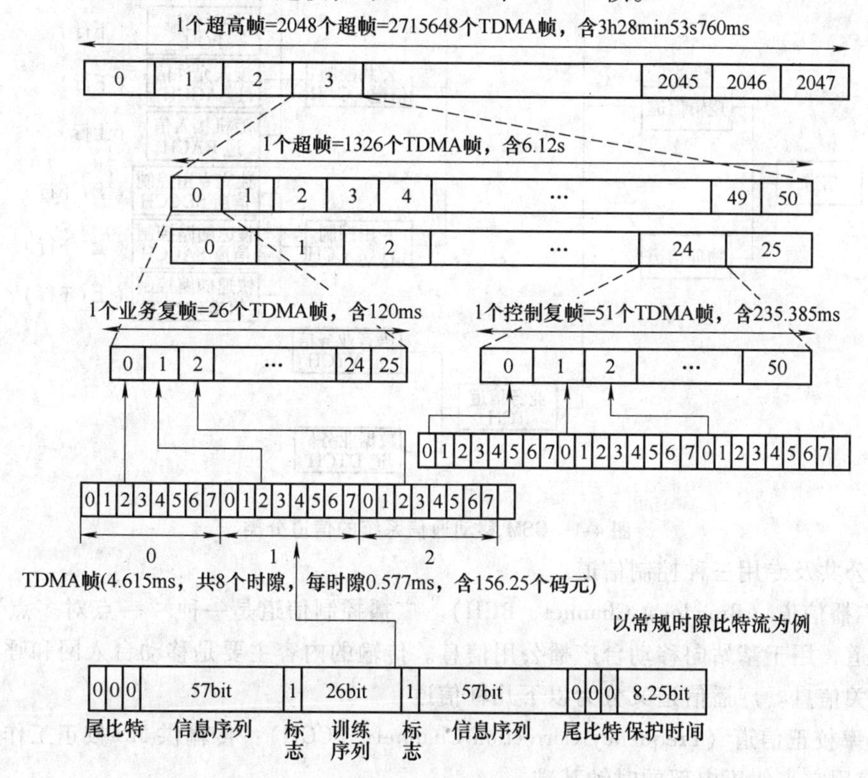

图4-3 GSM移动通信系统的帧结构

2. GSM移动通信系统的信道类型

GSM移动通信系统中，几种不同类型的信息要在MS和BTS之间交换，有用户信息、信令信息、信道配置信息和接入信息等，为了对这些不同的信息进行交换，GSM把这些信息通过不同的信道传递，主要有物理信道和逻辑信道两种。

物理信道：载频上的TDMA帧的一个时隙称为一个物理信道，它相当于FDMA系统的一个频道，每个用户通过一系列频率上的一个信道接入系统。因此，GSM中每个载频有8个物理信道，即信道0~7（时隙0~7）。

逻辑信道：根据BTS与MS之间传递信息的种类不同而定义的信道称为逻辑信道。逻辑信道在传输过程中要被放在某个物理信道即时隙上。逻辑信道有两类，即控制信道和业务信道。GSM定义了12个具有不同功能的逻辑信道。下面介绍逻辑信道的分类。

GSM移动通信系统的信道分类如图4-4所示。

（1）控制信道　控制信道（Control Channel，CCH）用于传送信令或同步数据。为了增强控制功能，传输所需的各种信令，GSM系统设置了多种控制信道。这些控制信道又定义

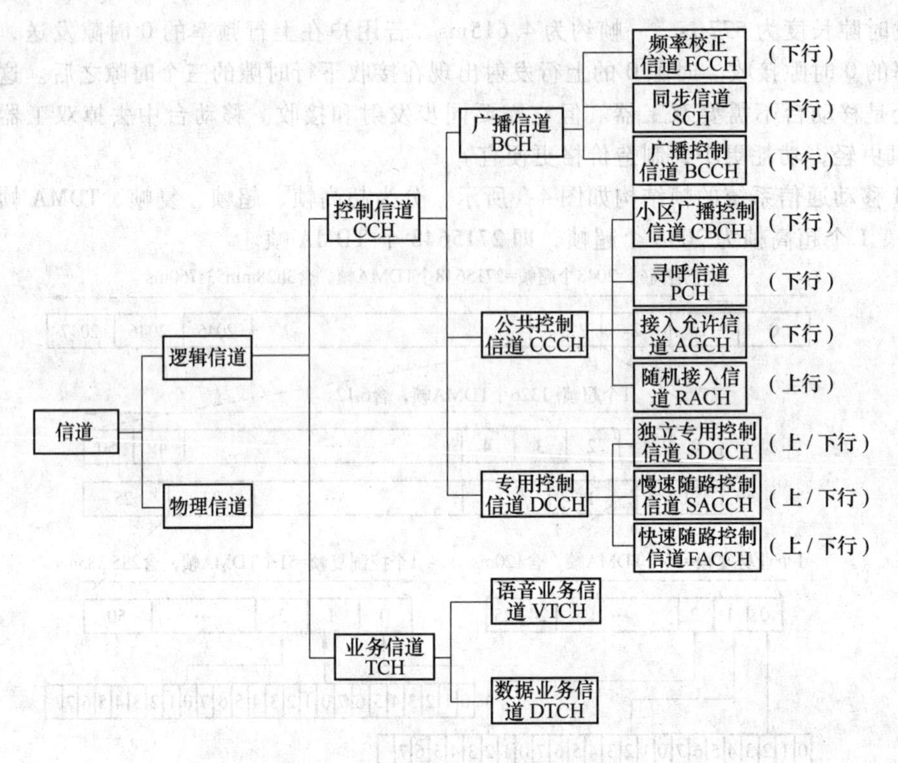

图 4-4　GSM 移动通信系统的信道分类

为广播、公共及专用三种控制信道。

1）广播信道（Broadcast Channel，BCH）。广播控制信道是一种“一点对多点”的单方向控制信道，用于基站向移动台广播公用信息。传输的内容主要是移动台入网和呼叫建立所需要的有关信息。广播信道又分为以下几种信道：

• 频率校正信道（Frequency Correction Channel，FCCH）：传输供 MS 校正工作频率的信息。MS 使用它来纠正内部的时钟基准。

• 同步信道（Synchronous Channel，SCH）：传输供移动台进行同步和对基站进行识别的信息，该信道提供 MS 有关 MS 接收另外信道的突发时隙，还提供 BS 信息码、国家色码等。

• 广播控制信道（Broadcast Control Channel，BCCH）：传输移动台入网和呼叫建立所需要的有关信息，它是一个单向下行信道，用以传输 MS 在它的小区所要使用的信息。例如网络和相邻小区的唯一识别信息、描述当前控制信道的信息、定义小区所支持的选择信息等。

2）公共控制信道。公共控制信道（Common Control Channel，CCCH）支持 MS 和 BTS 之间的专用通信路径的建立，用于呼叫接续阶段传输链路连接所需要的控制命令，这些公共控制信道可以分为以下四类：

• 接入允许信道（Access Granted Channel，AGCH）：传输基站对移动台的入网申请，并作出应答，即分配一个 SDCCH 信息，这是一个小区中所有 MS 共享的单向下行信道。

• 随机接入信道（Random Access Channel，RACH）：传输移动台提出的入网申请信息。移动台通过此信道申请分配一个 SDCCH，它可作为对寻呼的响应或 MS 主叫登记时接入，属于上行信道。

• 寻呼信道（Paging Channel，PCH）：传输基站寻呼（搜索）移动台的信息，属于下行信道。

• 小区广播控制信道（Cell Broadcast Channel，CBCH）：从SDCCH中借用时隙来传输短消息和广播信息，属于下行信道。

3）专用控制信道。专用控制信道（Dedicated Control Channel，DCCH）是一种“点对点”的双向控制信道，其用途是在呼叫接续阶段以及在通信进行当中，在移动台和基站之间传输必需的控制信息。专用控制信道又分为以下几种信道：

• 独立专用控制信道（Standalone Dedicated Control Channel，SDCCH）：用于在分配业务信道之前传送有关信令，例如登记、鉴权等信令均在此信道上传输，经鉴权确认后，再分配业务信道TCH。

• 慢速随路控制信道（Slow Associated Control Channel，SACCH）：移动台和基站之间，需要周期性地传输一些信息，例如移动台要不断地报告正在服务的基站和邻近基站的信号强度，以实现“移动台辅助切换功能”。此外，基站对移动台的功率调整、时间调整命令也在此信道上传输，因此SACCH是双向的点对点控制信道。SACCH可与一个业务信道或一个独立专用控制信道联用。SACCH安排在业务信道时，以SACCH/T表示；安排在控制信道时，以SACCH/C表示。

• 快速随路控制信道（Fast Associated Control Channel，FACCH）：传送与SDCCH相同的信息，只有在没有分配SDCCH的情况下，才使用这种控制信道。使用时要中断业务信息，把FACCH插入业务信道，每次占用的时间很短，约18.5ms。

（2）业务信道 业务信道（Traffic Channel，TCH）主要传输数字化语音或数据，其次还有少量的随路控制信令。

1）语音业务信道（Voice Traffic Channel，VTCH）：载有编码语音的业务信道分为全速率语音业务信道（TCH/FS）和半速率语音业务信道（TCH/HS），两者的总速率分别为22.8kbit/s和11~4kbit/s。对于全速率语音编码，语音帧长为20ms，每帧含260bit语音信息，提供的净速率为13kbit/s。

2）数据业务信道（Data Traffic Channel，DTCH）：在全速率或半速率信道上，通过不同的速率适配和信道编码，用户可使用下列各种不同的数据业务：

• 9.6kbit/s，全速率数据业务信道（TCH/F9.6）；
• 4.8kbit/s，全速率数据业务信道（TCH/F4.8）；
• 4.8kbit/s，半速率数据业务信道（TCH/H4.8）；
• ≤2.4kbit/s，全速率数据业务信道（TCH/F2.4）；
• ≤2.4kbit/s，半速率数据业务信道（TCH/H2.4）。

三、GSM系统的业务

由GSM网络支持的业务是由网络运营商提供给用户的通信业务。GSM网络与其他网络如PSTN一起为用户提供服务。但由于受空中接口的影响，目前无法对宽带业务提供支持。ISDN支持64kbit/s的语音作为基本服务，GSM由于空中接口达不到这么高的速率而不可能实现宽带业务。

GSM的业务可分成两组：基本业务（Basic Services）和补充业务（Supplementary Services)。基本业务又可进一步分为两个业务：电信业务（Tele-services）和承载业务（Bearer Services），如图4-5所示。

1. 承载业务

这类业务主要是保证用户在两个接入点之间传输有关信号所需的带宽容量，使用户之间实时可靠地传递信息（语音、数据等）。这类业务与OSI模型的低三层有关，承载业务定义了对网络功能的需求。

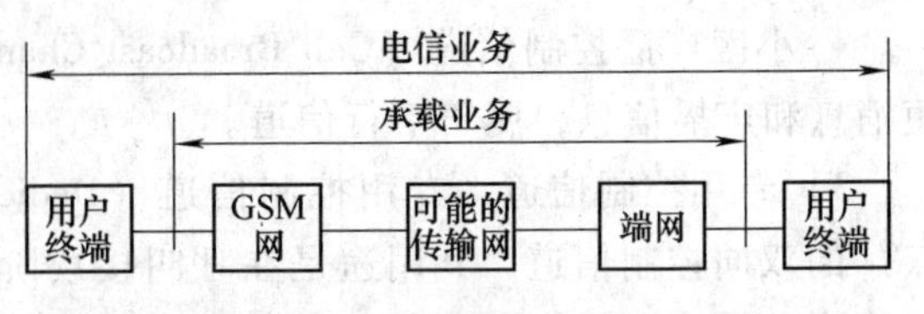

图4-5 电信业务和承载业务

为了提供各种承载业务，GSM用户应能够发送和接收速率高达9600bit/s的数据，由于GSM是数字网，用户在GSM网络之间不需要Modem，但在GSM和PSTN之间的接口需要。表4-4列出了GSM的承载业务。

表4-4 GSM的承载业务

业务	内容
异步数据	300～9600bit/s
同步数据	1200～9600bit/s
PAD（Packet Assemble Disassemble）接入	300～9600bit/s，为用户接入分组网提供异步连接、分组打包和拆包，只能由移动台主叫发起
分组接入	2400～9600bit/s，为用户接入分组网提供同步连接、分组打包和拆包，只能由移动台主叫发起
语音/数据交替	在呼叫过程中，提供语音和数据的交替
先语音后数据	先语音连接，而后进入数据连接

2. 电信业务

这类业务为用户提供多种功能，包括终端设备功能、传递数据及提供更高层次的功能。这些更高层的功能与OSI模型中的4～7层相对应。电信业务包含了电话业务、紧急呼叫、短消息等，见表4-5。

表4-5 电信业务

业务	内容
电话业务	是GSM网的最重要业务，提供双向通信，包含各种特服呼叫、查询和申告业务，以及提供人工、自动无线寻呼业务
紧急呼叫业务	来源于电话业务，它允许用户在紧急情况下进行紧急呼叫操作，即拨打119、110或120等。紧急呼叫业务优先于其他业务，在用户没有SIM卡或处于锁定时，也可拨打112进行紧急呼叫
短消息业务	又分为“点到点”短消息和“点到多点”短消息 “点到点”短消息可使GSM用户接收由其他GSM用户发送的信息，由短消息业务中心完成，它不仅服务GSM用户，也可服务于固定网用户，其信息量限制在160个字符 “点到多点”短消息是小区广播短消息业务，在GSM网某一特定区域内以有规则的间隔向移动台重复广播有通用意义的短消息，如交通信息、天气预报等，其信息量限制在92个字符
可视图文接入	是一种通过网络完成文本、图形信息检测和电子邮件功能的业务
智能用户电报传送	提供智能用户电报端间文本通信业务，此类终端可进行文本编辑、存储等
自动传真	自动提供第三类呼叫和被呼模式传真

3. 补充业务

补充业务是在承载业务和电信业务基础上获得的。一项补充业务是在联合一项或多项承载业务时使用，它不能单独使用，必须和基本业务一起提供给用户，相同的补充业务对一系列电信业务来说是有利的。表4-6给出了GSM支持的补充业务。

表4-6 补充业务

业　务	内　容
号码识别	主叫号码识别显示、主叫号码识别限制、被叫号码识别显示、被叫号码识别限制、恶意呼叫识别
呼叫服务	无条件呼叫前转、遇忙呼叫前转、遇无应答呼叫前转、遇用户不可及呼叫前转、呼叫转移、移动接入搜索
呼叫完成	呼叫等待、呼叫保持至忙用户的呼叫完成
多方通话	三方业务、会议电话
集团服务	闭合用户群
计费服务	计费通知、免费电话业务
对方付费	MS主叫、MS被叫
呼叫限制	闭锁所有出局呼叫、闭锁所有国际出局呼叫、闭锁所有PLMN国家外所有国际出局呼叫、闭锁所有入局呼叫、当漫游出归属PLMN国家后闭锁入局呼叫

四、SIM卡

Subscriber Identity Modula卡是GSM系统的移动用户所特有的IC卡，称为用户识别卡，简称SIM卡。GSM系统通过SIM卡来识别GSM用户。同一张SIM卡可在不同的手机上使用。GSM手机只有插入SIM卡后，才能入网使用。

1. SIM卡的内容

SIM卡是GSM的用户资料卡，它存储着用户的个人电话资料和保密算法、密钥等，以防止非法用户使用SIM卡。SIM卡所存储的内容如下：

（1）国际移动用户识别号　国际移动用户识别号IMSI（International Mobile Station Identity）是全球统一编码的唯一能识别用户的号码。它能使网络识别用户归属于哪一个国家，哪一个电信经营部门，甚至归属于哪一个移动业务服务区。

（2）用户的密钥和保密算法　SIM卡中存储有用户的密钥和两种保密算法。用户的密钥被称为Ki，两种保密算法分别被称为A_3、A_8。用户的密钥与用户识别号码是一一对应的，它们和保密算法一起被分别存在用户鉴别中心和SIM卡内，既鉴别用户的身份，又防止非法用户进入网络。

（3）个人密码——PIN码　为防止别人擅用SIM卡，设置了长4~8位的PIN（Personal Identification Number）码作为SIM卡的个人密码。如果用户连续三次输入错误的PIN码，移动台就会提示用户卡已被锁住，用户须输入SIM卡的PUK码才能解开。PUK码连续10次错误地输入，此SIM卡就自动报废，永远无法使用，只能重新购买一张新SIM卡。我国电信经营部门没有将PUK码告诉用户，所以当SIM卡被锁住时，可请求电信部门用PUK码帮助解锁。

（4）用户使用的存储空间　SIM 卡上的大部分信息都是防止修改的，在某些情况下也是不可读出的，但用户可以读出或修改存储在 SIM 卡中的部分个人信息，也可将一些固定的短信息、号码簿等个人信息存入 SIM 卡中，用户可以用移动台的键盘来完成上述个人信息的存储和读出，也可使用一种更简便的方法将 SIM 卡与个人计算机相连，然后使用相关软件处理个人信息。

（5）呼叫限制信息　申请此项功能，可通过输入一个特殊的按键序列，以限制来话或送话呼叫。按键序列中包括一个限制码，它可以确定所包括的限制类型，同时还包括一个密码。无论是何种型号的数字手机，为了防止他人擅用，还可以使用 SIM 卡的硬件锁定功能。如何设置按键序列在手机附带的用户手册中有详细说明。

2. SIM 卡的结构与使用

SIM 卡是具有微处理器的智能芯片，由中央处理器（CPU）、工作存储器（RAM）、程序存储器（EPROM）、数据存储器（EEPROM）及串行通信单元 5 个模块组成。这 5 个模块集成在一块集成电路中，以防止非法存取和盗用。

SIM 卡有“大卡”和“小卡”两种，现在一般采用小卡。SIM 卡上共有 8 个金属接触点，在实际使用时，只用了 5 个触点。SIM 卡触点示意图如图 4-6 所示。

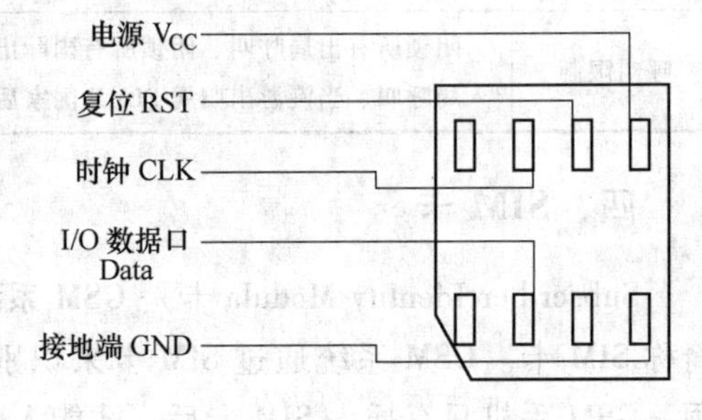

图 4-6　SIM 卡触点示意图

使用 SIM 卡时，插入 SIM 卡的步骤是按住手机电池上部的电池卡锁，将电池从手机上取下；将 SIM 卡上有 5 个触点的一面朝向 SIM 卡卡座的一方；将 SIM 卡插入卡座，注意不要用力过大，以免损坏 SIM 卡；将手机电池装回原位。使用 SIM 卡时应注意的问题如下：

1）不要用手去摸卡上的触点，以免手上的静电损坏卡上的电路，如果 SIM 卡脏了，可用酒精棉轻轻擦，注意不可在手机开机时取下 SIM 卡。

2）不能折叠 SIM 卡，SIM 卡插入或取出时，切忌用力过猛，以免划伤 SIM 卡上的触点。手机插入 SIM 卡后，若屏幕显示检查卡等提示，可换一好卡试一下，若仍显示同样提示，是手机本身的问题，要通过检修解决。

3）当 SIM 卡不慎丢失，应立即找网络运营商申请挂失，以免 SIM 卡被盗用，SIM 卡挂失后可随即向网络运营商申请补办。

4）SIM 卡在一部手机上可以使用，在另一部手机上不能使用，可能是手机中已设置网络限制和用户限制功能，这一般都是手机有问题。

3. SIM 卡座

SIM 卡座在手机中提供手机与 SIM 卡的通信接口。通过卡座上的弹簧片与 SIM 卡接触，不论什么机型的 SIM 卡座，都有几个 SIM 卡接口端：卡时钟、卡复位、卡电源、卡地、V_{pp} 和卡数据，SIM 卡的时钟是 3.25MHz。SIM 卡座在手机主板上的脚位功能如图 4-7 所示。

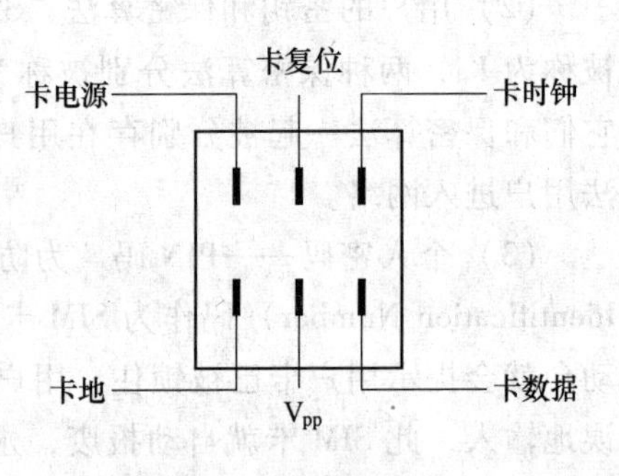

图 4-7　SIM 卡座在手机主板上的脚位功能

情景三　GSM 信令系统

一、信令的功能和类型

由于移动通信系统的组成、业务范围、通信容量及组网制式等是有差别的，因此，在移动通信网中，除传输用户信息外，为使整个网络有序工作，还必须在正常通话的前后和过程中传输很多其他控制信号，如拨号音、空闲音、忙音、回铃音、振铃等。用户之间要想进行一次正常的通话，也需要进行一系列的信号交换，这是进行一次正常的接续所必不可少的。这些语音信号之外的信号统称为信令。信令有信号和指令的双层含义，它是移动通信系统内部实现自动控制的关键，也是移动通信网最重要的组成部分之一，信令系统是移动通信网协调各种动作的指挥系统。

在移动通信网中，按传输区域不同可将信令分成三部分：从移动电话局到市话局的局间信号，此信号应和市话局的信号一致，这样对公众电话网的改动最小；从移动电话局到基站之间的信号，这个信号依所引进公司的要求而定，上面两种信令是有线信令；而从基站到移动台之间的信令是无线信令。有线信令在相关的书籍中介绍的比较详细，这里不再赘述。无线信令可按多种形式分类。按信号形式分类，可分为模拟信令和数字信令；按功能分类，可分为选呼信令、拨号信令和控制信令；按传输方向分类，可分为单向信令和双向信令。下面只对目前移动通信设备普遍采用的数字信令加以介绍。

二、数字信令

随着计算机技术的发展，在移动通信中，特别是大容量移动电话系统中，广泛使用数字信令。数字信令将用户号码和控制管理信号以二进制编码形式表示。由于其传输速度快，组码数量大，便于集成，可使设备小型化，因而得到广泛应用。

1. 数字信令的格式和特点

在传送数字信令时，为了便于接收端解码，要求数字信令按一定的格式编排。常用的数字编码形式有两种，第一种形式，每发送一组地址或数据信息时都要发送同步码和纠错码，见表 4-7。

表 4-7　常用的数字编码形式

前置码（P）		字同步码（SW）		信息码（A 或 D）	纠、检错码（EC）	
P	SW	A_1、D_1、EC	SW	A_2、D_2、EC	SW	A_3、D_3、EC

第二种形式，每发送一次同步码和纠错码时，可以发送信息码。

前置码又称位同步码，其作用是将收发两端时钟对准，使码位对齐，以确定每个码元的判决时刻，以便在起始时刻进行积分，终止时刻进行判别。通常采用二进制不归零 1010…间隔码，并以 0 作为码组的结束码元，另外前置码还用于将基站语音通道的门打开，以便检测原呼叫信号，接收机利用锁相环可随时在码元中提取同步信息。

字同步码又称帧同步码，表示信息的开始位，相当于时分制多路通信中的帧同步。对字同步码的要求是应具有尖锐的自相关函数，以便于与随机的数字信息相区别。接收时，就可从数字信号序列中识别出特别码组的位置，通常采用巴克码来提供精确的帧同步脉冲。

信息码包括地址或数据，是真正的信息内容，可以表示控制、选呼、拨号及无线区编号、信道编号、APC编号等各种信令。

纠、检错码的作用是检测和纠正信息码在传送过程中产生的差错，通常纠、检错码与信息码共同构成纠、检错编码。

2. 数字信令传输和纠错

基带数字信令常以二进制0、1表示，为了能在移动台MS与基站BS之间的无线信道中传输，必须进行调制。例如，二进制数据流在发射机中可采用频移键控（FSK）方式进行调制，即对数字信号“1”以高于发射机载频的固定频率发送，而“0”则以低于载频的固定频率发送。不同制式、不同设备在调制方式、传输速率上存在着差异。数据流可以在控制信道上传送，也可以在语音信道上传送。它只在调谐到控制信道的任一移动台产生数据报文时才发送信息。

无线信道的语音信道也可以传输数据，但语音信道主要用于通话，只有在某些特殊情况下才发送数据信息。

数字信号或信令在传输过程中，由于受到噪声或干扰的影响，信号码元波形变坏，传输到接收端后可能发生错误判决，即把“0”误判为“1”，或把“1”误判成“0”。有时由于受到突发的脉冲干扰，错码会成串出现。为此，在传送数字信号时，往往要进行各种编码。通常把在信息码元序列中加入监督码元的办法称为差错控制编码，也称为纠错编码。不同的编码方法，有不同的检错或纠错能力，有的编码只能检错，不能纠错。一般来说，监督码元所占比例越大即位数越多，纠错能力就越强。监督码元位数的多少，通常用多余度来衡量。因此，纠错编码是以降低信息传输速率为代价，来提高传输的可靠性的。

3. 数字信令应用

电话交换网络由三个交换机（端局交换机、汇接局交换机和移动交换机）、两个终端（电话终端、移动台）以及中继线（交换机之间的链路、ISDN线路即固定电话机与端局交换机之间的链路、无线接入链路即MSC至移动台之间的等效链路）组成。固定电话机到端局交换机采用接入信令，无线接入链路也采用接入信令，交换机之间采用7号信令，如图4-8所示。另外，移动通信网中还有多种类型的信令交换，这里不再赘述。

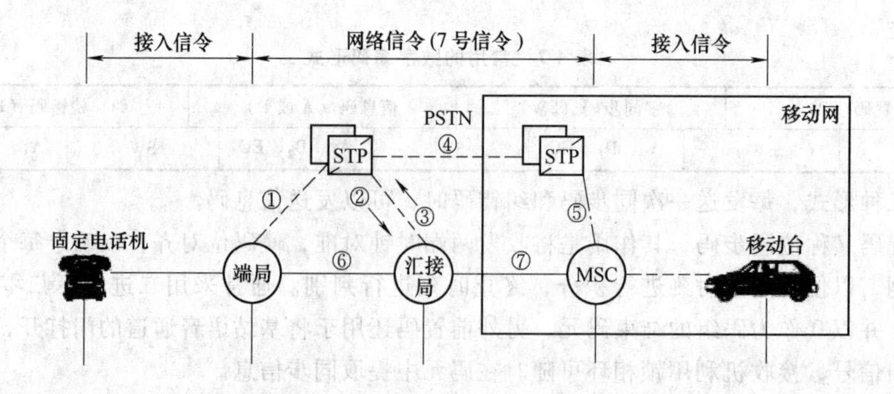

图4-8 信令应用图例

三、移动用户的激活和分离

1. 移动用户的激活

1）移动台开机后搜索最强的 BCCH 载频，读取 FCCH 信道信息，使移动台的频率与之同步。在 GSM900 中，有 124 个无线频率，在 DCS 1800 中有近 375 个无线频率。移动台要确定 BCCH 需要搜索所有这些频率，这样会花费很多时间。所以 GSM 允许在 SIM 卡中存储一张频率表，这些频率是前一次小区登录上的 BCCH 频率，以及在该 BCCH 广播的邻近小区的频点，MS 开机后搜索这些频率就可找到最强的一个 BCCH。找到无线频点后，MS 就可读取 FCCH 上的信息，从而正确地确定时隙和帧的边界。

2）移动台读取同步信道 SCH 上的信息，找出基站识别码 BSIC 和帧同步信息，并且同步到超高帧 TDMA 帧号上。

3）移动台读取系统信息，如邻近小区情况、现在所处小区使用频率及小区是否可用、移动系统的国家号码和网络号码等，这些信息都在 BCCH 上得到。

4）接收广播信息位置区域识别码 LAI 等位置信息后，移动台更新位置存储器的内容，接着向 MSC/VLR 发送位置登记报文，MSC/VLR 接收并存储该移动台的位置信息。这时 MSC/VLR 认为此 MS 被激活，在其 IMSI 号码上做附着标记。

2. 移动用户的分离

当 MS 关机时，即向网络发送最后一条消息，其中包含使 IMSI 分离的处理请求，MSC 收到后，即通知 VLR 对该 MS 对应的 IMSI 上做分离标记。但是如果此时无线链路质量不好，MSC/VLR 有可能收不到分离处理请求而仍认为 MS 处于 IMSI 附着状态。另外，MS 进入盲区时，MSC/VLR 不知道，也会认为 MS 处于附着状态。此时，该用户被寻呼时，系统就会不断发出寻呼消息，无效占用无线资源。鉴于上述原因，系统采用强迫登记的措施，例如要求移动台每 30s 周期性登记一次，若系统收不到周期性登记消息，就给此移动台标以 IMSI 分离。

情景四　GSM 数字手机原理与维护

一、数字手机的结构和原理

1. 数字手机的结构

GSM 手机的电路结构可分为射频部分、逻辑/音频部分和输入输出接口电路。

（1）射频部分　射频部分一般指手机电路的模拟射频、中频处理部分，它主要完成接收信号的下变频，得到模拟基带信号，以及完成发射模拟基带信号的上变频，得到发射高频信号。按照电路结构划分，射频部分又可以分为接收机、发射机和频率合成电路。

1）接收机包括天线开关、高频滤波器、高频放大器、一混频器、二混频器、中频滤波器、中频放大器等。它将 935～960MHz 的射频信号不断下变频，最后得到 67.768kHz 的模拟基带信号。

2）发射机包括带通滤波器、发射混频器、发射压控振荡器、功率放大器、功率控制器、天线开关等。它将 67.768kHz 的模拟基带信号上变频为 890～915MHz 的发射信号，并且进行功率放大，使信号从天线发射出去。

3）频率合成电路为接收机和发射机的混频电路提供本振频率，本振信号从基准时钟获得基准频率，然后采用锁相环技术实现频率合成。一部手机一般至少需要两个本振频率，即一本振和二本振。有的手机则需要 4 个本振频率，即接收一本振、接收二本振、发射一本振、发射二本振，分别提供给接收一、二混频和发射一、二混频电路。对于双频手机，频率合成电路更加复杂，它的一本振和发射二本振往往需要提供 GSM900 和 DCS1800 需要的两种频率。例如，CD928 型 GSM 手机的一本振为 GSM 720 ~ 745MHz 或 DCS 1590 ~ 1665MHz，其发射中频本振为 GSM 170MHz 或 DCS 120MHz。

（2）逻辑/音频处理部分　逻辑/音频处理部分可以分为逻辑控制和音频信号处理两个部分。它完成对数字信号的处理及对整机工作的管理和控制。

1）逻辑控制部分由中央处理器 CPU 和存储器组组成。存储器组一般包括 3 个不同类型的存储器：静态随机存储器 SRAM、电可擦写只读存储器 EEPROM 和闪速只读存储器 FLASH。

- CPU 与存储器组之间通过总线和控制线相连接。CPU 就是在这些存储器的支持下，才能够发挥其繁杂多样的功能，如果没有存储器或其中某些部分出错，手机就会出现软件故障。CPU 对音频部分和射频部分的控制处理是通过控制线完成的，这些控制信号一般包括静音 MUTE、显示屏使能 LCDEN、发光控制 LIGHT、充电控制 CHARGE、接收使能 RXEN、发送使能 TXEN、频率合成器信道数据 SYNDAT、频率合成器使能 SYNEN、频率合成器时钟 SYNCLK 等，这些控制信号从 CPU 伸展到音频部分和射频部分，在各种各样的模块和电路相应的部分去完成整机复杂的工作。

- 所有电路的工作都需要两个基本因素：时钟和电源。时钟的产生因机型的不同而不同，有的从射频部分产生，再供给逻辑部分，有的从逻辑部分产生，供给射频部分。整个系统在时钟的同步下，完成各种操作，这个系统时钟一般都为 13MHz。有时可以见到其他频率的系统时钟，如 26MHz 等，在内部进行分频后再使用。另外还有一块实时时钟晶体，它的频率一般为 32.768kHz，它为显示屏提供正确的时间显示。当然，有些机型中没有这块晶体，所以没有时间显示。

- CPU 在供电和时钟配合的情况下，从存储器内调出初始化程序，对整机的工作进行自检，这样的自检包括逻辑部分自检、显示屏开机画面显示自检、振铃器或振荡器自检、背景灯自检等。如果自检正常，CPU 将会给出开机维持信号，在不同的机型中，这个维持信号的实现是不同的。

2）音频信号处理部分分为接收音频信号处理和发射音频信号处理，一般包括数字信号处理器、调制解调器、PCM 编解码器和中央处理器。

- 接收时，音频部分对射频部分送来的模拟基带信号进行 GMSK 解调、解密和去交织，得到 22.8kbit/s 的数据流，接着进行信道解码，得到 13kbit/s 数据流，经过语音解码后，得到 64kbit/s 数字信号，最后进行 PCM 解码，产生模拟语音信号，驱动扬声器发声。

- 发射时，送话器送来的模拟语音信号在音频部分进行 PCM 编码，得到 64kbit/s 的数字信号，该信号先后进行语音编码、信道编码、加密、交织、GMSK 调制，最后得到 67.768kHz 的模拟基带信号，送到射频部分进行上变频的处理。

（3）输入输出接口电路　输入输出接口电路包括模拟语音接口、数字接口和人机接口三部分。模拟语音接口包括 A-D、D-A 转换电路；数字接口主要是数字终端适配器；人机接口有显示器、键盘、扬声器、送话器、振铃器、振动器、背景灯和状态指示灯等。

2. 数字手机的基本工作原理

手机开机 CPU 工作后，运行开机程序，包括各芯片的自检。若运行正常，则 CPU 送出维持开机信号，并在下行信道即基站发送给手机方向的 124 个信道上开始搜索控制信道 BCCH 的载频。因为系统随时向小区中的用户发出广播控制信息，手机搜索到最强的 BCCH 所对应的载频频率后，读取频率校正信道 FCCH，使手机 MS 的频率与之同步。所以每一个用户的手机在同一个小区的载频是固定的，它是由 GSM 网络运营商组网时确定的，而不是由用户的 GSM 手机来决定。手机在处理呼叫前要读取系统的信息，如邻近小区的情况、现在所处小区的使用频率以及小区是否可以使用移动系统的国家号码和网络号码等，这些信息都可从 BCCH 上得到。

手机根据接收到信号的强弱把 124 个信道排列成一张表，并检查它是不是广播信道 BCCH。一旦手机发现了最强的广播信道 BCCH，它就会根据广播信道复帧中 FCCH 和 SCH 信号调整内部的频率和时序，使自己在频率上和时间上与 BCCH 同步，然后检查这个 BCCH 信号是否来自该手机 SIM 卡运营商的公用陆地移动网 PLMN，例如，139 或 130 分别属于不同公司的公用陆地移动网，这是手机通过比较事先存储在 SIM 卡上的网络号、国家号与 BCCH 信道发出的相应信息是否一致来实现的。

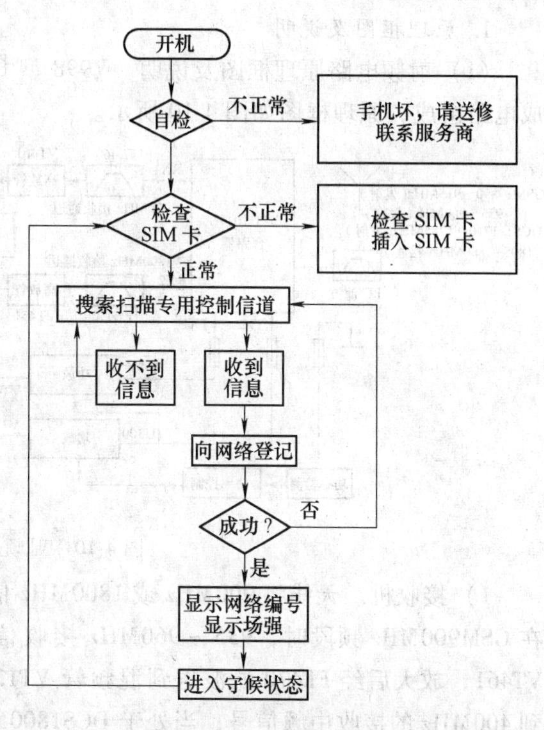

图 4-9　手机开机的工作流程

手机开机的工作流程如图 4-9 所示。在手机开机过程中，若出现自检不正常，会显示“手机坏，请送修”、“联系服务商”、“软件坏”等，一般为软件故障，此时需用编程器将码片或字库进行重写，也可用软件检修仪进行重写；若出现“插入 SIM 卡”、“检查 SIM 卡”，一般为卡故障，需检修相关电路；若找不到网络，则说明手机射频电路有故障，由于手机入网时既要接收信号，又要向网络登记，所以，不入网的故障发生在接收和发射部分的可能性都存在。

二、V998 型数字双频手机电路分析

美国摩托罗拉公司 V998 型 GSM 双频手机可工作在 GSM900MHz 频段、DCS1800MHz 频段或综合 GSM/DCS 频段的网络系统中，提高了手机接收和呼叫的成功率。相对于摩托罗拉以前推出的各种型号 GSM 手机而言，V998 型双频手机集成度高，小巧轻便，功能更多，性能更好，且将液晶显示屏设计在翻盖上，更显示出其独特的个性。

V998 型手机支持全中文键盘输入 CKE 功能，不论是电话簿姓名、留言簿、短消息，均可实现中文输入，使用户的操作更简捷及方便。

该机型还采用了摩托罗拉最先进的集成技术，将电源模块、数字信号处理器、PCM 编解码器、语音编解码器集成在一块模块上，降低了电路设计及布线的复杂性，使其工作流程更简单，并将中频模块、静态存储器、闪速存储器、中央处理器及数字信号处理器加以软封装，降低故障的产生率。

1. 原理框图及说明

（1）射频电路原理框图及说明　V998 型 GSM 手机射频电路由接收机、发射机和频率合成电路组成，原理框图如图 4-10 所示。

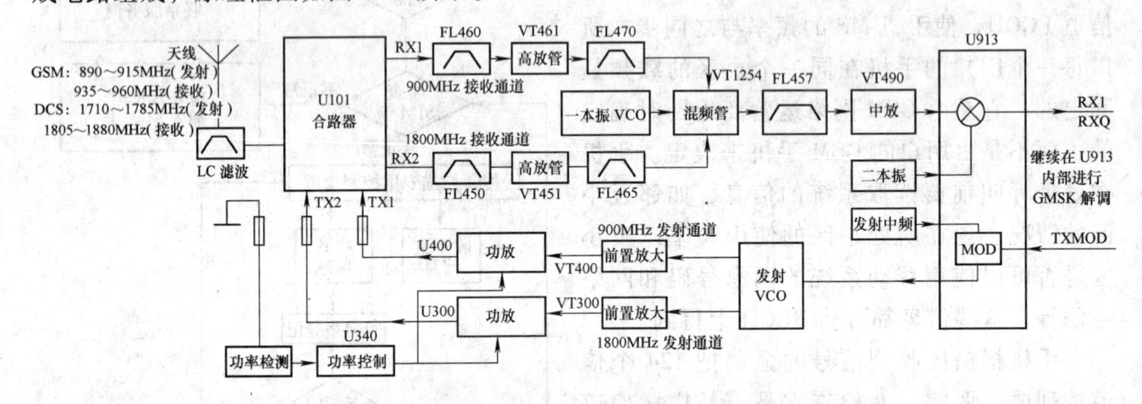

图 4-10　射频电路原理框图

1）接收机。天线将 900MHz 或 1800MHz 信号接收下来之后，送到天线开关 U101。工作在 GSM900MHz 频段时，935～960MHz 接收信号经高频滤波器 FL460 滤波后送到高放管 VT461，放大后经 FL470 滤波送到混频管 VT1254，与 535～560MHzGSM 本振信号混频，得到 400MHz 的接收中频信号；当处于 DCS1800MHz 频段时，1812～1880MHz 接收信号从天线开关 U101 输出给高频滤波器 FL450 滤波和 DCS 高放管 VT451 放大，接着从 VT451 集电极输出。放大的 DCS 接收射频信号经 FL465 再一次滤波后，被送到混频管 VT1254，与 DCS1800MHz 本振信号在 VT1254 内部混频，产生 400MHz 接收中频信号。400MHz 接收中频信号经中频滤波器 FL457 滤波后，送到中频隔离放大管 VT490，经放大后送入中频模块 U913。由中频模块 U913 的二本振电路产生的二本振信号对 400MHz 接收中频信号进行正交解调，产生 67.708kHz 的接收 I/Q 基带信号，该 I/Q 信在 U913 经放大和 GMSK 解调后，被串行地送到数字信号处理电路作进一步处理。

2）发射机。发射基带信号在中频模块 U913 内部进行 GMSK 调制和正交调制后，得到发射中频信号，接着在 U913 内部，发射取样信号与一本振信号混频得到的差频信号与发射中频信号鉴相，从而得到发射压控振荡器的控制电压。当手机工作在 GSM900MHz 频段时，发射信号经预放管 VT400 放大后送至 GSM 功率放大器 U400，发射信号在 U400 内部经两级放大后从 U400 输出。当手机工作在 DCS1800MHz 频段时，1800MHz 发射信呈送至预放管 VT300 进行前置放大，再送到 DCS 功率放大器 U300 放大后输出。无论手机工作于哪个频段，发射信号都输出至天线开关 U101，经发射通路从天线发送出去。

3）频率合成电路。V998 型手机的频率合成电路由中频模块 U913、振荡晶体管 VT253 等元器件构成，它们一起产生供接收和发射用的本机振荡频率，GSM 为 535～560MHz，DCS 为 1405～1480MHz。

（2）逻辑/音频处理电路原理框图及说明　逻辑/音频处理电路主要完成对基带信号的处理，其电路原理框图如图 4-11 所示。

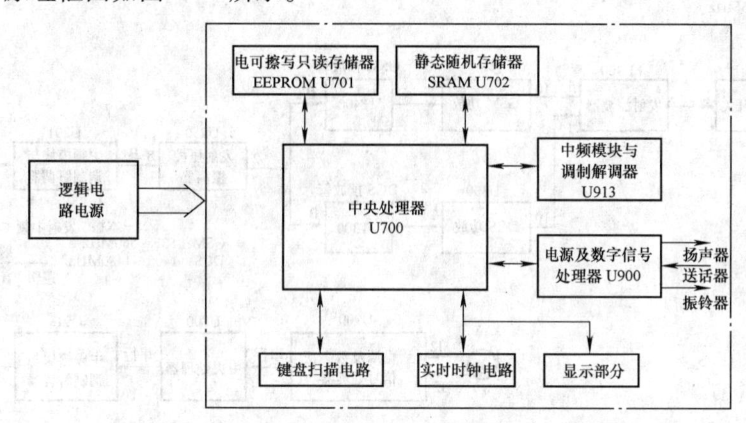

图 4-11　逻辑/音频处理电路原理框图

1）接收音频处理。接收 I/Q 基带信号在中频模块及调制解调器 U913 内部经 GSM 解调后，经中央处理器 CPU U700 送至电源及数字信号处理器 U900 内部，在 U900 内经解密及均衡后，通过 DIG-AUD 总线串行送到中央处理器 U700 内部，在 U700 内部经信道解码后，得到纯净的语音数据流，U700 再将 13kbit/s 的语音数据流经 DIG-AUD 总线串行送回给 U900，在其内部经语音混合解码和 PCM 解码后，得到模拟音频信号。该模拟音频信号经放大后，U900 从第 K6 脚将语音信号送出，推动扬声器发声。振铃信号则从 U900 第 K9 脚送出去推动振铃器 AL900 发声。

2）发射音频处理。送话器将声音信号拾音后，通过送话器接口 J910 输入到 U900 第 H2、J2 脚，在 U900 内部经 PCM 采样、压缩、量化后再经语音的混合编码 RPE-LTP 后，得到 13kbit/s 的语音数据流，再送至中央处理器 U700 进行信道编码，得到 22. 8kbit/s 的数字基带信号，再经 U900 内部的调制解调器进行加密及交织后将数据流串行送到中频模块及调制解调器 U913 内部，在 U913 内部完成 GMSK 调制，得到发射 I/Q 基带信号。

（3）整机的接收信号和发送信号流程

1）接收信号流程（从天线→扬声器）。接收信号流程如图 4-12 所示。

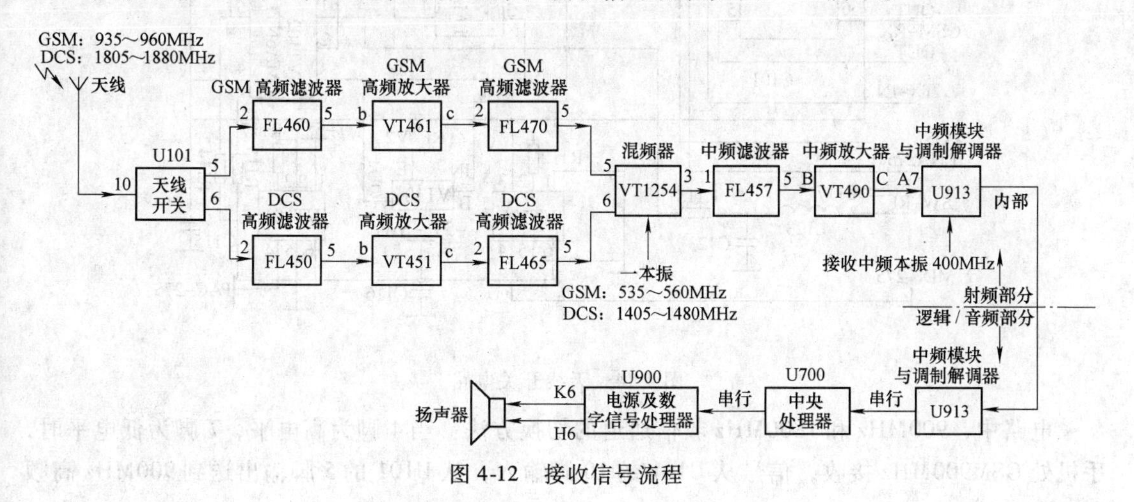

图 4-12　接收信号流程

2）发送信号流程。发送信号流程如图 4-13 所示。

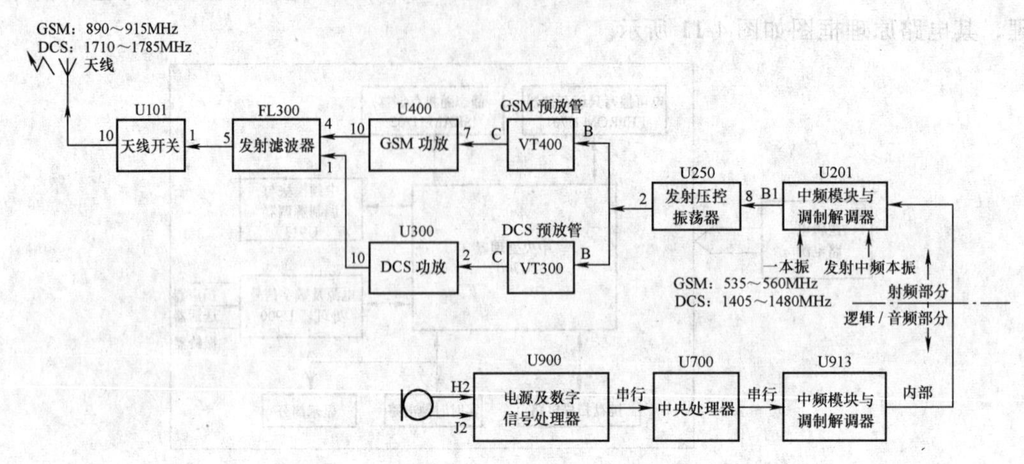

图 4-13 发送信号流程

2. V998 数字双频手机具体电路分析

（1）射频电路分析

1）接收电路分析。

• 天线开关电路。天线开关电路主要由射频开关 U101 及天线开关控制电路 VT101、VT102、VT104、VT105、VT106 组成，如图 4-14 所示。其主要作用是保证手机的接收和发射状态的正确切换、900MHz 和 1800MHz 接收信号的切换和机内天线和外置天线的选择切换。

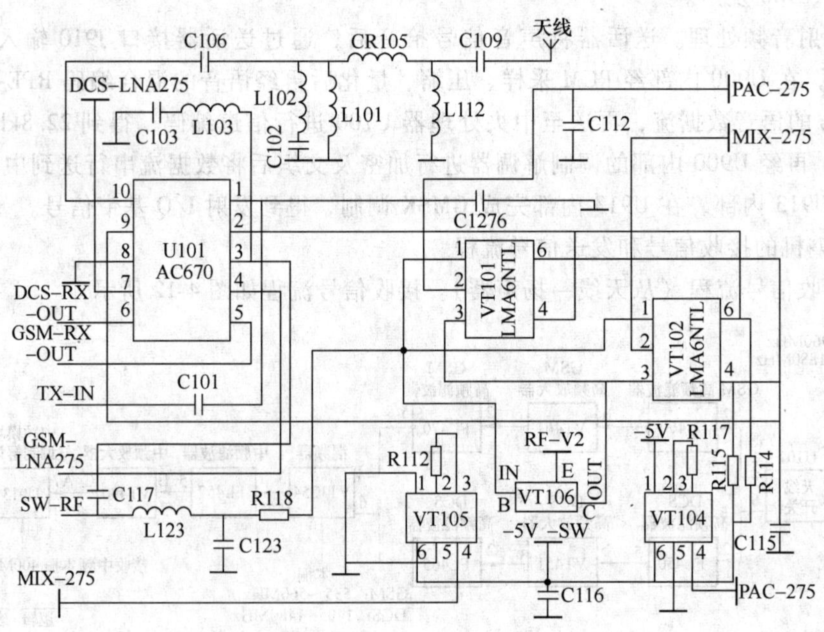

图 4-14 天线开关电路

电路中，900MHz 和 1800MHz 收信通道的切换方法：当 4 脚为高电平，7 脚为低电平时，手机处 GSM900MHz 接收，信号从 U101 的 10 脚输入，从 U101 的 5 脚输出送到 900MHz 高频滤波和放大电路进行处理；当 U101 的 4 脚为低电平，7 脚为高电平时，手机处于 DCS1800MHz 接收，信号从 U101 的 10 脚输入，从 U101 的 6 脚输出到 1800MHz 高频滤波和放大电路进行处理。

当手机处于发射模式时，逻辑电路提供的 PAC-275 上升为高电平。VT104 导通，VT104 的 6 脚电位下降，通过 VT101、VT102 控制天线开关接向发射机电路。来自于功放末级的发射信号从 U101 的 1 脚输入 TX，经内部处理后从 U101 的 10 脚送至天线发送出去。

• 900MHz 和 1800MHz 接收高放电路。900MHz 和 1800MHz 接收高放电路如图 4-15 所示。

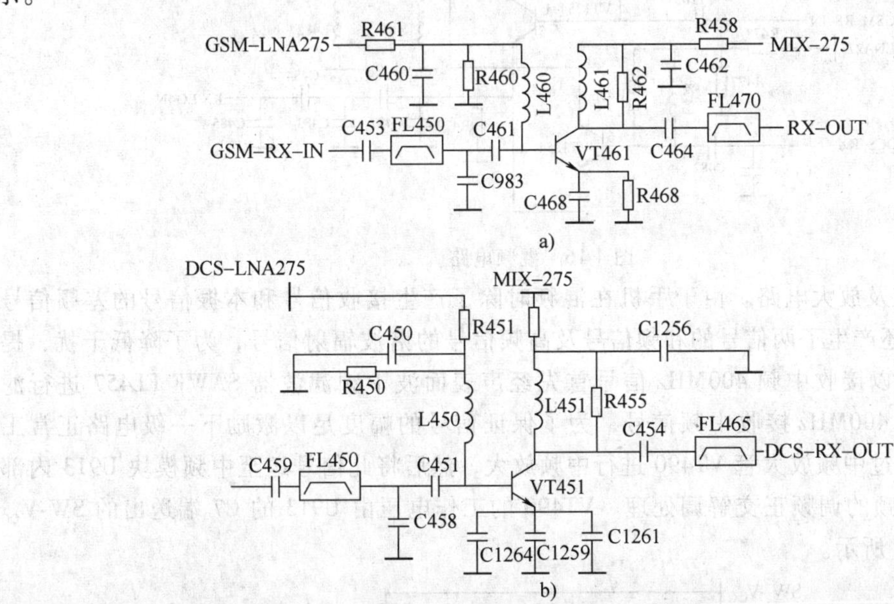

图 4-15　900MHz 和 1800MHz 接收高放电路

从天线接收下来的 935 ~ 960MHz 信号经天线开关 U101 选择后，首先经电容 C459 耦合送至 GSM900MHz 第一接收滤波器 FL450 进行初步滤波，经 FL460 滤波的信号再送到 900MHz NPN 型的共射极放大器高放管 VT461 的基极，经 VT461 进行电流放大后从其集电极送到 900MHz 第二级接收滤波器 FL470 再一次滤波，以加强滤波将杂波滤除，得到幅度和纯净度达到 900MHz 接收信号的要求，送至混频电路作进一步处理。

当手机处于 1800MHz 接收时，1805 ~ 1880MHz 接收信号从天线接收下来，经 U101 处理后再经电容 C459 耦合送到 1800MHz 高频第一接收滤波器 FL450 进行滤波，再经电容耦合送至 1800MHz 高频放大管 VT451 的基极，经其电流放大后，从 VT451 的集电极输出放大后的接收信号，由于放大时不仅有用信号得到放大，同时杂波信号也得到了放大，所以该信号再经 FL465 再一次滤波后得到符合要求的 1800MHz 接收信号，并将其送到下级电路作处理。

• 混频电路。混频电路主要由混频模块 VT1254 及其外围电路组成，如图 4-16 所示。VT1254 内部集成了两个 NPN 型晶体管，其 3、4、5 脚构成 900MHz 混频管，1、2、6 脚构成 1800MHz 混频管。当手机处于 900MHz 接收混频时，935 ~ 960MHz 接收信号经 C1262 耦合送至 VT1254 的 5 脚 B 极，而从本振电路产生的 1335 ~ 1360MHz 本振信号经本振放大和滤波后从 VT1254 的 4 脚 E 极注入，两路信号在 VT1254 内部完成差频处理后，从其 3 脚产生接收中频400MHz信号。当手机处于DCS1800MHz接收混频时，1805～1880MHz接收信号从VT1254的6脚B极输入，来自本振电路的1405～1480MHz本振信号则从VT1254的2脚输入，两信号在VT1254的1、2、6脚完成差频处理，产生400MHz接收中频信号，VT1254的6脚偏置电压由DCS-LNA275提供，而1、3脚电压则由MIX-275电压提供。

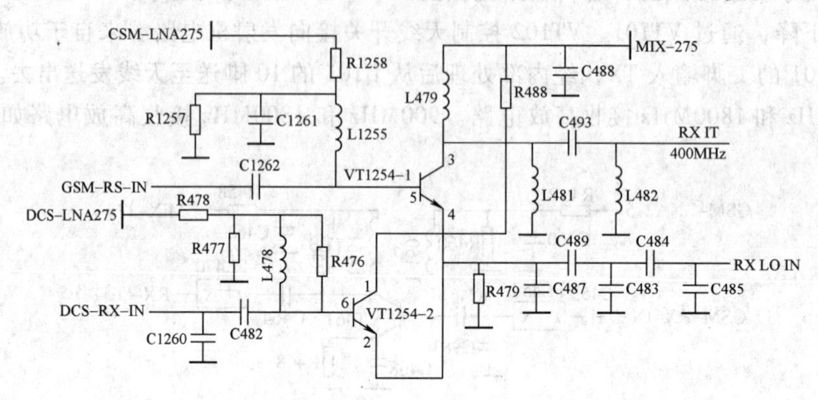

图4-16 混频电路

• 中频滤波及放大电路。由于手机在混频时除了产生接收信号和本振信号的差频信号400MHz之外，还产生了两信号的和频信号及高频信号的谐波辐射信号，为了降低干扰，提高通话质量，所以接收中频400MHz信号首先经声表面波中频滤波器SAWF FL457进行滤波，得到纯净的400MHz接收中频信号，为了保证信号的幅度足以激励下一级电路正常工作，所以，再经过中频放大管VT490进行中频放大，然后将此信号送至中频模块U913内部进行400MHz中频的调频正交解调处理。VT490的工作电压由U913的C7端送出的SW-V_{CC}提供，如图4-17所示。

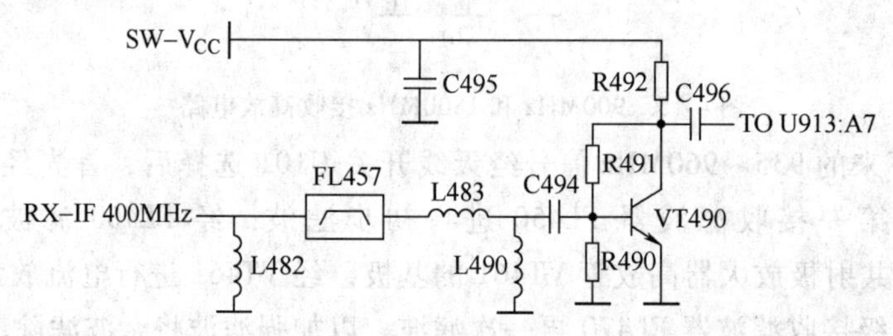

图4-17 中频滤波及放大电路

需要说明的是：VT490是一个增益受SW-V_{CC}控制的放大管，当400MHz信号很强时，SW-V_{CC}就降低，分压在VT490集电极的电压为1.2V左右；当400MHz信号较弱时，SW-V_{CC}就升高，如果完全没有400MHz信号，VT490集电极的电压会升至2.5V。因此，在没有频谱分析仪的情况下通过测量SW-V_{CC}的电压就可以知道是否产生了400MHz信号。

• 接收中频解调电路。包含语音信息及控制信息的400MHz接收中频信号，从中频模块U913的A7端输入，首先经U913内部的步进衰减器STEPATI对信号的幅度进行调整，因为并不是接收信号的幅度越大越好，必须保证在一定的幅度范围内才能让接收机正常工作，否则会由于信号小而不能激励接收机或者信号大而对接收机造成冲击而损坏。经步进衰减器调整后的400MHz接收中频信号再送到解调器与接收二本振电路产生的400MHz载波信号进行正交解调得到67.708kHz的接收I/Q模拟基带信号RXI、RXQ，由于U913内部集成了调制解调器 MODEM 的功能，所以模拟的 RXI、RXQ 基带信号再在 U913 内部完成 A-D 转换、GMSK 解调、均衡及解密处理后，得到的数字接收 I/Q 基带信号分别从 U913 的 G7、G8 端送至中央处理器作进一步处理。

2）发射电路分析。

• 发射基带信号处理电路。从中央处理器 U700 的 C6（BDX）、A2（BCLKX）送来的数字信号首先在中频模块 U913 内部完成 GMSK 的 D-A 转换得到 TXI/Q 模拟基带信号，该信号在 U913 内部对载波信号进行正交调制，得到发射已调中频信号，TXI/Q 调制所使用的载波信号来自 U913 内部的一个频率合成器。

发射已调中频信号在 U913 内与发射参考信号在鉴相器中进行比较，得到一个包含发送数据的脉冲直流发射 VCO 控制信号 CP-TX，从 U913 的 B1 脚输出，该信号首先经过一个有源的环路滤波器滤波，滤除控制信号中的高频成分，以防止对发射 VCO（TX VCO）造成干扰。这个环路滤波器由 U200 及 VT201 等组成。具体工作过程是：CP-TX 经 R203、R202 送至运算放大器 U200 的 3 脚，经其电压放大后从 U200 的 1 脚输出，U200 的 4 脚作为反馈取样端，发射时，发射控制启动信号 DM-CS、TX-EN 分别控制 VT202 的 2、5 脚，使开关管 VT201 的 1、3 脚的电平由 5V 变低，控制 VT201 从 4 脚输出相应的信号电平，给发射控制电路提供一个预偏置电压，该电压为 1.5～3.2V。C202、R200、L201、C201、L202 组成环路滤波器，对鉴相电压进行滤波，如图 4-18 所示。

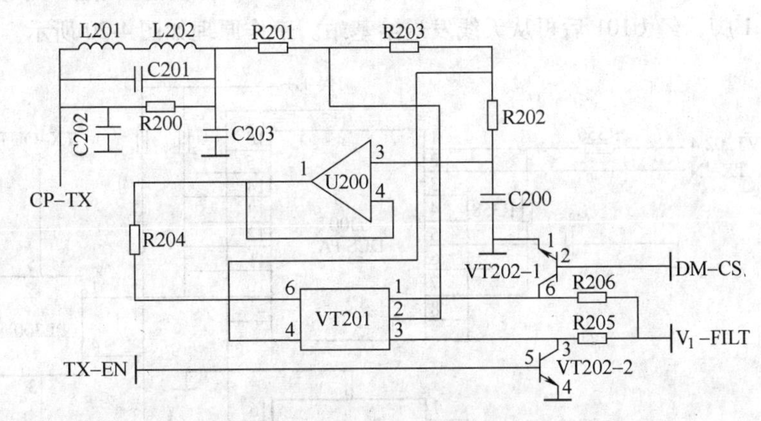

图 4-18 发射基带信号处理电路

• 发射压控振荡电路。摩托罗拉 V998 手机发射 VCO（TXVCO）U250 电路采用一个包含电阻、电容、晶体管、变容二极管等的组件。VCO 组件中这些电路元器件封装在一个屏蔽罩内，既简化了电路，也减小了外界因素对 VCO 电路的干扰。发射 VCO 组件的主要作用是输出最终发射信号。

• 发射预放电路。从发射压控振荡模块（TX VCO）U250 的 2 脚产生的发射信号首先输出到 GSM/DCS 发射共用预放管 VT455 的基极，经其 5dB 左右的放大后，从 VT455 的集电极输出，VT455 的基极、集电极偏置电压由功率控制电压 2.75V（PAC-275）提供。890～915MHz 的 GSM900MHz 发射信号从 VT455 的集电极送至二极管 VD301 进行保护，该二极管利用其正向偏置使其导通角度变化来决定发射信号的通过率，主要是防止发射信号的突然增强造成对功放的冲击，以达到保护功放的目的，发射信号再经 VT400 放大后送到 GSM900MHz 功率放大器 U400 的 7 脚 1710～1785MHz 的 DCS1800MHz 发射信号经 VT455 放大，再经 VD300 保护后经 DCS 发射预放管 VT300 放大送至 DCS1800MHz 功率放大器 U300 的 2 脚。VT300 及 VT400 的集电极偏置电压由 PA-B + 提供，它们的基极偏置电压则由功率控制电路送出的功率控制电压所决定。发射预放电路工作原理如图 4-19 所示。

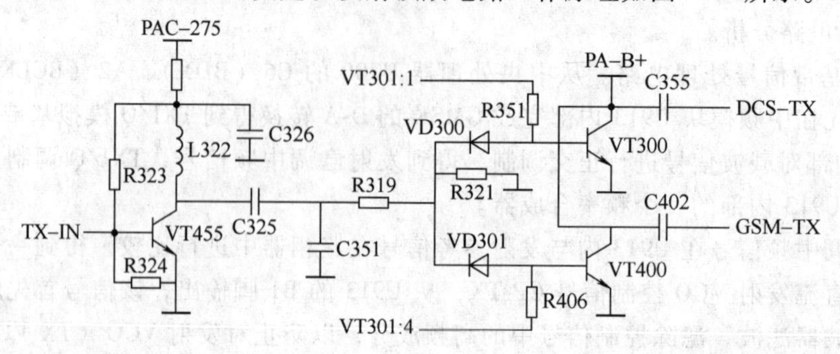

图 4-19　发射预放电路的工作原理

● 功率放大电路。手机的功率放大电路由 U300 和 U400 组成，分别负责 1800MHz 发射信号及 900MHz 发射信号的末级放大，内部均集成了两级放大器。U300 的 2 脚为发射信号输入端，7 脚为功率控制端；U400 的 7 脚为发射信号输入端，2 脚为功率控制端，它们的 10、11、12、13、14、15 脚为发射信号输出端，分别送到发射滤波器 FL300 的 1、4 脚进行滤波，同时实际发射取样功率从 FL300 的 3 脚送至功率控制器，经 FL300 滤波的发射信号从其 5 脚送至天线开关 U101 的 1 脚，经 U101 后再从天线发送给基站。工作原理如图 4-20 所示。

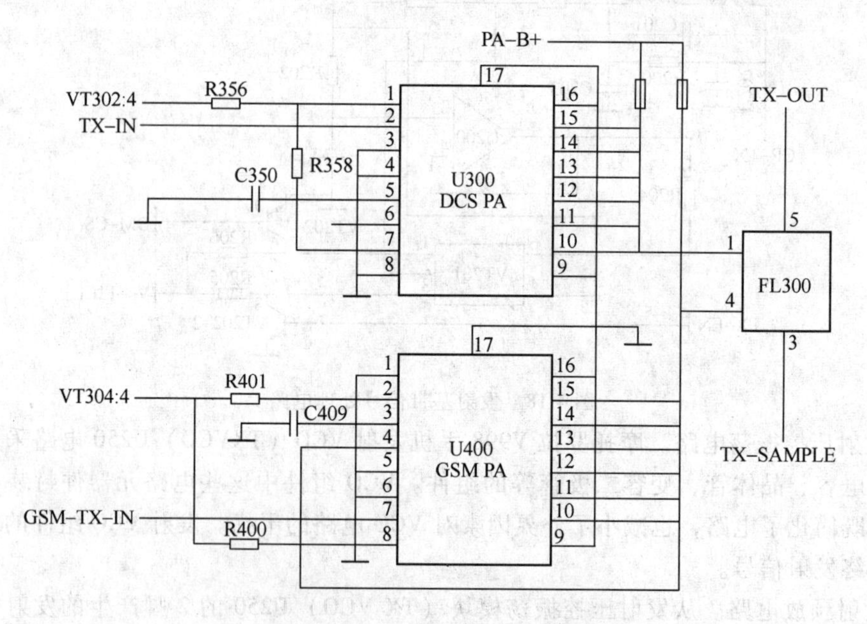

图 4-20　功率放大电路的工作原理

● 功率控制电路。摩托罗拉 V998 手机采用了两种形式的功控电路，第一种是通过改变二极管对射频信号的衰减量和前置放大功放管 VT400 的放大量进行功率控制。第二种是通过 VT303、VT304、VT301、VT302 组成的控制电路，对 900MHz 功放的负压进行控制，这里不再赘述。功率控制电路如图 4-21 所示。

3）频率合成电路分析。频率合成电路包括基准频率振荡器、鉴相器、环路滤波器、分

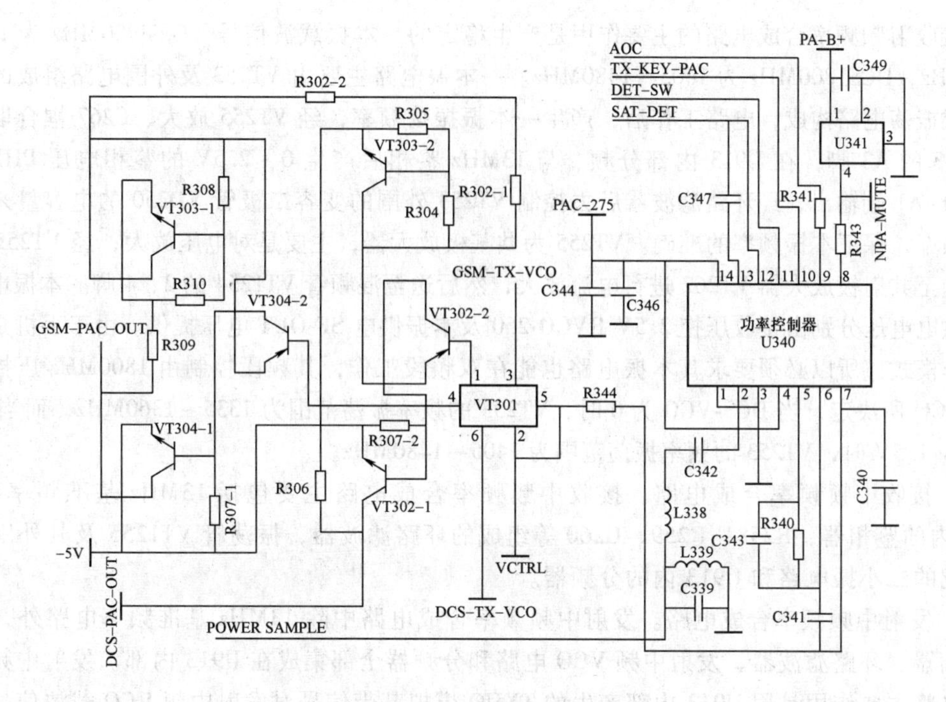

图 4-21　功率控制电路

频器和压控振荡器五个功能电路。在摩托罗拉 V998 手机中，鉴相器、分频器已被集成在 U913 模块中。频率合成电路应用在以下三个方面。

• 接收射频频率合成电路。接收射频频率合成电路如图 4-22 所示，主要由 13MHz 基准频率电路，U913 内的鉴相器、分频器，C221、R220、R222、C220、R211、C251 等组成的环路滤波器，振荡管 VT253，本振放大管 VT255 和 VT262 及其外围元件等组成的一本振电路组成。

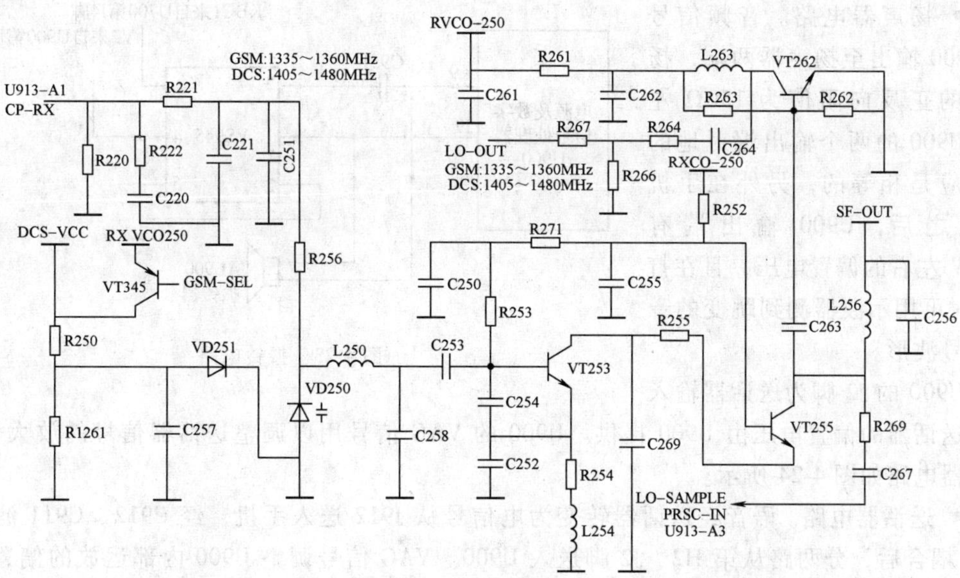

图 4-22　接收射频频率合成电路

接收射频频率合成电路的主要作用是产生稳定的一本振载波信号，GSM900MHz 为 1335 ~ 1360MHz，DCS1800MHz 为 1405 ~ 1480MHz。一本振电路主要由 VT253 及外围电路组成的电容三点式振荡电路构成，电路工作后，产生一本振振荡频率，经 VT255 放大、C267 耦合取样送到 U913 的 A3 脚，在 U913 内部分频、与 13MHz 鉴相后产生 0 ~ 2.5V 的鉴相电压 PHD，从 U913 的 A1 端输出，经环路滤波器后去控制 VT253 外围的变容二极管 VD250 的电容量来微调本振频率，保证本振频率的准确。VT255 为共基极放大器，主要是对电压放大，经 VT255 放大后再送至共射极放大器 VT262 进行电流放大，然后送至混频管 VT1254 的 2、4 脚。本振电路的直流供电电压分别由接收压控 2.5V RVCO-250 及本振供电 SF-OUT 电压提供。由于手机是双频段工作模式，所以必须要求其本振电路也能在双频段工作，其频段控制由 1800MHz 压控信号 DCS-VCO 所决定，当 DCS-VCO 为 0 时，VT253 的频率振荡范围为 1335 ~ 1360MHz，而当 DCS-VCO 为 1.5V 时，VT253 的频率振荡范围为 1405 ~ 1480MHz。

- 接收中频频率合成电路。接收中频频率合成电路主要包括 13MHz 基准频率电路，U913 内的鉴相器，R258、R259、C260 等组成的环路滤波器，振荡管 VT1255 及其外围元件等构成的二小振电路和 U913 内的分频器。
- 发射中频频率合成电路。发射中频频率合成电路中除 13MHz 基准频率电路外，其他如鉴相器、环路滤波器、发射中频 VCO 电路和分频器全部集成在 U913 内部。发射中频频率合成电路主要作用是用 U913 内部产生的 TXUQ 模拟基带信号对发射中频 VCO 载波信号进行正交调制，得到发射已调中频信号。

（2）主要逻辑/音频外围电路分析

1）振铃、扬声器和送话器电路。

- 振铃电路。当手机设置在振铃模式且需要振铃时，从 U900 的 K9 脚输出振铃信号，经 C951 耦合，分两路驱动振铃器 AL900 发声。VS945 是振铃器供电管，它从第 1 脚输出振铃器供电电压，为振铃器供电。振铃电路如图 4-23 所示。
- 扬声器电路。音频信号从 U900 输出至扬声器两端，扬声器的正反向阻值为 150Ω 左右。U900 的两个输出端对地的阻值应是相等的，另外在手机开机之后，U900 输出端有 1.35V 左右的偏置电压，且在打 112 时可用示波器测到跳变的音频信号波形。

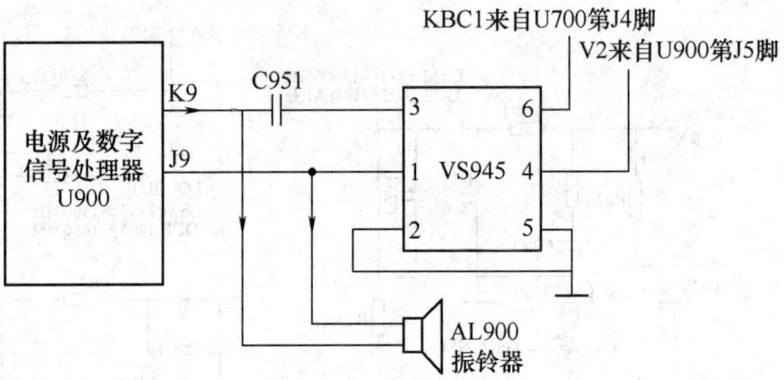

图 4-23　振铃电路

U900 的 J2 脚为送话器输入端，送话器的偏置电压由 U900 提供。U900 的 VAG 信号用以调整送话器信号的放大倍数。扬声器电路如图 4-24 所示。

- 送话器电路。语音经送话器转变为电信号从 J912 送入手机，经 C912、C911 滤波及 C915 耦合后，分两路从第 H2、J2 脚送入 U900。VAG 信号调整 U900 内部运放的偏置，控制其放大倍数。送话器电路如图 4-25 所示。
- 外部送话器电路。当使用外部送话器时，声音信号经外部送话器转变为电信号，从

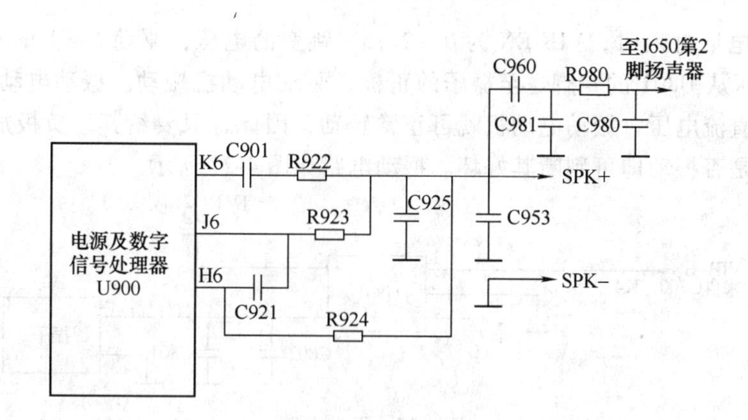

图 4-24　扬声器电路

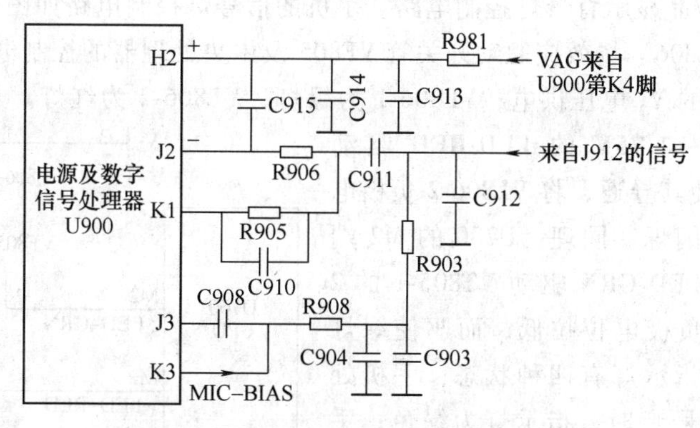

图 4-25　送话器电路

外部送话器接口 J650 送入手机 。经运算放大器 U980 放大后，从第 H3 脚输入 U900。VAG 信号可以调整 U980 的放大倍数。外部送话器电路如图 4-26 所示。

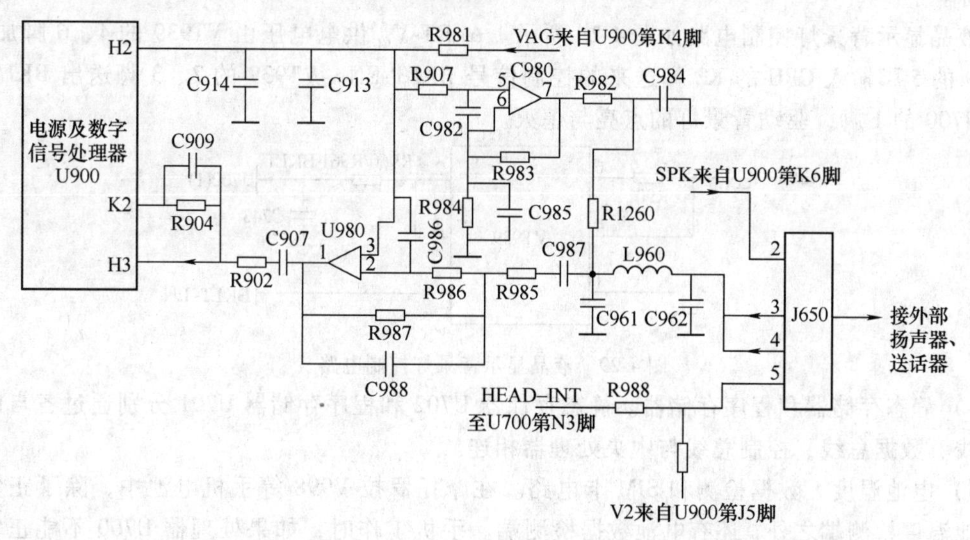

图 4-26　外部送话器电路

2）振动电路。U801 为振动驱动管，为一开关管，其 5 脚连接 B + 电源，1 脚连接来自于中央处理器 U700 的 K4 脚送来的振动启动信号 VIB-EN 。如电话呼入时手机功能设置为振动方式，当有电话打入时，VIB-EN 为 0～2.75V 跳变的电压，驱动 U801 的 4、5 脚间续导通，将 B+电压从 U801 的 4 脚送至振子的正极，驱动电动机振动。振动电动机的正负极只需加上一定的直流电压，振动电动机就可正常转动，因此，只要给其正负极加上 3V 左右的电压看电动机是否振动即可判断其好坏。振动电路如图 4-27 所示。

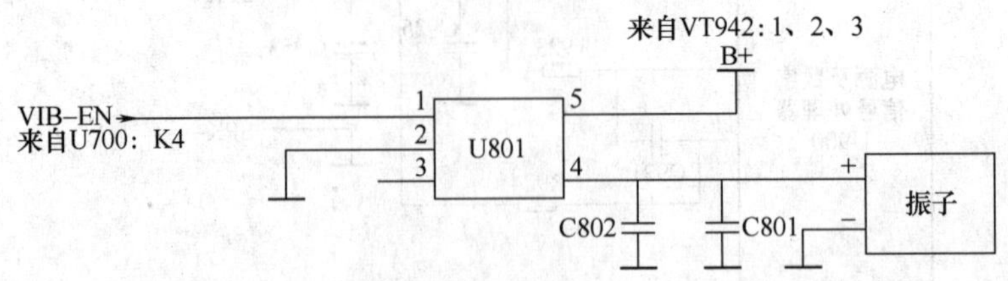

图 4-27 振动电路

3）信号灯和液晶显示背景灯控制电路。手机的信号灯控制电路如图 4-28 所示。电路由集成发光二极管 VL806、场效应驱动开关管 VF805 及中央处理器的控制电路组成，发光二极管的正极由 2.75V 的 V_2 电压供电，VL806-1 为绿灯，VL806-2 为红灯。从中央处理器 U700 的 M3 端送出 0～2.75V 的 LED-RED 驱动 VF805-2 的 5 脚，使其导通，将 VL806-2 负极电位拉低，保证红灯闪烁。同理，U700 的 M2 端送出 0～2.75V 的 LED-GRN 驱动 VT805-1 的 2 脚，使 VL806-1 的负极电位拉低，而驱使绿灯闪烁。手机的信号指示灯有四种状态：手机处于服务区内（有信号）时，指示灯为绿色；手机不在服务区内即无信号或电池低电时，指示灯为红色；有来电时，指示灯为红灯、绿灯交替闪烁。

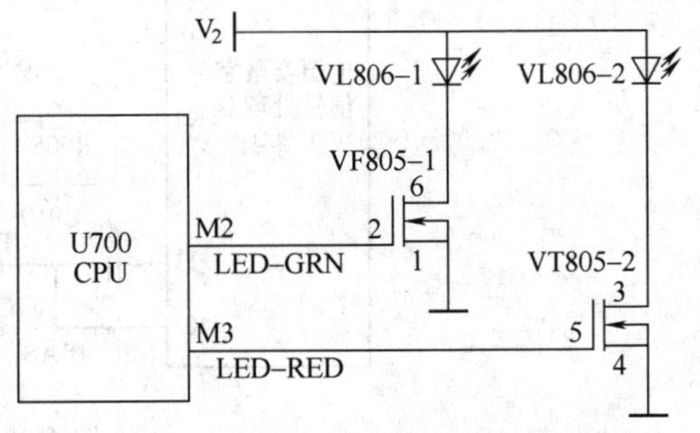

图 4-28 信号灯控制电路

液晶显示背景灯控制电路如图 4-29 所示。ALRT-V_{CC} 供电电压由 VT939 的 4、6 脚加入，VT939 的 5 脚输入 CPU 的 K2 脚送来的控制信号 BKLT-EN，VT939 的 2、3 脚送出 BKLT 信号到 J700 的 1 脚，驱动背景灯的点亮与熄灭。

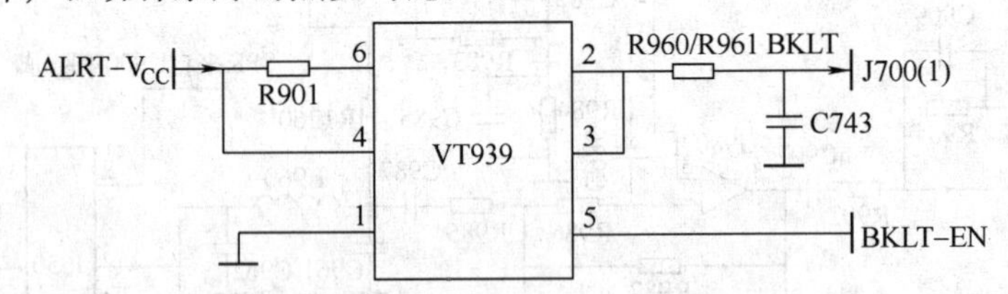

图 4-29 液晶显示背景灯控制电路

4）静态存储器和程序存储器。静态存储器 U702 和程序存储器 U701 分别通过各自的地址总线、数据总线、控制总线与中央处理器相连。

5）电池温度、数据检测和 SIM 卡电路。在摩托罗拉 V998 等手机电池中，除了正负极和电池温度检测端之外，还有电池数据检测端。手机工作时，如果处理器 U700 不能正常读取电池数据，手机开机后就会显示“非认可电池”。如果 CPU 不良、电池数据端对地短路等原因，都可能造成手机显示“非认可电池”。

电池温度检测电压通过 R627 送到 U900 的 B3 脚内进行 A-D 转换，转换后的数据 SPI 送往 CPU，用以监测电池的温度。电池温度、数据检测电路如图 4-30 所示。

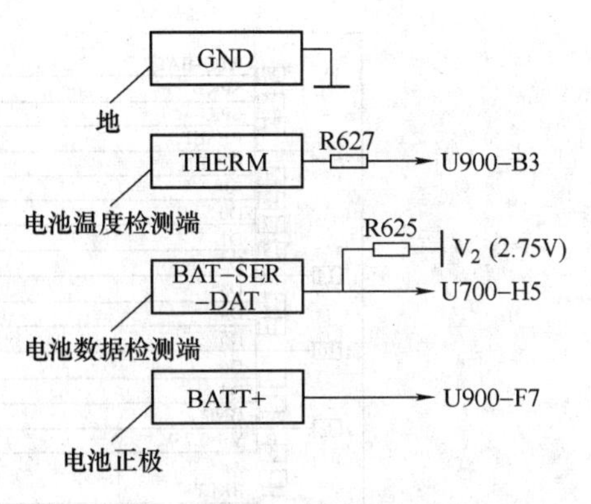

图 4-30　电池温度、数据检测电路

电池温度信号还用于 SIM 卡的激活，为便于分析，下面给出有关电路，如图 4-31 所示。

当尾插加（EXT-B +）开机后，电池触片的 BATT + 端口电压为 0，THERM 端口电压为 2.75V，U950 是一个电压比较器，1 脚电压为 1.96V，3 脚电压为 1.8V，4 脚输出 2.75V 的高电平送入 CPU 的 A4 脚。CPU 得到这一高电平电压信号后，使卡电路不工作，因此，手机不读卡而显示“插入电池”。

SIM 卡电路如图 4-32 所示。手机在开机不插卡时，SIM 卡电路是不工作的，仅在手机插卡开机后才能启动 SIM 卡电路。而且由于有两种工作电压不同的 SIM 卡（3V SIM 卡及 5V SIM 卡），所以在 U900 内部存在 3V 的 SIM 卡电路及 5V 的 SIM 卡电路，它们何时启动，是手机插卡开机后，通过判断 SIM 卡检测脉冲送到 SIM 卡座后是否得到响应来进行识别的。

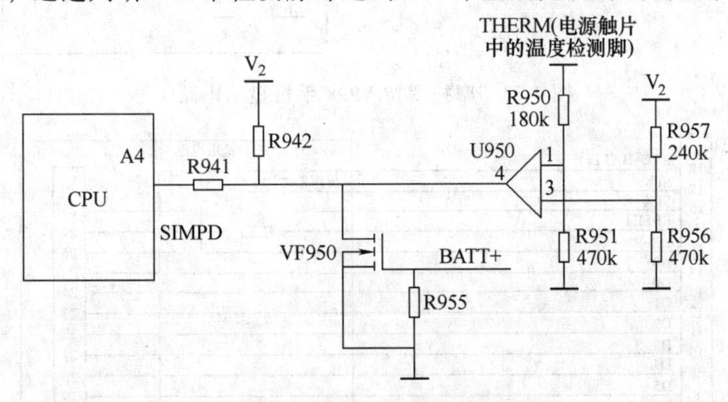

图 4-31　SIM 卡激活电路

6）显示屏接口电路。显示屏接口 J700 的 1 脚是 BKLT +，为背景灯供电；2、6、24、26 脚是 GND。3、4、5、12、16 脚是 V_2；7、9、10、11、13、14、15、17 脚是 D7 ~ D0 数据线；18 脚是 R-W，为读写信号；19 脚是 A0 地址线；21 脚是 DP-EN，显示使能信号；22 脚是 RESET，为复位信号；27 脚是 RTC-BATT，接备用电池。

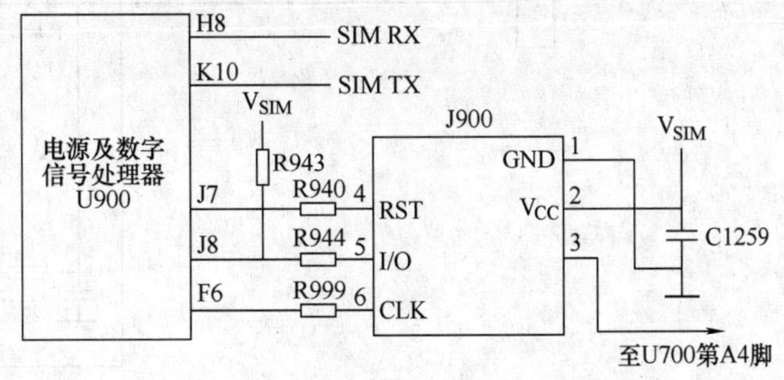

图 4-32　SIM 卡电路

摩托罗拉 V998 手机显示电路如图 4-33 和图 4-34 所示。

摩托罗拉 V998 手机显示控制及供电是通过软排线与主板接口座连接的，显示部分由液晶显示器和内排线构成。

7）开机键和尾插开机电路。摩托罗拉 V998 手机既可以用机内电池供电，还可以由外接电源通过尾插供电，因此，开机方法也有两种。开机电路如图 4-35 所示。

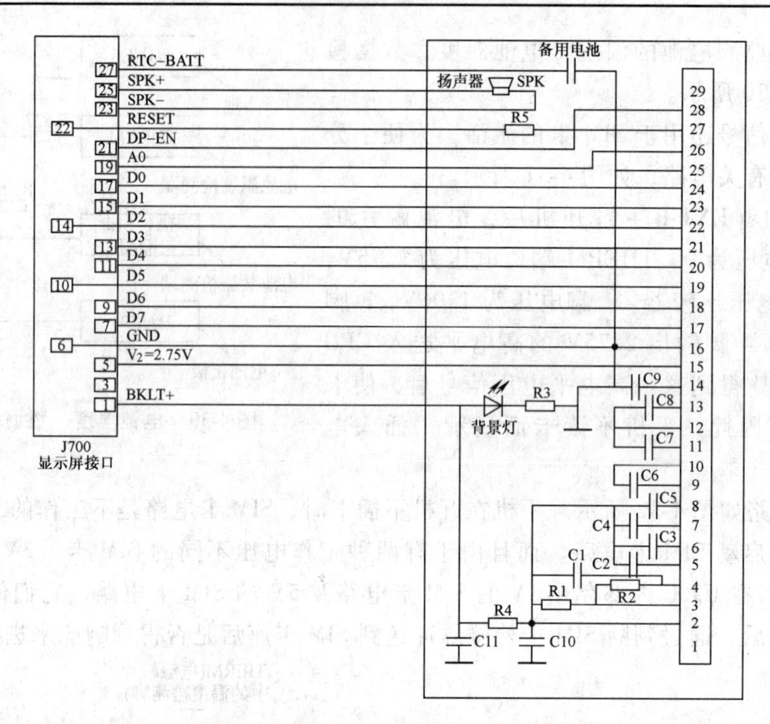

图 4-33 摩托罗拉 V998 手机显示电路 1

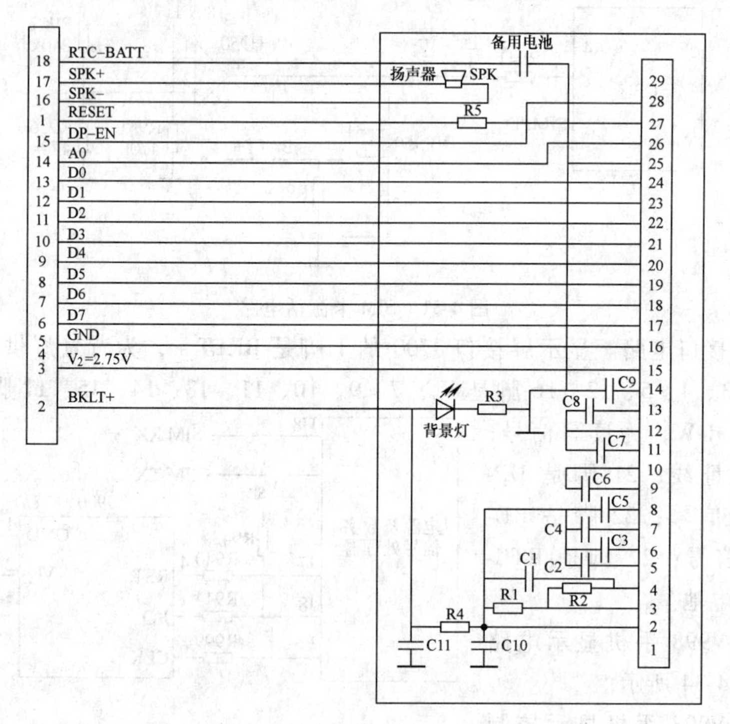

图 4-34 摩托罗拉 V998 手机显示电路 2

当外接稳压电源插入尾插时，手机可以直接开机。尾插开机要有两个条件，一是有 EXT-B + 电压进入手机，也就是尾插的 14 脚有 3.6V 电压输入；二是有一个开机触发信号，即从尾插的 9 脚经 R921 去触发 U900 的 G5 脚尾插电源开关，插入尾插时，尾插的 9 脚电压为 0，手机调用尾插供电程序，从而开机。

8）升压电路。手机的电池电压较低，而有些电路则需要较高的工作电压，另外，电池电压随着用电时间的延长会逐渐降低，为了供给手机各电路稳定的且符合要求的电压，手机的电源电路常采用升压电路。摩托罗拉 V998 手机的升压电路主要由 U900 和外围元器件 L901、C934、VD901 等组成。升压电路如图 4-36 所示。

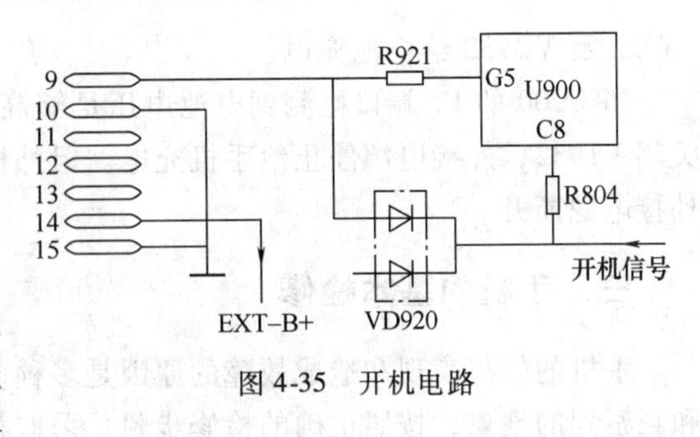

图 4-35　开机电路

升压电路是一种开关稳压电源，V998 手机中储能电感 L901 和电源 IC（U900）、滤波电容 C934、续流二极管 VD901 配合起来工作提供稳压电源。

手机加上稳压电源后，不开机，由于 VD901 处于正向偏置，C934 立即被充至 B +，因此在 C934 与地之间就可测到 B + 电压。

稳压过程是：当输入电压 B + 变低时，U900 内的误差比较放大电路控制 U900 的导通时间变长，L901 中流过电流的时间变长，电流越来越大，储存的能量也越多，电感 L901 的电流在突然被切断时，L901 产生左正右负的感应电压，它与 B + 串联后，总电压仍维持在 6.4V，使 C934 电压为 5.6V，达到稳压作用。

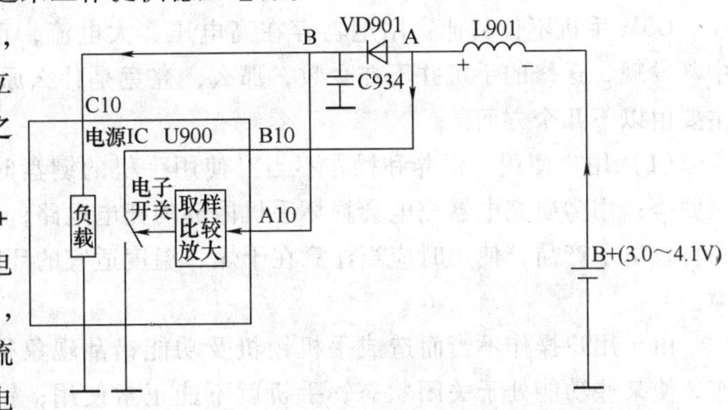

图 4-36　升压电路

续流二极管 VD901 的作用是：开关断开后为电路提供一个放电通路，使电流变成连续的，电流只能从 A 点流向 B 点，如果 VD901 短路，电流就变为 500mA，这是 C934 两端的电压又通过 U900 流回的短路电流。

手机无 5.6V 电压产生，例如电感 L901 损坏等，手机也可以正常开机，因为无 5.6V 电压输入 U900，电源 IC 也会照常工作，只不过没有了卡供电及 LS-V_1 电压，手机会出现不读卡和无信号故障。

9）摩托罗拉 V998 手机充电电路。摩托罗拉 V998 手机充电电路如图 4-37 所示。

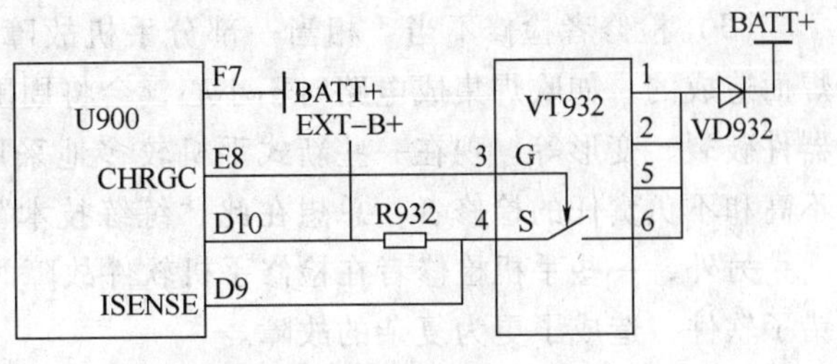

图 4-37　摩托罗拉 V998 手机充电电路

充电器通过手机尾座接口 J600 和手机相连，J600 输出外接电源信号 EXT-B +，送到 U900 的 D10 端，并通过取样电阻 R932 送到充电管 VT932 的 4 脚与 U900 的 D9 端。U900 根据 R932 阻值的大小，计算出 R932 上的充电电流，该电流和标准电流比较后输出充电控制信号，控制 VT932 的导通程度，进一步控制充电电流的大小。

当 U900 的 F7 端检测到电池电压不饱和，且手机加上了外接电源时，CPU 控制 U900 的充电控制端口 CHRGC 输出一个低电平，控制 VT932 启动充电电路，外接电源经 R932、

VT932 及 VD932 给电池充电。

当 U900 的 F7 端口检测到电池电压足够高时，其充电控制端 CHRGC 输出一个高电平，关闭 VT932，外接电源停止给手机充电。但外接电源继续向手机提供工作电源，直到手机与外接电源断开。

三、手机的基本检修

手机的故障表现和造成故障的原因是多种多样的，检修人员要能够根据用户提供的线索和观察到的现象，按照正确的检修步骤，采取相应的措施，快速地排除故障，要达到这些要求，就需要检修者，既要了解手机的基本概念和基本理论，具备一定的操作能力，也能按照一定的检修程序进行检修。本情景主要介绍这方面的有关内容。

1. 手机的故障原因分类

GSM 手机不像其他家用电器存在高电压、大电流，正常情况下是不易损坏的，但检修中却发现，送修的手机并不在少数，那么，究竟是什么原因造成手机损坏的呢？综合来看，主要由以下几个方面。

（1）用户使用、保养和操作不当　使用手机的键盘时用指甲尖触键会造成键盘磨秃甚至脱落；用劣质充电器充电会损坏手机内部的充电电路，甚至引发事故。手机是非常精密的高科技电子产品，使用时应当注意在干燥、温度适宜的环境下使用和存放，否则极易产生故障。

由于用户操作不当而造成手机锁机及功能错乱现象很常见，如对手机菜单进行胡乱操作，使某些功能处于关闭状态，手机就不能正常使用；错误输入密码，导致手机和 SIM 卡被锁。另外，菜单设置不当也会引起一些故障。

（2）手机的移动性　手机属于个人消费品，它要随使用者位置的变换而移动，这就要求手机要适应不同的环境，虽然设计人员为手机的适应性作了专门设计，但还是避免不了因使用时间过长或因环境温度不当而造成手机各种故障。其主要表现：一是进水受潮，使元器件受腐蚀，绝缘程度下降，控制电路失控，造成逻辑系统工作紊乱，软件程序工作不正常，严重的直接造成手机不开机；二是受外力作用，表现为元器件脱焊、脱落、接触不良等。

（3）检修者检修不当　相当一部分手机故障是由检修者操作不当、胡乱拆卸、乱吹乱焊而造成的。如吹焊集成电路时不小心，会将周围小元器件吹跑；操作用力过猛会造成手机器件破裂、变形等。现在一些新式手机较多地采用了 BGA 封装的集成电路，一些焊接技术不高和不负责任的检修者，总想在此“练练技术”，其造成的后果可想而知。

另外，一些手机检修者在检修手机软件故障时，只看手机型号，不看手机版本，结果输错了软件，造成了更为复杂的故障。

（4）先天质量故障　有些水货手机是经过拼装、改装、翻新而成，质量低下。还有的手机虽然也是数字手机，但并不符合 GSM 规范，因此极易出现故障。

2. 手机的故障分类

手机的故障种类繁多，可按不同方法分成若干类型。

（1）手机机芯故障分类　拆开手机从其机芯来看，故障可分为三大类型。

1）第一种为供电、充电及电源部分故障；

2）第二种为逻辑部分故障，包括 13MHz 晶体时钟、I/O 接口、手机软件故障；

3）第三种为收发通路部分故障。

（2）不拆机从手机的外表来看进行分类 不拆机从手机的外表来看其故障，可分为以下三大类型：

1）完全不能工作，不能开机。接上检修电源，按下手机电源开关无任何电流反应，或仅有微小电流变化，或有很大的电流出现。

2）能开机但不能维持开机。接上电源，按下手机电源开关后，能检测到开机电流，能开机但很快关机。

3）能正常开机，但有部分功能发生故障，如按键失灵，显示不正常（如字符提示错误、字符不清楚、黑屏），扬声器无声，不能送话等部分功能丧失。

（3）按故障出现的时间分类 移动电话故障按出现时间的早晚可分为初期故障、中期故障和后期故障。

初期故障是指仓库存放、旅途运输及一般为一年的保修期内发生的故障。在这期间，故障发生的概率较高。造成故障的原因是生产时留下的各种隐患、存放地点的环境条件不良、运输不慎、元器件早期失效以及使用不当等。

中期故障是指使用2~5年期间的故障。这段时间内，由于元器件都经受了较长工作时间的考验，隐患已充分暴露，所以其性能趋于稳定，因而故障率较低。造成故障的原因是少数性能较差的元器件变质、损坏或调整件损坏、松脱等。

后期故障是指经过很长时间使用后所发生的故障，此时元器件性能逐渐衰退，寿命相继终止的现象必然随机出现，因此故障率又回升，直至大面积损坏而无法修复。

（4）按故障产生的特点分类 移动电话按故障产生的特点可分为突发性故障和偶发性故障。

突发性故障大多是由于个别元器件的突然损坏而产生的。当工作状态发生变化或外界条件剧烈变化时，这种故障最易发生。例如开机时，可能会受到电流冲击或强干扰，使某一元器件损坏，或受到强烈振动，使元器件脱焊、脱落，以及接触不良等也会形成故障。

偶发性故障多半是由于外界条件的变化或机内某部分偶尔接触不良造成的。例如，受到汽车电子点火、某些家用电器开关时引起的短暂干扰，都会形成短暂的干扰杂波。检修这种故障时，要向用户问明原因，并仔细观察故障。

（5）按故障的性质分类 移动电话的故障按性质不同也可分为硬性故障和软性故障。

硬性故障是由于机内元器件损坏，电路板连线断路、短路或元器件接触不良等而引起的硬件故障，这种故障检查修理比较容易，只要更换或修复已损坏的元器件与故障点即可。

软性故障又分为软件故障和失调性故障。软件故障是由于手机的码片、字库内的数据资料出错或丢失引起手机故障，只需重写即可；失调性故障多是由机内调整元器件松动变位、频率失调、功能失调、操作违规等原因造成的，也有在用户还没有熟悉使用方法之前出现的失调性故障，应进行仔细的观察与分析，通过调整检测加以解决。

3. 手机检修基本条件

（1）基本检修环境 所谓良好的检修环境，应具备如下条件：

1）一个安静的环境，不要在嘈杂的环境里进行检修；

2）在工作台上铺盖静电桌垫或绝缘橡胶垫；

3）准备一个有许多小抽屉的元器件架，可以分门别类地放相应配件；

4）注意把所有仪器的地线都连接在一起，防止静电损伤手机的 CMOS 电路；要有不易产生静电的工作服，并佩带手腕静电接地环。

5）在拆机器前，工作人员的双手应触摸一下地线，如暖气片等，把人体上的静电放掉，着装要注意，不要穿化纤等容易产生静电的服装进行检修。

6）烙铁不要长时间空烧，这样会加剧烙铁头的氧化，给烙铁的使用带来困难。使用烙铁焊集成电路时，应当用烙铁的余温去焊，即烧热后拔下烙铁，再焊。

（2）配备手机故障检修资料　数字手机产品精密，电路结构复杂，所以在故障检修之前，必须购置有关的检修资料，主要包括所修机型的电路原理图、集成电路和元器件在印制电路板上的位置图等。

（3）配备必要的工具和测试仪器仪表　检修手机常用的工具有：综合开启工具、小号螺钉旋具、刀片、高频无感起子、镊子、尖嘴钳、剪线钳、温控烙铁、热风枪、植锡片、吸锡器、带灯放大镜、超声波清洗器、显示屏拆装工具、毛刷、电吹风等。

测试仪器仪表主要包括：直流稳压电源，通常要求为 0～2V 可调；最大输出电流 2A 的数字万用表或指针式万用表；10MHz～2GHz 的频率计，主要用来测量本振、中频及基准时钟频率；100MHz 以上的双踪示波器，主要用于分析测试点的波形；射频信号发生器，用于测试射频接收电路的性能，如接收灵敏度等指标；各类手机软件检修仪、计算机等。如果能配备移动电话测试系统、频谱分析仪或射频通信综合测试仪，将会给故障检修带来极大的方便。

（4）准备一些易损元器件　准备一些手机要求的易损元器件，如稳压集成电路、功率放大集成电路、供电开关管、单片微处理器、存储器、数字信号处理器、多模转换器等元件以及各种器件。同时，还要准备一些粘合剂、清洗剂、无水酒精及脱脂棉等辅料。

4. 手机检修注意事项

手机检修前，应注意以下事项：

1）工作台要保持清洁、卫生，检修工具要全，并放在手边。检修操作时，要按一定的前后顺序装卸，取放的芯片、元器件也要按一定的顺序排放，以免搞混。保持电路板的清洁，防止所有的焊料、锡珠、线料、导体落入线路板中，避免造成其他方面的故障。

2）询问用户以前是否检修过，如果检修过，要询问用户以前检修的是什么故障，据此判断是否同样的故障又产生，以便判断故障范围及产生原因。

3）仔细观察手机的外壳，看是否有断裂、擦伤、进水痕迹，并询问用户这些痕迹产生的原因，由此弄清手机是否被摔过，被摔过的手机易造成元器件脱落、断裂、虚焊等现象，进水的手机会出现各种不同的故障现象，需用酒精或四氯化碳清洁。进水腐蚀严重的手机会损坏集成电路或电路板。

4）注意检查手机的菜单设置是否正确，很多手机的故障是由于菜单未设置在正确的状态造成的。

5）仔细观察电池与电池弹簧触片间的接触是否有松动，弹簧片触点是否脏，这些现象易造成手机不开机、有时断电等故障。

6）仔细观察手机屏幕上的信息，看信号强度值是否正常，电池电量是否足够，显示屏是否完好。弄清整个手机接收、发射、逻辑等部分的性能。

7）手机屏幕上无信号强度值指示，显示检查卡等故障，可先用一个好的 SIM 卡插入手机，如果手机能正常工作，说明是SIM卡坏引起的故障，如果手机的故障不能排除，说明手机电路上有故障。

8）按要求连接测试仪表，打开测试仪表并正确设置，初步判断手机故障类型及故障范围。手机内部CMOS芯片和其他各种新型元器件，不要在强磁场、高电压下进行检修操作，以免遭大电流冲击而损坏。检修操作时，需在防静电的工作台上进行，仪表及检修人员、工作台应静电屏蔽，做到良好接地，以防静电。

9）不同的生产厂家，不同的机型，不同的款式，它的版本号不同，要使用合格的、正常的、同版本的芯片、元器件，避免更换不同版本的芯片。切莫使用不合格、盗版、走私的芯片和元器件，以免造成更复杂的故障。

10）检修完毕，清洁、整理工作台很有必要。让检修工具归位，把所有的附件，例如长螺钉旋具、天线套、胶粒、绝缘体等重新装上，防止修一次少一点东西。

检修人员要掌握一些手机检修的基本术语及基本常识，从而判断故障产生的原因和大致范围，避免根据其原理逐一测试或在整个电路板上查找故障点。

5. 手机检修基本原则

手机的故障检修应遵循以下原则：

（1）先问明情况再动手修理　首先要向用户了解手机的使用情况，使用的年限大概是多少，发生故障的过程及现象，曾经采取过什么措施。如果机器找人检修过，机器中的元器件可能被更换过，检修时，就应该对机器焊接过的地方加以注意和恢复，使检修少走弯路。

（2）拆装、焊接元器件之前关断电源　由于手机采用了CMOS集成电路以降低功耗，而CMOS集成电路，特别是EEPROM存储器芯片非常容易受静电感应而损坏，所以在插拔手机内部的接插件或焊接元器件以前，一定要关掉供电电源。测量用的仪器、仪表、电烙铁的外壳都要可靠接地，否则会由于静电或大电流的冲击而损坏集成电路芯片。

（3）正确操作和拆装手机　正确操作和拆装手机是手机检修的一项基本功。有的检修人员对手机的操作很模糊，对改铃声、改振动、自动计时、最后10个来电号码显示、呼叫转移、查IMEI码、电话号码簿功能、机器内年月日的显示及修改都很陌生，甚至连菜单都不能正确地调整出来，是不可能修好手机的。

（4）先清洗、补焊再检修　有些手机因保管不当或进水受潮、灰尘增多，导致机内电路发生短路或形成一定阻值的导体，引起各种各样的疑难故障。这样应该先把电路板清洗干净，排除污浊或进水引起的故障；另外，手机上元器件全部采用表面贴焊的方式，电路板线密集，电路的焊点面积很小，虚焊是常见的故障之一，特别是摔过的手机，这时应该先对相关的、可疑的焊接点均补焊一遍，排除虚焊问题；如果故障仍不能解除，再检修有关电路。全面了解情况之后对故障机还要进行全面观察，看机壳是否摔坏、电池接触点有无锈蚀、接触是否良好等，当看清故障现象后，再动手修理。

（5）故障检修前必须接上天线或假负载　在测试或检查故障以前要接上天线或一个假负载（指检修时，在末级功率放大管或功率放大集成电路上外加的负载，如电阻或天线等形式）。如果不接天线或假负载而使移动电话处于发射状态，则有可能损坏末级功率放大管或功率放大集成电路。此外，故障检修时，应将稳压电源调整到手机的标称电源电压上，并按规定的测试条件进行测试，这样测出的数值或波形才能符合要求，否则有可能因测量误差而导致误判。

(6) 先检查机外再检查机内　当拿到一部有故障的手机时，先观察外壳是否受损变形，要充分利用手机各种可能利用的开关、按键等功能装置，试用一下，观察现象。通过接打电话，检查扬声器、振铃、麦克风、按键及按键音、显示屏等是否正常，将故障尽可能压缩到最小范围。比如开机后若无状态显示，则可按一下拨号键看是否有发射，初步分析可能是什么问题，然后再根据故障现象打开机壳，检查机器的内部电路，这样可以防止盲目动手而走弯路。

(7) 先进行静态检查、再进行动态检查　当不知道产生故障的原因时，应当先进行不加电的静态检查，检查线路板的外观、排线有无松脱和断裂、元器件有无虚焊和断线、各触片有无损伤和腐蚀等，对可疑的重点部位测量其电阻值，判断有无短路。在没有发现异常现象后，再进行加电的动态检查，这样既可以确保机器的安全，同时也可以预先排除一些故障。因为加电检查时，可能会导致短路或静电感应而损坏电路元器件。加电后，通过测试关键点的电压、波形、频率，结合工作原理来进一步缩小故障范围。测量时先末级后前级，例如送话器无声的故障，要按照送话器、送话器插座、音频处理器这样的路径检查，而不要从中间查起。对于不开机的故障，要按照电池、内部电压、时钟、复位信号这样的路径检查，这样做的目的是遵循"顺藤摸瓜"的思路，是一种快速而又准确的检修方法。

(8) 先检查简单故障、再检查复杂故障　简单故障一般都是常见故障，既容易发现，也容易修理，而复杂故障恰恰相反。所以在分析判断故障时，应先从较容易的部位入手，然后就可以将复杂或难修的故障孤立出来，使故障范围逐渐缩小，直至找到全部故障部位。

(9) 先检查供电电源再检查其他电路　供电电源正常与否是手机正常工作的基础，所以检修故障时，首先要保证供电电源的电压值在正常的范围之内。例如拿到一部开机后无任何反应的手机时，首先要检查电池是否接通、各路供电电压是否正常，当供电电路与其他电路同时出现故障时，应先将供电电路修复后，再检查其他电路故障。

6. 手机检修流程

要把手机修好，除掌握其基本原理和正确的检修手段之外，还应注意其检修的步骤是否合理，使检修工作有条不紊地进行。检修手机时，可按以下步骤进行检修。

(1) 询问用户　拿到一部待修手机后，先不要急于动手，而是要首先询问故障现象、发生时间，有无使用说明书，机器平时的工作情况，是否碰撞或摔伤过，是否找人修过等，另外，还应问清楚机器是否是二手手机，在别的地方修过没有，使用的年限大概是多少等。

(2) 掌握正确的拆装技巧　由于手机的外壳一般采用薄壁 PC-ABS 工程塑料，它的强度有限，再加上手机外壳的机械结构各不相同，采用螺钉紧固、内卡扣、外卡扣的结构，所以对于手机的安装和拆卸，检修者一定要心细，事先看清楚，在弄明白机械结构的基础上，再进行拆卸，否则极易损坏外壳。

(3) 掌握正确的操作方法　检修人员对改铃声、改振动、自动计时、最后 10 个来电号码显示、呼叫转移、查 IMEI 码、电话号码簿功能、机器内年月日的显示及修改等应很熟悉，以及掌握手机状态指示灯：红绿灯交替闪表示来电、出服务区红灯闪、服务区内绿灯闪的含义。

(4) 观察故障现象　打开机盖之后，应首先对线路板作外观检查。检查排线有无松脱和断裂，元器件有无虚焊和断线，各触片有无损伤和腐蚀等，检查无误后方可进行通电观察，并对故障现象做好记录。

(5) 确定故障范围 根据故障现象判断出引起故障的各种可能原因，大致圈定一个故障范围，以缩小故障。例如，不开机故障，一般发生在电源供电电路或13MHz产生电路，加焊和检测时应重点检修这些部位，对于和不开机故障毫无关系的射频电路、音频电路，不要轻易对其“动手动脚”。

(6) 测试关键点 判断出大致的故障范围之后，应首先补焊各可疑点，若仍不能排除故障，可以通过测试关键点的电压、波形、频率，结合工作原理来进一步缩小故障范围，这一点至关重要，也是检修的难点，要求检修者平时应多积累资料，多积累经验，多记录一些关键点的正常数据，为分析判断提供可靠的依据。

(7) 排除故障 分析出故障原因后，就可以针对不同的故障元器件加以更换，更换元器件时，应注意所更换的元器件应和原来元器件的型号和规格保持一致。若无相同的元器件，应查找资料，找出可以替换的元器件，切不可对故障元器件随便加以替换。

(8) 整机测试 故障排除后，还应对机器的各项功能进行测试，使之完全符合要求，对于一些软故障，应做较长时间的通电试机，看故障是不是还会出现，等故障彻底排除了，再交于用户，以维护自己的检修声誉。

(9) 记录检修日志 记录检修日志就像医生记录病历一样，每修一台机器，都要做好如下记录：是什么机器，故障是什么，机器使用了多长时间；怎么修的，走了哪些弯路等。这些检修日志，看似增大了工作量，实际上是一种自我学习和提高的好办法，也为以后修类似手机或类似故障提供了可靠的依据，有效的总结常能事半功倍。

7. 手机常用检修方法

(1) 按压和直接观察法

1) 按压法是针对摔过的手机或受挤压过的手机而采用的方法。手机中贴片集成块如CPU、字库、存储器和电源块等受震动时易虚焊，用手按压住重点怀疑的集成块给手机加电，观察手机是否正常，若正常可确定此集成块虚焊。用此法同样要注意静电防护。

2) 直接观察法。首先利用手机面板上的开关、按键接打电话，观察现象，将故障压缩到某一范围，观察主板是否有变形，看主板屏蔽罩是否有凸凹变形或严重受损，从而确定里面的元器件是否受损。再用带灯放大镜仔细观察各个元器件是否有鼓包、变形、裂纹、断裂、短路、脱焊、掉件、阻容元件是否有变色、过孔烂线等现象。

(2) 元器件替换、跨接电容和飞线法

1) 在替换元器件以前，要确认被替换的元器件已损坏，并且必须查明损坏原因，防止将新替换的元器件再次损坏。在替换集成块之前应认真检查外围电路及焊接点，在没有充分理由证实集成电路发生故障之前，最好不要盲目拆卸替换集成电路。尽量减少不必要的拆卸，多次拆卸会损坏其他相邻元器件或印制电路板本身。

2) 手机中滤波器常因受力挤压而出现裂纹和掉点，在检修上采用电容作应急检修和判断，即在滤波器的输入和输出端之间跨接滤波电容。采用电容跨接时，高频滤波器用10～30pF的电容替代，一中频滤波器用100pF左右的电容替代，二中频滤波器用0.01μF左右的电容替代。需要注意的是，跨接电路时绝不能用漆包线跨接于微带线的两端，否则，会引起电路分布参数改变。

3) 有些手机因进液而出现过孔腐蚀烂线的、人为造成电路断路的，可通过对比法，参照相同型号手机进行测试，断线的地方要飞线连接。采用飞线法时用的线是外层绝缘的漆包线，用时要把两端漆刮掉，焊接时才安全可靠。飞线法在实际检修中应用得非常广泛。特别要注意，射频接收与发射电路不要用飞线，否则会影响电路的分布参数。

（3）清洁和补焊法

1）有些手机因保管不当或被雨淋湿、进水受潮、灰尘增多，导致机内电路发生短路或形成一定阻值的导体，就会破坏电路的正常工作，引起各种各样的疑难故障。对于进液体的手机，应立即清洗，否则由于液体的酸碱浓度不一样会使手机线路板腐蚀、过孔烂线或因脏引起管脚粘连等。对受潮或进水的手机，应先拆卸机壳和接插板，一般将整个主板放入超声波清洗器内，用无水酒精或天那水进行清洗，清洗后，用电吹风吹干，方可通电试机。这样处理后，多数能够恢复正常工作。手机检修中，清洁法显得尤为重要。

2）所谓补焊法，就是通过对电路工作原理的分析，判断故障可能在哪一单元，然后在该单元大面积补焊并清洗，即对相关的、可疑的焊接点均补焊一遍。但不能一味地不管什么元器件都吹，如诺基亚 3210 CPU 是灌胶的，用热风枪一吹容易产生故障，因此用热风枪吹逻辑部分集成块时应特别小心。补焊的工具可用热风枪和尖头防静电烙铁。

（4）触摸、对比法

1）触摸法简单、直观，需要拆机并外加电源来操作。通过手触摸贴片元器件，观察是否有温度很高、发热发烫的元器件，从而粗略判断故障所在。通常用触摸法来判断好坏的元器件有 CPU、电源 IC、功放、电子开关、晶体管、二极管、升压电容和电感等。也可以使手机处在发射状态下，感知元器件的温度。例如摩托罗拉 L2000 大电流不开机，拆机后加电，电流表上的电流为 500mA 以上，用手触摸电源块，发热烫手，这证明电源块已损坏，更换电源块，故障排除。利用触摸法时注意防静电干扰。

2）对比法是指用相同型号且拨打、接听都正常的手机作为参照来检修故障机的方法。通过对比可判断故障机是否有虚焊、掉件、断线，各关键点电压是否正常等。用此法检修故障机省时省事、快捷方便。

（5）电阻、电压测量法

1）电阻测量法在手机检修中也较为常用，其特点是安全、可靠。用电阻法来测量电阻、晶体管、扬声器、振铃、送话器等是否正常工作。电阻法主要是利用万用表的直流电阻挡对地测电阻，使万用表红表笔接地，用黑表笔去测量某一点的直流电阻，然后与该点的正常电阻值进行比较。这种方法在检修不正常开机的手机时最有效。

2）电压测量法是用万用表测量直流电压。加电后将故障机一些关键点的电压用万用表直接测得，测出的电压值与参考值做比较，可以从三个方面取得参考值：一是图纸标出的；二是有经验检修人员积累的；三是从正常手机上测得的。在测量过程中注意待机状态和发射状态控制电压是有区别的，故障机与正常机进行比较时要采用相同的状态测量。电压测试包括如下几个方面：

- 整机供电是否正常。手机一般采用专用电源芯片产生整机的供电电压，包括射频部分、逻辑/音频处理电路部分，电路各部分对这两组供电进行再分配。如摩托罗拉 CD928 手机的电源芯片 U900 开机后产生四个电压：供逻辑/音频电路的 5.0V、2.75V，供射频电路的 4.75V、2.75V。若四个电压不正常，会使相应的电路工作不正常，严重的还会引起不能开机。
- 接收电路供电是否正常。如低噪声射频放大管、混频管、中频放大管的偏置电压是否正常，接收本振电路的供电是否正常等。

• 发射电路供电是否正常。如发射本振电路 TXVCO、激励放大管、预放、功放的供电是否正常。

• 集成电路的供电是否正常。手机中采用的集成电路功能多已模块化，不同的模块完成不同的功能，且不同模块需要外部提供不同的工作电压，所以检查芯片的供电要全面，如摩托罗拉 CD928 的中频 IC 的供电有 2.75V、4.75V 两组。

（6）电流法　正常情况下，手机开机电流约 200mA，待机电流约 50mA，发射电流约 300mA。这些数值与仪表精度、手机机型有关，只能作为参考。因此，手机检修人员手头上应具备一台内含电流、电压表的多功能稳压电源。

具体方法是：去掉手机电池给手机加直流稳压电源，按开机键观察电流表上的电流是否有如下几种情况：

• 按开机键，电流表指针微动或不动，手机不能开机。这种现象主要是由于开机信号断路或电源 IC 不工作引起。

• 按开机键，电流表指针指示电流，比正常值（一般为 200mA 左右）小了许多，但松开开机键电流表指针回到零，手机不能开机。这种现象说明电源部分基本正常，时钟电路没有正常工作或者 CPU 没有正常工作。

• 按开机键，电流表指针指示电流 200mA 左右，维持一下又回到 0，手机不能开机。这种现象一般是码片资料错乱引起软件故障。因为手机的供电、时钟正常后，CPU 才开始运行软件，若软件出了故障，CPU 不能送出维持信号给电源 IC，电源 IC 在规定的时间内得不到这个维持信号会关闭工作，手机不能开机，从时间上看会有一定的延时，反映在电流指针的偏转上。

• 按开机键，电流表指示有 60mA 左右的电流不动，再按开机键，该电流不变化，手机不能开机。此故障现象多发生于爱立信 T18 手机，一般是由于字库程序或字库损坏所致。

• 不按开机键，手机通电就有 20～30mA 漏电流，表明电源部分有元器件短路或损坏。

• 按开机键，有大电流漏电，表明电源部分有短路现象或功放部分有元器件损坏。

• 手机能工作，但待机状态时电流比正常情况大了许多。这种故障的排除方法是：给手机加电，1～2min 后用手背去感觉哪一个元器件发热，将其更换，大多数情况下，可排除故障。如仍不能排除，查找发热元器件的负载电路是否有元器件损坏，或其他供电元器件是否损坏。

• 手机开机后拨打 112，观察电流的反应，若电流变化正常，则说明发射电路基本正常；若无电流反应，则说明发射电路不工作；若电流反应小，说明发射电路之前的电路有问题；若电流反应超过 600mA，说明功放电路坏。

（7）重新加载软件法　手机故障中有相当大一部分是软件故障。由于字库、码片内数据丢失或出错，或者由于人为误操作锁定了程序，会出现 Phone failed see service（话机坏联系服务商）、Enter security code（输入保密码）、Wrong software（软件出错）、Phone locked（话机锁）等典型的故障，还有一些不开机、无网络信号、无场强指示、信号指示灯常亮不闪烁、自动关机也都属于软件故障。处理软件故障的方法是利用软件故障检修仪拆机或免拆机写码片、写字库，摩托罗拉系列也可用测试卡转移、覆盖等方法来处理一些软件故障，即重新对手机加载软件。

(8) 信号追踪法　信号追踪法主要用于查找射频电路的故障，也可用于查找音频电路故障。使用此法一般需要1～2GHz射频信号发生器、1GHz以上频谱仪、20MHz以上示波器等仪器。

1）接收电路的检修。对手机电路的故障，如信号弱或根本无信号，可按如下步骤进行测试：

- 信号发生器产生某一个信道的射频信号（如62信道的收信频率为947.4MHz），电平值一般设定在－50dB。

- 使手机进入测试状态并锁定在与信号发生器设定的相同信道上，摩托罗拉的手机使用测试卡就可以进入测试状态并锁定信道，诺基亚的手机要用原厂提供的专用计算机软件才能进入测试状态并锁定信道。

- 将信号发生器的射频信号注入到手机的天线口，然后用频谱仪观测手机整个射频部分的收信流程，观察频谱波形与电平值，低频部分用示波器观察，并与标准值比较，从而找出故障点。

2）发射电路的检修。手机发射方面的故障，如无发射、发射关机等，可按如下步骤进行测试：

- 使手机处于测试状态并锁定在某一个发射信道。

- 用频谱仪观察手机发射通路的频谱及电平值，并与标准值比较，从而找出故障点。以摩托罗拉328为例，测试内容包括本地振荡、902.4MHz的TXVCO、激励放大管以及功放的频谱。

3）音频电路的检修。音频电路的故障有振铃器、扬声器无声，对方听不到讲话等。此类故障用示波器查找十分方便和直观，由于目前手机的音频电路集成化程度很高，使音频电路越来越简单，从检修角度来看，只需检测几个相关的元器件就可查出故障所在。

(9) 人工干预法　手机检修过程中，当判断某一元器件损坏时，直接更换损坏元器件当然可以排除故障。但问题是有时手头上并没有现货或者该元器件很难购买，有时还得考虑元器件的价格问题，此时，可采用改变某一部分电路的方法来修复手机，从而达到异曲同工的效果。

(10) 波形和频率测量法　检修过程中，一般把示波器的输出同时接到频率计的输入端，这样可以同时测量到电路各关键点的波形和频率，如13MHz或26MHz时钟信号、实时时钟信号、本振信号、一中频信号、二中频信号、解调信号、PLL锁相环信号、调制载波信号等，根据信号波形的有无、是否失真变形、信号实际频率的数值等，通过与无故障同型号手机相比较，就可以直观简单地判断出故障区域。另外，对信号幅度进行测量，了解信号强度，以便判断该部分电路是否正常工作。

四、手机常见故障特点与检修方法

1. 手机不开机故障特点与检修方法

手机不开机的故障特点：按下开机键后，手机显示屏不显示、键盘灯不亮、无开机音等任何反应。手机要正常持续开机，需具备以下三个条件：电源IC工作正常、逻辑电路工作正常和软件运行正常。

(1) 手机不开机故障检修方法　不开机故障是手机的常见故障之一，下面分以下几种情况进行分析：

1）电流表指针不动。按开机键，电流表指针不动，手机不能开机。这种现象主要由电源 IC 不工作引起。检修时重点检修以下几点：

- 供电电压是否正常；
- 供电正极到电源 IC 是否有断路现象；
- 电源 IC 是否虚焊或损坏；
- 开机线电路是否断路。

2）有 20～50mA 的电流，然后回到零。按开机键，有 20～50mA 的电流，然后回到零，手机不能开机。有 20～50mA 的电流，说明电源部分基本正常。检修时可查找以下几方面：

- 电源 IC 有输出，但漏电或虚焊，致使工作不正常；
- 13MHz 时钟电路有故障；
- CPU 工作不正常；
- 版本、暂存器工作不正常。

实际检修中，以电源 IC、CPU、版本、暂存器虚焊，13MHz、26MHz 或 19.5MHz 晶振和 VCO 无工作电源居多。

3）有 20～50mA 的电流，但停止不动或慢慢下落。这种故障说明软件自检通不过，有电流指示，说明硬件已经工作，但电流小，说明存储器电路或软件不能正常工作。主要查找以下几点：

- 软件有故障；
- CPU、存储器虚焊或损坏。

4）有 100～150mA 的电流，但马上回落下来。这种现象在不开机故障中表现的最多，有 100mA 左右的电流，已达到了手机的开机电流，这个时候若不开机，应该是逻辑电路部分功能未能自检过关或逻辑电路出现故障，可重点检查以下几点：

- CPU 是否虚焊或损坏；
- Flash ROM（版本）、EEPROM（码片）是否虚焊或损坏；
- 软件是否有故障；
- 电源 IC 虚焊或不良。

5）有 100～150mA 的电流，并保持不动。这种故障大多与电源 IC 和软件有关，检修时可有针对性地进行检查。

6）按开机键，出现大电流，但马上掉下来。这种情况一般是由于逻辑电路或电源 IC 漏电引起。

7）按开机键，出现大电流甚至短路。这种故障一般有以下几点原因：

- 电源 IC 短路；
- 功率放大器短路；
- 其他供电元器件短路。

（2）几种引起不开机故障的原因分析

1）开机线不正常引起的不开机。正常情况下，按开机键时，开机键的触发端电压应有明显变化，若无变化，一般是开机键接触不良或者是开机线断线，元器件虚焊、损坏。检修时，用外接电源供电，观察电流表的变化，如果电流表无反应，一般是开机线断线或开机键不良。

2）电池供电电路不良引起的不开机。对于大部分手机，手机加上电池或外接电源后，供电电压直接加到电源 IC 上，如果供电电压未加到电源 IC 上，手机就不可能开机。检修时可通过不同的供电方式进行供电，以便区分故障范围和确定电子开关是否正常。

3）电源 IC 不正常引起的不开机。对于电源 IC，重点是检查其输出的逻辑供电电压、13MHz 时钟供电电压，在按开机键的过程中应能测到（不一定维持住），若测不到，在开机键、电池供电正常的情况下，说明电源 IC 虚焊、损坏。目前，电源 IC 多采用 BGA 封装，测量时可对照电路原理图在电源 IC 的外围电路的测试点上进行测试。若判断电源 IC 虚焊或损坏，需重新植锡、代换，这需要较高的操作技巧，需在实践中加以磨练。

4）系统时钟和复位不正常引起的不开机。

- 13MHz 时钟信号应能达到一定的幅度并稳定。用示波器测 13MHz 时钟输出端上的波形，如果无波形则检测 13MHz 时钟振荡电路的电源电压，若有正常电压则为 13MHz 时钟晶体、中频 IC 或 VCO 坏。
- 复位信号也是 CPU 工作条件之一，符号是 RESET，简写为 RST，诺基亚手机中用 PURX 表示。复位信号一般直接由电源 IC 通往 CPU，或使用专用复位小集成电路。复位信号在开机瞬间存在，开机后测量时已为高电平。如果需要测量正确的复位时间波形，应使用双踪示波器，一路测 CPU 电源，一路测复位信号。检修中发现，因复位电路不正常引起的手机不开机并不多见。

5）逻辑电路不正常引起的不开机。

- 逻辑电路重点检测 CPU 对各存储器的片选信号 CE 和许可信号 OE，如果各存储器 CE 都没有，说明 CPU 没有工作，应补焊、重焊、代换 CPU 或再仔细检查 CPU 工作的条件是否具备。如果某个存储器的片选信号没有，多为该存储器损坏。如果 CE 信号都有，说明 CPU 工作正常，故障可能是软件故障或总线故障以及某个存储器损坏。
- 手机在使用中经常会引起机板变形，如按键用力太大，摔、碰等外力原因会引起某些芯片脱焊，一般补焊或重焊这些芯片会解决大部分问题。当重焊或代换正常的芯片还不能开机，并使用免拆机检修仪读写也不能通过时，应逐个测量外围电路和代换这些芯片。

6）软件不正常引起的不开机。当按下电源开关时，电流表指示有反应，而且 13MHz 时钟正常，但不能维持开机状态，这种情况一般是软件故障。手机在开机过程中，若软件通不过就会不开机，软件出错主要是存储器资料不正常，当线路没有明显断线时，可以先重写软件。如果芯片内电路损坏，重写时则不能通过，此时代换正常的码片、版本。注意重写软件时应将原来资料保存，以备应急修复。

手机不开机故障的原因还有很多，如液晶显示屏不良、元器件（特别是功放）短路等都有可能引起手机不开机，还有一些机型必须用到 32.768kHz 的实时时钟作为码片时钟信号和睡眠时钟信号，如果 32.768kHz 时钟不正常也会引起不开机。所以，检修手机不开机时要结合具体电路具体分析，只要正确理解手机的原理，思路清楚，不开机故障一般都可以排除。

2. 手机不入网故障检修方法

不入网故障是手机的常见故障之一，它涉及较多的电路单元。当射频电路、逻辑/音频电路、软件有问题时，都会造成此类故障。不入网故障常见原因分析如下。

（1）射频供电不正常　射频供电是射频电路正常工作的必要条件，供电不正常，就会引起不入网。不同类型的手机，其射频供电来源可能不同，有些手机的射频电路的供电和逻辑电路的供电直接由一块电源 IC 供电；有些手机则设有专门的射频供电 IC，专门为射频电路供电；少数手机的射频供电较为复杂，由电源 IC 和射频电路共同提供。测量射频供电电压，不但要用示波器进行测量，而且还要启动接收或发射电路后才能测量到，摩托罗拉手机可用专用的测试卡启动接收或发射电路，其他移动手机用专用的软件来启动接收或发射电路。

一般来说，对于任何手机，在待机状态下，接收电路的供电与网络同步时会出现波形间断。发射电路的供电在待机状态下一般不出现，不过，只要拨打 112，均可同时启动接收和发射电路，接收和发射电路的供电均可测到。

（2）接收电路不正常　手机在待机状态下，当背景灯熄灭时，电流应停留在 10 ~ 20mA，并且不断波动，如果不波动或长时间波动一次，不必看显示屏，手动搜索就可知手机的接收电路不良。对于接收电路应重点检查以下几部分：

1）天线及天线开关。天线及天线开关是手机的入出口，若不正常，就会引起不入网。有时，天线开关不良还会出现无发射或发射关机的现象。对于天线开关，一般用“假天线”法，方法是用一根 10cm 长的导线作假天线，焊在天线开关的信号输出端，观察手机的工作情况。若此时手机正常，说明天线开关可能有故障。

2）滤波器。手机中的滤波器较多，有射频滤波器、中频滤波器、发射滤波器等，摔过和进过水的手机易发生滤波器虚焊或损坏，因为这类元器件本身材质是陶瓷，其脚位是电镀层，两者结合容易受外力或腐蚀而脱落。检修时如何判断滤波器是否损坏呢？一般有以下几种方法：

● 一是“代换法”，即用新滤波器进行代换，但前提是需有多种型号的滤波器供选用。

● 二是“短接法”，方法是首先观察引脚是否有虚焊或氧化，然后接上稳压电源，用镊子两端触及滤波器输入、输出端，双模输入、输出可用两支镊子短接，同时观察电流表和显示屏。接收正常时，电流表指针在 0 ~ 30mA 小幅度摆动，且手机的显示屏上应有信号条显示。如短接时，电流表指针落在接收正常范围并有小幅摆动，或手机出现了信号条，即可断定该滤波器为故障点，更换或补焊即可。

3）低噪声放大和中频放大电路。低噪声放大和中频放大电路有些由分立元器件组成，有些则集成在芯片内，检修中发现，这些电路本身并不易损坏，主要是供电不正常或线路中断，检修时应注意查找和分析。

（3）频率合成电路不正常　手机中的基准时钟电路振荡频率应在 13MHz ± 100Hz 之内，如果基准频偏大于 100Hz，就会产生无信号或通话掉话。除时钟本身频率不稳产生频偏外，很多原因是由于时钟信号流经的电路故障引起。另外，基准时钟的控制信号 AFC 若断路或信号不正常，将严重影响到基准时钟的稳定性，检修时应引起注意。对于压控振荡电路，应注意检查三点：

● 一是供电应正常。

● 二是锁相环控制电压应正常，启动接收电路时，应有 1 ~ 4V（p-p）的脉冲输出，待机状态下，该波形并不是总是出现，只有与网络同步时才出现，波形为间断性的。若无输出，应加焊相关电路。

• 三是输出的振荡频率应稳定。若本振电路不工作，就会造成无接收场强显示；若本振电路工作不正常，就会造成接收场强显示闪烁频繁，有时打出有时打不出，或一打电话场强信号就消失的故障。

（4）逻辑/音频电路不正常　逻辑/音频电路若出现故障就会造成手机不入网，由于逻辑/音频电路大都已集成化，检修时应重点加强焊接和清洗，从检修实践中来看，因逻辑/音频电路而引起的手机不入网故障并不多见。

（5）发射电路不正常　检修发射电路应首先启动发射电路，然后再借助万用表、示波器、频率计或频谱仪进行测量。根据不同的机型，检修时可采用拨打112、利用测试卡、利用“硬件虎”来启动发射电路、人工干预法四种方法来启动发射电路。对于发射电路引起的手机不入网，应重点检查以下电路：

1）发射中频调制电路。一般用压紧法、补焊法、代换法进行分析和判断。

2）发射VCO（TXVCO）电路。TXVCO是否有故障，可通过电流法进行判断。入网后拨打112，发现电流表指针轻微摆动但就是上不去，故障可能是TXVCO电路不正常工作引起。发射VCO电路不正常一般不会出现无发射电流或发射时电流很大的情况。检修发射VCO电路，可通过启动发射电路来检查其供电、输入和输出信号是否正常。

3）功放和功控电路。功放电路引起无发射故障是较为常见的，应主要检查功放、功控本身及其外围电路是否正常。功放电路引起的无发射一般表现为拨打112时无发射电流、电流很小或超过正常的发射电流，有时会出现发射关机或低电报警现象。

4）发射滤波器和天线开关电路。若元器件虚焊、损坏，必然会使信号中断或信号幅度降低，检修时可通过加焊、更换的方法进行检修。

（6）软件不正常　软件故障主要体现在发射开关控制信号TXON的正常与否，检修时如何进行判断是关键。最常用的方法就是拨打112时，用示波器进行检测，若无TXON波形输出，则一般为软件有故障。

软件故障还可以通过观察稳压电源的电流表是否摆动进行判断。拨打112发射时，如果电流表有规律地摆动，说明软件运行正常，如果电流表仅几十毫安且无摆动，说明软件运行不正常。信号弱、不稳定和掉线实际上是一种软故障，多数是因为射频发射和接收电路故障，如滤波器、功放、天线电路等有虚焊、断裂、接触不良、元器件性能变差等故障，检修方法可参考前述不入网故障的有关检修。

3. 手机显示电路故障特点与检修方法

GSM移动手机的液晶显示主要作用是将手机的信息和工作状态反映给用户，使用户通过显示信息了解手机当前的工作状态。显示电路故障的特点是指显示屏不能显示信息、显示不全或显示不清晰。检修实践中，显示故障发生率较高。

1）显示屏要能正常显示，必须满足以下几个条件：

① 显示屏所有的像素都能发光。要满足这个条件，就需要为显示屏提供工作电源（一般用V_{CC}、VDIG等标注），对于摩托罗拉手机，一般还有一个负压供电端。供电电压可用万用表进行测量。

② 显示屏上的所有像素都能受控。只有显示屏上的所有像素都能受控，显示屏才能正确显示所需的内容。对于串行接口的显示电路（如爱立信和诺基亚手机），控制信号主要包括显示数据LCD-DAT、显示时钟LCD-CLK、复位LCD-RST三个信号；对于并行接口的显示

电路控制信号主要包括八位数据线D0～D7、地址线ADR、复位RST、读/写控制W/R、启动控制LCD-EN等。

无论是串行接口的显示电路，还是并行接口的显示电路，这些控制信号出现故障时，一般出现不显示、显示不全等故障，检修时可通过测量各控制信号的波形进行分析和判断。这些信号在手机开机后，显示内容变化时一般都能测量到。若无波形出现，说明显示控制电路或软件有故障。

③ 显示屏要有合适的对比度。有些手机的显示屏，还有一个对比度控制脚，由外电路输入的控制电压进行控制。

爱立信手机一般用VLCD表示对比度，当对比度电压不正常时，显示屏会出现由于对比度过深显现的黑屏、由于对比度过浅显现的白屏和不显示等故障，可通过测量VLCD电压、重写正常的软件进行分析和检修。

对于并行接口的显示屏，当出现对比度不正常时，要特别注意检查和显示屏相连的几个电容，当这些电容不正常时，对显示对比度影响很大。

2）手机显示故障一般原因如下：

① 显示屏损坏或导电橡胶接触不良；

② 显示屏接口各脚电压不正常；

③ 电源IC、CPU等虚焊或损坏；

④ 软件出错。

4. 手机充电异常、自动关机、低电告警和漏电故障特点与检修方法

（1）充电异常故障特点和检修方法 手机充电电路一般由三部分电路组成：一是充电检测电路，用来检测充电器是否插入手机充电座；二是充电控制电路，用来控制外接电源向手机电池进行充电；三是电池电量检测电路，用以检测充电电量的多少，当电池充满电时，向逻辑电路提供“充电已好”的信号，逻辑电路控制充电电路断开，停止充电。当充电检测电路出现问题时，会出现开机就显示充电符号、不充电等故障。当充电控制电路出现问题时，一般会出现不充电故障；当电池电量检测电路出现故障时，会出现充电时始终充电或显示充电符号但不能充电的故障。

（2）自动关机故障特点和检修方法 手机自动关机，又称自动断电，分为不定时自动关机、按键关机、来电关机、开机后就关机、不能维持开机、合上翻盖关机和发射关机七种，下面分别进行分析。

1）不定时自动关机。手机不定时关机是指手机开机、入网、拨打电话均正常，但有时会突然关机。产生这种故障的主要原因有两种，一是由于电池与电池触片间接触不良引起；二是电源IC输出的电压不稳，供电电路存在虚焊或接触不良，造成手机保护。受潮和摔在地上的手机易出现这种现象。检修时应首先检查电池触片是否接触良好，若正常，则应重点加强电路的焊接。

2）按键关机。手机只要不按键，就不会关机，一按某些键手机就自动关机。主要原因是按键下面的集成电路或元器件虚焊，按键时由于力的作用使虚焊部位脱焊，导致手机关机。检修时加强对按键下面集成电路或元器件的焊接，一般可解决问题。

3）来电关机。来电关机就是手机能开机、入网，也能拨打电话，但来电时手机振铃响，手机就关机。这种故障主要是振铃响造成的。振铃一响引起关机，是因为许多振铃工作

时是由电池电压 BATT + 直接供电，当振铃漏电时，就会导致手机来电关机。

4）开机后关机。手机开机后关机一般有以下原因：

• 手机供电电路有故障，使手机虽勉强满足开机的条件，但开机一会后就会关机，特别是带升压电路的手机。当升压电路出现故障且升压电路对手机的开关机有影响时，就有可能造成手机开机后又自动关机的故障。

• 手机供电负载电路存在故障，导致手机耗电大，将供电电路电压拉低，使手机保护关机。特别是手机的发射电路最易造成手机负载过重，引起手机开机后关机故障。一般判断方法是将 SIM 卡拆下开机，若不出现自动关机现象，说明自动关机故障发生在发射电路。

• 软件故障。当软件不正常时，手机也可能出现开机后关机的故障。

5）不能维持开机。不能维持开机是指按住电源开关键后可开机，但松开后即自动关机，判断方法如下：

• 若开机后继续按住开机键，手机开机正常，且能够正常登记上网，松键后手机便自动关机。这种故障现象一般为开机维持信号不正常引起的，我们知道，只有 CPU 的软、硬件自检通过后，才能产生开机维持信号。不能产生持续的开机维持信号，一是由 CPU 部分损坏引起，二是软件不正常造成。

• 若按下开机键开机后，继续按住开机键，手机能开机，但不能登记上网，而是自动关机后再开机、关机又开机、……，出现反复的关机再开机现象。其原因一是元器件虚焊或损坏，如多模转换器、字库、CPU 焊接不良或损坏等；二是软件出错，更换字库、码片或重写资料即可。

6）合上翻盖关机。翻盖式和折叠式手机有时会出现这种的故障：打开翻盖拨打电话正常，合上翻盖手机就关机，但打开翻盖再开机又可以开机。手机打开翻盖后，翻盖上的小磁铁远离磁控管，外磁场消失，磁控管内部电路自动断开，这个一般为高电平的“断开”电信号输送给 CPU 后，CPU 便作为开机信号而接听电话或打开背景灯；当接听完电话合上翻盖时，翻盖上的小磁铁靠近磁控管，由于磁场的作用，磁控管内部电路接通，这个一般为低电平“接通”的电信号输送给 CPU 后，CPU 便作为挂机信号而关断电话或关断背景灯。因此，当磁控管损坏时，会引起翻盖开机困难。

7）发射关机。手机的发射关机故障在检修过程中经常出现，主要从以下几个方面来找原因：

• 电池电压过低或电池老化。对于电池电压过低引起发射关机的现象，若换一块已充足电量的电池后，一切正常，就可明确判断。有一种比较容易产生误判的故障就是由于电池老化后引起发射关机，经常遇到电池显示仍然满格，但发射就关机，这是因为电池老化后引起电池内阻变大，发射时电流大，使电池输出电压变低而造成发射关机。

• 功放输出端空载后，为保护功放不被烧毁而自动关机。功放输出端有元器件损坏或有虚焊现象都会使功放输出端空载，此故障为发射关机最常见故障。

• 软件有故障造成手机发射关机。

• 功率控制电路不正常造成发射关机。

（3）低电告警故障特点和检修方法　低电告警故障的现象是正常充满电的电池上机后，仍然显示电池电量低或显示的电量不满格。原因分析和检修方法大致如下：

1）电池触片氧化变黑。用小锉或砂纸将触头清洁后即可。有时，电池不良也会出现打电话或电池使用时间不久即出现低电告警故障。

2）电源 IC 不良。一般手机电压检测是将电源 IC 内部的分压信号进行 A-D 转换，并将数据送到 CPU，与存储器中的正常数据进行比较，如电源 IC 内部的 A-D 转换器不正常，就会引起低电告警。

3）软件混乱。若软件设置的低电告警门限电压过高，也会产生低电压告警故障，检修时只需重写正确的资料即可。

4）电池供电负载电路漏电。若电池供电负载电路如功放等出现较大的漏电流，就会拉低电池电压，从而引起低电告警。功放电路损坏最主要的特点是按拨号键时出现大电流，这一点和其他原因是有所区别的。

（4）手机漏电故障特点和检修方法　手机漏电是指给手机加上直流稳压电源后，未按开机键电流表的指针就有电流指示或手机开机后待机电流大。常见故障现象是手机电池消耗很快，充满的电池用不了多久即发生低电告警或自动关机。出现这种故障一般多为手机漏电所致，漏电严重的手机还会造成不开机故障。漏电故障的原因一般是供电集成块不良或某元器件有短路现象。进过水的手机易发生漏电故障，漏电故障检修难度较大，检修时，可采用以下三种方法进行分析和判断。

1）感温法。给手机供电几分钟，然后用手触摸可疑元器件，发热不正常的元器件即为故障元器件。这种方法适合漏电电流不是很大的手机的检修。

2）经验法。若手机漏电电流很大，即手机加上稳压电源后就发生短路或电流上升很快，根据经验，一般为功放短路造成，直接更换功放后故障一般可以排除。这种方法适合手机漏电较大的故障检修。

3）断开法。若用以上两种方法仍不能排除故障，说明手机漏电故障比较隐蔽，根据经验，漏电故障一般发生在手机电池直接供电的电路部分。这些部位主要是电池滤波电路、电源 IC、功放电路、振动电路、振铃电路、备用电池电路、电子开关等，检修时可采取一一断开的方法进行判断。

5. 手机无发射故障特点与检修方法

手机无发射故障的特点是指手机可开机、入网，但拨打电话时无法连接或发射，通过如下方法进行判断：将固定电话送话器拿起，用手机拨打 112，若在固定电话机的送话器里听不到干扰声，则说明手机无发射。无发射故障是手机检修过程中较常遇到的故障，下面具体分析。

（1）检查发射电路　手机发射电路中，发射中频调制、发射 VCO、功放、功控、发射滤波器等电路不良均有可能引起手机无发射，具体检修方法可参考手机不入网有关内容。

（2）检查逻辑/音频电路　对于逻辑/音频电路，重点是检查其输出的 TXI/Q 信号是否正常，TXI/Q 共有 4 个，也就是常说到的发射 I/Q 信号。拨打 112，这个信号能检测到，说明逻辑/音频电路正常。

使用普通的模拟示波器也可以看到 TXI/Q 信号，将示波器的时基旋钮旋转到最大值，拨打 112，如果能打通 112，这时候就可以看到一个光点从左到右移动，如果不能打通 112，波形一闪就不再有了。若看不到 TXI/Q 信号，则应检查逻辑/音频电路。由于逻辑/音频电路大都已集成化，应重点加强焊接和清洗。

（3）检查软件故障　软件不正常可通过测量发射开关控制信号 TXON 来判断，方法是启动发射电路或拨打112，用示波器进行检测。待机时为低电平，发射时可测到高电平的脉冲控制信号。当然，也可以通过观察电流表的方法来判断，即启动发射电路或拨打112时，如果电流表有规律地摆动，说明软件运行正常；如果电流表无摆动，说明软件运行不正常。

此类故障现象是比较容易解决的，检修时应首先对CPU、字库和码片等进行补焊，故障依旧的话，重写软件资料一般可解决问题。

6. 手机常见卡电路故障检修方法

手机中的SIM卡，如果弹簧片变形，会导致SIM卡故障，如“检查卡”、“插入卡”等。SIM卡插入手机后，电源端口提供电源给SIM卡内的单片机。检测SIM卡存在与否的信号只在开机瞬时产生，当开机检测不到SIM卡存在时，将提示Insert Card（插入卡）；如果检测SIM卡已存在，但机卡之间的通信不能实现，会显示Check Card（检查卡）；当SIM卡对开机检测信号没有响应时，手机也会提示Insert Card（插入卡）。

现在新型手机通过数据的收集来识别卡是否插入，减少了卡开关不到位或损坏造成的问题。卡电源工作一般是由电源模块完成，这部分只需万用表就可以检测。

7. 手机受话、送话、振铃电路和振动电路故障特点与检修方法

（1）受话电路故障特点与检修方法　受话电路故障主要是听不到对方声音，故障多发生于受话器损坏或接触不良。受话器是否正常可利用万用表进行简单的判断。一般受话器直流电阻值为几十欧姆，如果直流电阻明显变得很小或很大，则需更换受话器。如受话器完好，则拨打112用示波器测受话器触点的波形，若没有波形，则进一步检查音频解码电路和CPU。查到哪一级若有输入信号而没有输出信号，则说明该级电路不良。若受话噪声大，则大多为受话器接触不良或受话电路虚焊或损坏。对于爱立信机型也有可能是多模转换模块、语音编码模块及该模块供电部分的故障，另外该部分电路的脱焊与损坏，通常会导致扬声器和送话器同时失效的故障出现。

（2）送话电路故障特点与检修方法　送话电路故障主要是对方听不到机主的声音。引起该故障的原因很多，一般有送话器损坏或接触不良，送话器无工作偏压，音频编码电路、CPU不正常或软件故障。

检修时，首先检查送话器是否正常，判断方法是：将数字万用表的红表笔接在送话器的正极，黑表笔放在送话器的负极，对着送话器说话，应可以看到万用表读数发生变化或指针摆动。若送话器正常，则检查有通话时送话器是否有供电电压。

若以上检查无问题，大多为音频编码电路虚焊或不良。需要说明的是，送话器有正负极之分，检修时应注意，如极性接反，则送话器不能输出信号。

（3）振铃电路故障特点与检修方法　振铃电路故障通常是由于振铃器供电部分、振铃器驱动晶体管、保护二极管或振铃控制输出部分损坏或脱焊所引起的。振铃电路故障主要是不振铃和铃声小。检修时，首先检查菜单是否置于振铃位置，若手机在振铃位置不振铃或振铃小，则用另一正常的手机拨打该机，将振铃拆下，同时用示波器测振铃信号输出脚。若有4～5V的波形输出，则说明振铃损坏；若信号波形小，则说明供电电压不对；若无输出，则一般为振铃信号输出电路坏或虚焊。

另外，对于因杂物使振铃变小的故障，除简单的更换外，还可以从振铃的发音孔处注入适量的清洗液，再让振铃响几声后把残液清除，铃声会明显增大。

（4）振动电路故障特点与检修方法　不振动的主要故障有菜单未置于振动状态、电动

机不良、振动驱动电路损坏、软件有故障或 CPU 虚焊无法输出振动启动信号。

8. 手机其他故障特点与检修方法

（1）进水手机故障特点与检修方法　由于手机的移动性，用户在使用的过程中，难免会造成进水或受潮，而且 GSM 手机内部电路的集成度高，其工作的频段为 900MHz 或 1800MHz，所以当手机进水后，一方面由于水中可能存积着多种杂质和电解质，造成电路板的污损，可能会导致电路发生故障，特别是当手机进水后，未经清洗和干燥，就直接加电极开机，易导致手机线路板上的供电电路发生故障。另一方面，当进水手机的水分挥发后，线路板上可能会留下多种杂质和电解质，会直接改变线路板在设计时的各项参数，导致性能、指标下降。因此，当手机进水后，要经过正确的处理，才能将手机修复。

对于进水手机，首先，放在超声波清洗仪中进行清洗，清洗液可用无水酒精或天那水，利用超声波清洗仪的振动把线路板上以及集成电路模块底部的各种杂质和电解质清理干净。其次，对于浸在水里时间长的手机，清洗后必须干燥。因为浸水时间较长，水分可能已进入线路板内层，这时若用简单的清洗方法不一定能将线路板内层的水分完全排除出来。需要把线路板浸泡在无水酒精里，而且浸泡的时间要足够长，一般为 24～30h，利用无水酒精的吸水性，使水分和无水酒精完全混合，然后把线路板置放于干燥箱进行干燥处理，温度控制在 60℃左右，一般干燥 24h 后，就基本排除线路板内层的水分。

（2）键盘电路故障特点与检修方法

1）对于键音长鸣的情况，主要原因有某一条键盘扫描线被置为低电平、扫描线短路、主板脏、CPU 损坏等。

2）对于按什么键都出同一个字，一般是这条扫描线对地漏电但没有短路。

3）对于一部分按键失灵的情况，一般为 FLASH 软件出错，重写资料恢复按键表。

4）对于同一条扫描线的所有按键失灵，一般是扫描线断或 CPU 问题，如 CPU 虚焊等。

（3）摔过的手机故障特点与检修方法　摔过的手机易出现以下故障：

1）天线易折断，检修时只需更换相应的天线。

2）外壳易损伤，更换外壳即可。另外摔过的手机外壳极易变形，拆卸时应小心，不可用力硬撬，以免使故障扩大。

3）13MHz 或 26MHz 晶体易损坏，摔坏会导致不起振或振荡频率不准，产生不开机或无信号故障。

4）滤波器容易摔坏，造成不入网、无发射、信号弱故障。

5）手机由于采用了表面焊接技术，集成电路摔后易开焊造成各种故障，检修时应根据故障现象有目的地进行补焊。如爱立信手机摔过后极易造成受话器和送话器声音均小的故障，补焊多模集成电路后，故障大都可以排除。

（4）线路板铜箔脱落故障特点与检修方法　手机检修过程中，会经常遇到线路板铜箔脱落的现象，检修人员吹换元器件或集成电路时，由于技术不熟练或方法不当将铜箔带下；或是部分水腐蚀后的手机用超声波清洗器进行清洗时，将部分线路板铜箔洗掉。下面介绍几种常见解决方法：

1）查找资料。查有关检修资料，看脱落铜箔所在管脚与哪一元器件的管脚相连，找到后，用漆包线将两脚相连即可。

2）用万用表查找。在没有资料的情况下，可用万用表进行查找。方法是用万用表，将挡位置于蜂鸣器（一般为二极管挡），用一只表笔触铜箔脱落的管脚，另一只表笔则在线路板上其余管脚处划动，若听到蜂鸣声，则引起蜂鸣的那一管脚与铜箔脱落处管脚相通，这时，可取一长度适当的漆包线，将两管脚间连上即可。

3）重新补焊。若以上两法无效，则有可能此脚是空脚。但若不是空脚，又找不出铜箔脱落处管脚与哪一元器件管脚是相连时，可用一刀片轻轻刮线路板铜箔脱落处，刮出新铜箔后，可用烙铁加锡轻轻将管脚引出，与脱焊管脚焊上即可。

4）对照法。在有条件的情况下最好找一块同类型的正常机的电路板进行比较，测正常机相应点的连接处，再对照着故障机脱落的铜箔进行修复。

注意：连线时应分清被连接的部分是射频电路还是逻辑电路，一般来讲，逻辑电路断线不会产生副作用，而射频部分信号频率较高，连上一根线后，其分布参数影响较大，因此在射频部分一般不能轻易连线，即使要连线，也应尽量短。

五、检修后的测试

故障排除后，不要马上装入机壳，应先对单板进行各项性能测试，包括对单板开机观察，检查接收中频、基准频率、本振频率、发射中频、主要供电指标参数的准确性。装入机壳后，可通过拨打和接听电话证实通话功能与语音质量，对机器的各项功能进行测试，使之完全符合要求。对于一些软故障，应做较长时间的通电试机，看故障是不是还会出现，以彻底排除故障。等所有故障彻底排除了，再交于用户，以维护自己检修声誉。

项目思考

4-1 简述数字移动通信系统的组成，了解我国 GSM 系统的发展现状和前景。

4-2 画出 GSM 移动通信系统的帧结构，以及 GSM 移动通信系统信道的划分方案。

4-3 简述 GSM 电信业务的内容，画出 SIM 卡触点示意图。

4-4 简述数字信令传输、纠错、移动用户的激活和分离过程。

4-5 简述摩托罗拉 V998 数字手机的结构和工作原理。

4-6 请画出摩托罗拉 V998 供电电路框图，并简述该部分电路的工作流程。

4-7 请画出摩托罗拉 V998 逻辑/音频主要电路框图，并简述该部分电路的工作流程。

4-8 简述数字手机检修的基本条件、基本原则、基本方法、检修流程。

4-9 以摩托罗拉 V998 为训练机，练习手机常见故障特点、检修方法以及检修后的测试，并写出检修日志。

项目五　CDMA系统及终端检修

CDMA是一种以扩频技术为基础的调制和多址接入技术，因其保密性能好，抗干扰能力强而广泛应用于军事通信领域，并且早在19世纪40年代就有过商用的尝试。

CDMA移动通信系统与FDMA模拟移动通信系统或TDMA数字移动通信系统相比有更大的系统容量、更高的语音质量以及抗干扰能力强、保密性能好等诸多优点，因而CDMA也成为第三代移动通信系统采用的方式。本项目以IS-95标准为例，对CDMA系统进行介绍，并以TCL1828终端为例实施检修操作进行技能训练。

情景一　CDMA系统概况

1. 基本概念

所谓扩频是把信息的频谱扩展到宽带中进行传输的技术。扩频技术具有抗干扰、抗多径、隐蔽、保密和多址特性。适用于CDMA系统的扩频技术是直接序列扩频（DS）或简称直扩。扩频信号的产生包括调制和扩频两个步骤。比如，先用要传送的信息比特对载波进行调制，再用伪随机序列（PN序列）扩展信号的频谱；也可以先用伪随机序列与信息比特相乘（把信息的频谱扩展），再对载波进行调制，二者是等效的。

设信息速率为R_b（单位为bit/s），伪随机序列的速率为R_p（单位为bit/s），定义扩频因子为

$$L=\frac{R_p}{R_b}$$

通常$L\gg1$，且为整数，它是信号频谱的扩展倍数，也等于扩频系统抑制噪声的处理增益。接收端要从收到的扩频信号中恢复出它携带的信息，必须经过解扩和解调两个步骤。所谓解扩是接收机以相同的伪随机序列与接收的扩频信号相乘，也称相关接收。解扩后的信号再经过常规的解调，即可恢复出其中传送的信息。

2. CDMA系统的关键技术

扩频技术是CDMA系统的基础，CDMA系统要真正成为一种商业应用的通信系统，除扩频技术外，还有很多技术问题需要解决。下面就对CDMA系统所包含的主要技术进行讨论。

（1）可变速率声码器和语音激活技术　可变速率声码器是对模拟语音信号进行数字化编译码的部件，其目的是在保证语音传输质量的同时使数据传输速率尽可能低，同时采用语音激活技术来降低数据传输速率。从码分多址扩频通信系统的特点中，我们已经知道，小区内所有用户使用同一载波，占用相同带宽，共同享用一个无线频道。这就会出现任意一个用户对其他用户的干扰，称为多址干扰。用户越多，干扰越严重，这会限制用户的发展。如果减小多址干扰，就可以提高CDMA的容量，因此降低多址干扰的技术是CDMA系统中的首选技术，语音激活技术就是其中之一。

对通话时的语音分析统计表明，语音停顿以及听对方讲话等待时间占了讲话时间的65%

以上。如果采用相应的编码和功率调整技术，使用户发射机发射功率随用户语音大小、强弱、有无来调整发射机输出功率，这样可使其多址干扰减少65%，这就是所谓的语音激活技术，也就是说当原系统容量一定时，采用语音激活技术，可以使系统容量增加了约3倍。

(2) 功率控制　CDMA系统中，功率控制技术被认为是所有关键技术的核心。前面我们讲到的语音激活技术，就是属于功率控制的一种类型。这里主要讲述无线信道中，因存在远近效应问题而采用的功率控制技术。

所谓远近效应，是指如果小区中各用户均以同等功率发送信号，靠近基站的移动台信号强，而远离基站的移动台信号到达基站时很弱，这就会导致强信号掩盖弱信号的现象发生，这种现象就称为远近效应，远近效应会导致自干扰。

由于在移动通信中存在远近效应问题，若移动台以相同的功率发射信号，远离基站的移动台信号到达基站时的强度要比离基站近的移动台信号弱很多，从而被强信号所淹没。为了减小用户间的干扰、提高系统容量，CDMA系统中必须采用功率控制技术，及时调整发射功率，维持接收信号电平在所需水平。功率控制分为正向功率控制和反向功率控制。

1) 正向功率控制：基站根据移动台提供的信号功率测量结果，调整基站对每个移动台发射的功率。它又可分为两种：一种为开环控制，是基站根据接收移动台功率，估算正向信道传输损耗，从而控制基站业务信道发送功率的大小；另一种为闭环控制，是基站与移动台相结合进行的动态功率控制。

2) 反向功率控制：反向功率控制也分为开环功率控制和闭环功率控制两种。反向开环功率控制是移动台根据在小区中所接收功率的变化，迅速调节移动台发射功率。开环功率控制的目的是使所有移动台（不管远、近情况）发出的信号在到达基站时都有相同的标称功率。它是一种移动台自己的功率控制。反向闭环功率控制的目的是使基站对移动台的开环功率进行迅速估算或纠正，使移动台始终保持最理想的发射功率。这解决了正向链路和反向链路间增益容许度和传输损耗不一致的问题，保证了基站收到每个移动台的信号功率足够大，同时对其他移动台的干扰又最小。

功率控制的准则通常有功率平衡准则、信干比平衡准则和混合型准则等。功率平衡准则是指在接收端收到的有用信号功率相等。对于下行链路，是使各移动台接收到的基站信号功率相等；对于上行链路，是使各移动台发射信号到达基站的信号功率相等。

(3) 分集接收　移动通信系统中，存在着严重的多径衰落，造成接收信号质量下降，采用分集接收技术可以有效地改善信道传输条件，提高接收信号质量。由于移动通信电波传播条件恶劣，又在强干扰条件下工作，这给通信带来了极其不利的影响。因此人们采用多种技术来克服和尽量消除这些不利的影响。其中，采用分集接收技术尤为重要。分集接收技术大体分为两大类：显分集和隐分集。采用的分集方式是显而易见的，称显分集，如空间分集、频率分集、时间分集、极化分集、路径分集等。

(4) 软切换、软容量　各种移动通信系统中都有切换（交接）的技术。移动通话时，移动用户从一个小区到另一个小区，从一个基区到另一个基区都要进行切换。

软切换是CDMA系统独有的切换功能，可有效地提高切换的可靠性，而且当移动台处于小区的边缘时，软切换能提供前向业务信道和反向业务信道的分集，从而保证通信的质量。当移动用户要切换时，不需要先进行收、发频率切换，只需在码序列上作相应调整，然后再与原来的通话链路断开。这种先通后断的切换方式，称为软切换。软切换方式的切换时间短，不会中断语音，也不会出现硬切换时的“乒乓”效应。

所谓软容量是指模拟频分和数字时分的移动通信系统中，每个小区的信道数是固定的，很难改变。当没有空闲信道时，系统会出现忙音，移动用户既不能再呼叫也不能接收其他用户的呼叫。而码分多址CDMA系统中，在一频道（较宽频带范围）内的多用户是靠码型来区分的，其标准信道数是以一定的输入、输出信噪比为条件。接收机在允许最小信噪比条件下，增加一个用户或几个用户只使信噪比有所下降，不会因没有信道而不能通话。

（5）扇区划分技术 扇区划分技术也是为减小各小区内各用户多址干扰而采用的天线技术。它是利用各小区内天线的定向特性，把蜂窝小区再分成不同的扇面，所以称为扇区划分技术，常用的有利用120°天线组成的三叶草天线区、利用60°扇形定向天线组成的三角形无线蜂窝区等。采用扇区划分技术，其系统容量也会增加。

（6）同步技术 同步技术也是码分多址扩频通信系统的关键技术之一。在扩频通信系统的发送端，利用伪随机码（PN码）对信号数据进行频谱扩展；在接收端，首先要用与本地码一致的伪随机码对其解扩，这就必须使接收端地址码与发送端地址码频率、相位完全一致，即要实现同步才能使系统正常工作。扩频通信系统中，除载波同步、位同步、帧同步外，伪码序列的同步是特有的，其同步系统比一般数字系统更复杂。

3. CDMA系统的特点

1）根据理论分析，CDMA系统与模拟移动通信系统FDMA或数字移动通信系统TDMA相比具有更大的通信容量。

2）CDMA系统的全部用户共享一个无线信道，用户信号只靠所用码型的不同来区分，因此当蜂窝系统的负荷满载时，再增加少数用户，只会引起语音质量的轻微下降（或者说信干比稍微降低），而不会出现阻塞现象。FDMA系统或TDMA系统中，当全部频道或时隙被占满以后，哪怕只增加一个用户也没有可能。CDMA系统的这种特征，使系统容量与用户数之间存在一种“软”关系。

在业务高峰期间，可以稍微降低系统的误码性能，以适当增加系统的用户数目，即在短时间内提供稍多的可用信道数。举例来说，如规定可同时工作的用户数为50个，当52个用户同时通话时，信干比的差异仅为10log（52/50）dB = 0.17dB。这就是说CDMA系统具有“软容量”特性，或者说“软过载”特性。在其他通信系统中，当用户过境切换而找不到可用频道或时隙时，通信必然中断，CDMA系统的软容量特性可以避免发生类似现象。

3）CDMA蜂窝系统可以充分利用人类对话的不连续特性来实现语音激活技术，以提高系统的通信容量。

4）CDMA蜂窝系统以扩频技术为基础，因而它具有扩频通信系统所固有的优点，如抗干扰、抗多径衰落和具有保密性等。

情景二 CDMA系统组网

一、CDMA系统的结构

1. CDMA系统组成结构

CDMA系统的组成结构如图5-1所示，网络的参考模型如图5-2所示。

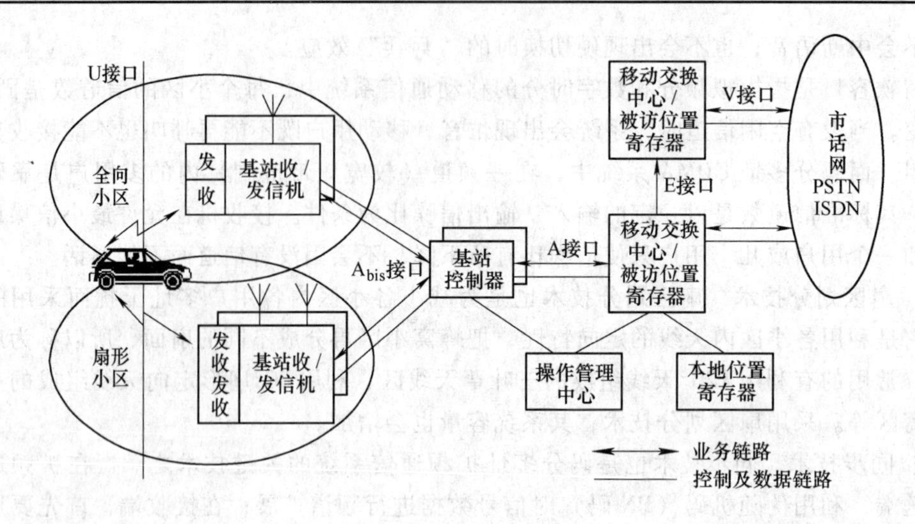

图 5-1　CDMA 系统的组成结构

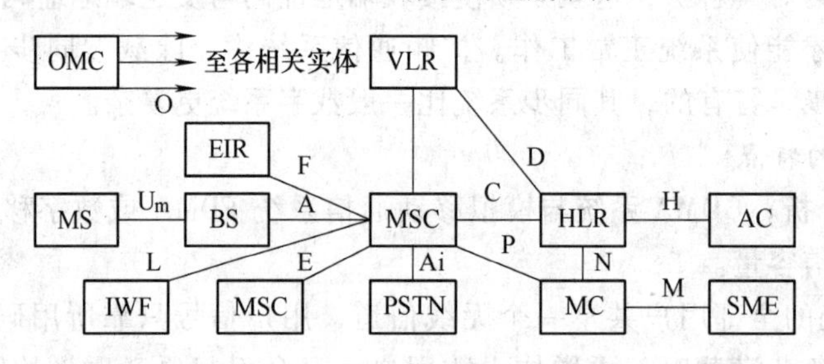

图 5-2　CDMA 网络参考模型

系统中各接口的功能如下：

U_m 接口（也称空中接口）的无线信令规程由《800MHz CDMA 数字移动通信网空中接口技术规范》规定。中国电信和中国联通均已颁布了此规范，此规范基于 TIA/EIA/IS-95A-宽带双模扩频蜂窝系统移动台-基站兼容性标准。

A 接口的信令规程由《800MHz CDMA 数字移动通信网移动业务交换中心与基站子系统间接口信令技术规范》规定。中国电信和中国联通均已颁布了此规范，中国联通颁布的 A 接口信令规程与 EIA/TIA/IS-634 的信令规程基本兼容，是其一个子集。

Ai 接口的信令规程由《800MHz CDMA 数字移动通信网与 PSTN 网接口技术规范》规定。中国电信和中国联通均已颁布了此规范，此信令规范也称 MTUP。中国联通颁布的 MTUP 是与《中国国内电话网 No. 7 信号方式技术规范》所规定的信令规程相兼容的子集，即 MTUP 不使用 NNC、SSB、ANU、CHG、FOT 和 RAN 消息，另外只接收不发送 4 种消息：后续地址消息 SAM、带一信号后续地址消息的 SAO、主叫用户挂机信号 CCL 和用户本地忙信号 SLB。

C、D、E、N 和 P 接口的信令规程由《800MHz CDMA 数字移动通信网移动应用部分技术规范》规定。中国电信和中国联通均已颁布了此规范，此规范基于 TIA/EIA/IS-41C-蜂窝无线通信系统间操作标准。中国联通颁布的 MAP 为 IS-41C 的子集，第一阶段使用 IS-41C 中 51 个操作（OPERATION）中的 19 个，主要是鉴权、切换、登记、路由请求、短信息传送等。

2. CDMA 系统用户识别卡

CDMA 系统的原始设计中，用户识别信息是直接存储在移动台中的，并没有一个与移动台可以分离的存储用户信息的功能实体。虽然一些运营商和制造商希望 CDMA 系统中也能有一个与 GSM 系统中的 SIM 卡类似的设备以实现机卡分离，但这种思想一直没有成为主流思想。直到中国联通公司声明希望在 CDMA 手机上实现 SIM 卡的功能，才极大地加快了在 CDMA 系统中实施 UIM（User Identity Model）卡的进程。UIM 卡的标准化工作已由 3GPP2（第三代伙伴计划 2）负责完成。

CDMA 系统在 UIM 卡中存储的信息可以分为以下三类：

（1）用户识别信息和鉴权信息　主要是国际移动用户识别码（IMSI）和 CDMA 系统专有的鉴权信息。

（2）业务信息　CDMA 系统中与业务有关的信息存储在归属位置寄存器（HLR）中，这类信息在 UIM 卡中并不多，主要有短信息状态等信息。

（3）与移动台工作有关的信息　包括优选的系统和频段、归属区标识（系统识别码（SID）、网络识别码（NID））等参数。

3. CDMA 系统的编号方案

（1）电子序列号（Electronic Serial Number，ESN）　ESN 是唯一识别一个移动台设备的 32bit 号码，每个双模移动台分配一个唯一的电子序列号，由厂家编号和设备序号构成。空中接口、A 接口和 MAP 的信令消息都用到 ESN。

（2）移动用户号码簿号码（Dialing Number，DN）　DN 是移动用户作被叫时，主叫用户所需拨打的号码。DN 由国家码、移动接入码、HLR 识别码和移动用户号四部分组成，共 12 位号码。中国的国家码为 86，国内拨号时可省略。移动接入码采用网号方案，现在普遍使用的是 133，132 近期也已开通。CDMA 网与 GSM 网 DN 的区别在于移动接入码的不同。

（3）国际移动用户识别码（International Mobile Subscriber Identity，IMSI）与移动台识别码（Mobile Identification Number，MIN）　IMSI 是在 CDMA 网中唯一识别一个移动用户的号码，由移动国家码、移动网络码和移动用户识别码（MSIN）三部分组成，共 15 位号码。中国的移动国家码为 460，中国联通的移动网络码为 03。

MIN 码是为了保证 CDMA/AMPS 双模工作而沿用 AMPS 标准定义的。长城网和中国联通对 MIN 的定义有所不同，长城网的定义为 $3H_1H_2H_3\times\times\times\times\times\times$，中国联通的定义为 $H_1H_2H_3\times\times\times\times$，其中 $H_1H_2H_3$ 为 HLR 识别码。

（4）系统识别码（System Identity Number，SID）和网络识别码（Network Identity Number，NID）　SID 是 CDMA 网中唯一识别一个移动业务本地网的号码，SID 按省分配。NID 是一个移动业务本地网中唯一识别一个网络的号码，可用于区别不同的 MSC。移动台可根据 SID 和 NID 判断其漫游状态。

4. CDMA 系统的地址码和扩频码

CDMA 数字移动通信系统中，扩频码和地址码的选择至关重要。它关系到系统的抗多径干扰、抗多址干扰的能力，关系到信息数据的保密和隐蔽，关系到捕获和同步系统的实现。

5. CDMA 系统提供的业务

1）用户终端业务主要包括电话业务、紧急呼叫业务、短信息业务、语音邮箱业务。

2）承载业务主要提供了在两个网络终端接口间的信息传递能力。移动终端（MT）控制无线信道使信息流成为终端设备（TE）能接收的信息。移动终端（MT）作为PLMN的一部分通过无线接口与PLMN内的其他实体互通。CDMA能陆续向用户提供1 200～14 400bit/s异步数据、1 200～14 400bit/s分组数据及交替语音与1 200～14 400bit/s数据等承载业务。

3）补充业务主要指定义的支持各承载业务和用户终端业务的业务。补充业务向用户提供包括补充业务授权、补充业务操作和补充业务应用等功能。补充业务授权包括业务授权和业务去授权；补充业务操作支持CDMA系统中所定义的七种业务操作即授权、去授权、登记、删除、激活、去激活及请求、临时激活及临时去激活操作。在上述操作中授权和去授权一般由网络运营商操作，其余操作可由用户在移动台上操作。补充业务应用有网络自动调用和用户主动发起两种方式，它改变并加强了用户终端业务和承载业务的服务。

6. CDMA系统存在的问题

CDMA系统虽然拥有诸如通话质量高、掉话率低、接通率高、保密性好、发射功耗小、支持业务多、频率规划简单、频谱利用率高、系统容量大、建设成本低等优点。但也存在以下主要问题，这些问题是未来需要着重解决和克服的：

1）CDMA虽具有柔性容量，但同时工作的用户越多，所形成的干扰噪声就越大，当用户数超过网络设计容量时，系统的信噪比会恶化，从而导致通信质量的下降。

2）CDMA技术采用分集接收机，有利于克服码间干扰，但当扩频处理增益不够大时，克服的程度会受到限制，即仍会残存码间干扰。

3）CDMA为克服远近效应而采用功率控制技术，从而增加了系统的复杂性。

4）CDMA的不同用户是以PN（伪随机码）码来区分的，要求各PN码之间的互相关联系数尽可能小，但很难找到数目较多的这种PN码。另外用户越多，PN码的长度就会越长，则在接收端的同步时间也越长，这就难以满足高速移动中通信快速同步的要求。

5）CDMA系统各地址码间的互相关性越大，则多址干扰就越大，而在TDMA和FDMA中不存在多址干扰问题。

6）CDMA蜂窝网的各蜂窝可能使用同一频带同一码组，那么相邻蜂窝的同一码组之间会产生干扰。

7）CDMA系统是一种噪声受限系统，同时通信的用户数越多，通信质量恶化的程度就越严重。以上各种问题的影响，最终导致CDMA系统的用户容量远低于理论计算值。

二、CDMA系统的信道

1. 信道组成

信道组成示意图如图5-3所示，逻辑信道示意图如图5-4所示。

（1）导频信道　导频信道传输由基站连续发送的导频信号。导频信号是一种无调制的直接序列扩频信号，令移动台可迅速而精确地捕获信道的定时信息，并提取相干载波进行信号的解调。移动台通过对周围不同基站的导频信号

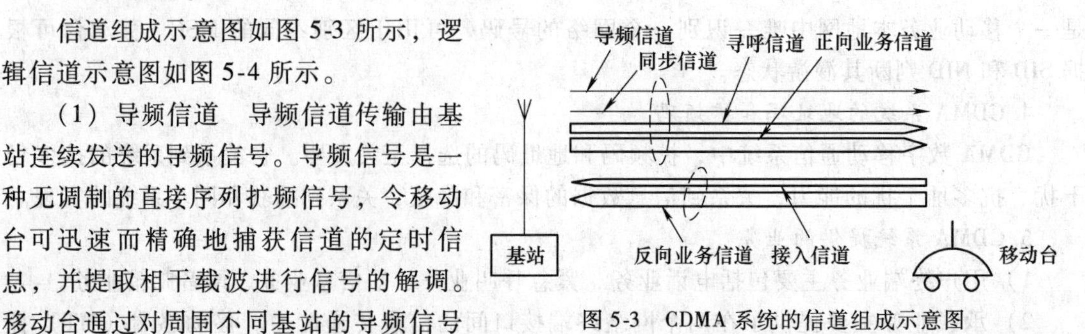

图5-3　CDMA系统的信道组成示意图

进行检测和比较，可以决定什么时候需要进行过境切换。

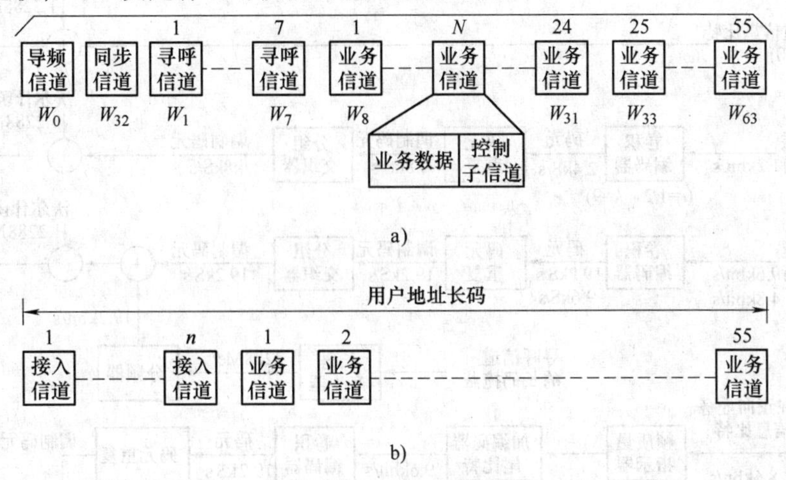

图 5-4　逻辑信道示意图

（2）同步信道　同步信道主要传输同步信息（包括提供移动台选用的寻呼信道数据率）。同步期间，移动台利用此同步信息进行同步调整。一旦同步完成，它通常不再使用同步信道，但当设备关机后重新开机时，还需要重新进行同步。当通信业务量很多，所有业务信道均被占用而不能满足应用时，此同步信道也可临时改为业务信道使用。

（3）寻呼信道　寻呼信道在呼叫接续阶段传输寻呼移动台的信息。移动台通常在建立同步后，接着就选择一个寻呼信道（也可以由基站指定）来监听系统发出的寻呼信息和其他指令。需要时，寻呼信道可以改为业务信道使用，直至全部用完。

（4）正向业务信道　通话期间，基站用正向业务信道给移动台传送业务信息和信令信息，共有四种传输速率（9 600bit/s、4 800bit/s、2 400bit/s、1 200bit/s）。业务速率可以逐帧（20ms）改变，以动态地适应通信者的语音特征。比如，发音时传输速率提高，停顿时传输速率降低，这样做有利于减少 CDMA 系统的多址干扰，以提高系统容量。在业务信道中，还要插入其他的控制信息，如链路功率控制和过区切换指令等。

逻辑信道如图 5-4b 所示。图中，含 55 个业务信道和 n 个接入信道。

（5）接入信道　当移动台没有使用业务信道时，接入信道提供移动台到基站的传输通路，在其中发起呼叫、对寻呼进行响应以及传送登记注册等短信息。接入信道和正向传输中的寻呼信道相对应，以响应传送指令、应答和其他有关的信息。不过，接入信道是一种分时隙的随机接入信道，允许多个用户同时抢占同一接入信道。每个寻呼信道所支撑的接入信道数最多可达 32 个。移动台利用接入信道启动与基站的通信和响应寻呼信道所传送的消息。接入信道使用随机接入协议，数据速率固定为 4 800bit/s。

（6）反向业务信道　与正向业务信道相对应。移动台在通信过程中用反向业务信道向基站传输语音、数据和信令信息，因而它的许多特征和正向业务信道一样。反向业务信道也以可变数据速率 9 600bit/s、4 800bit/s、2 400bit/s、1 200bit/s 传送信息，帧长也是 20ms，数据速率也可逐帧选择。

2. 正向传输信道

正向传输信道的电路框图如图 5-5 所示。

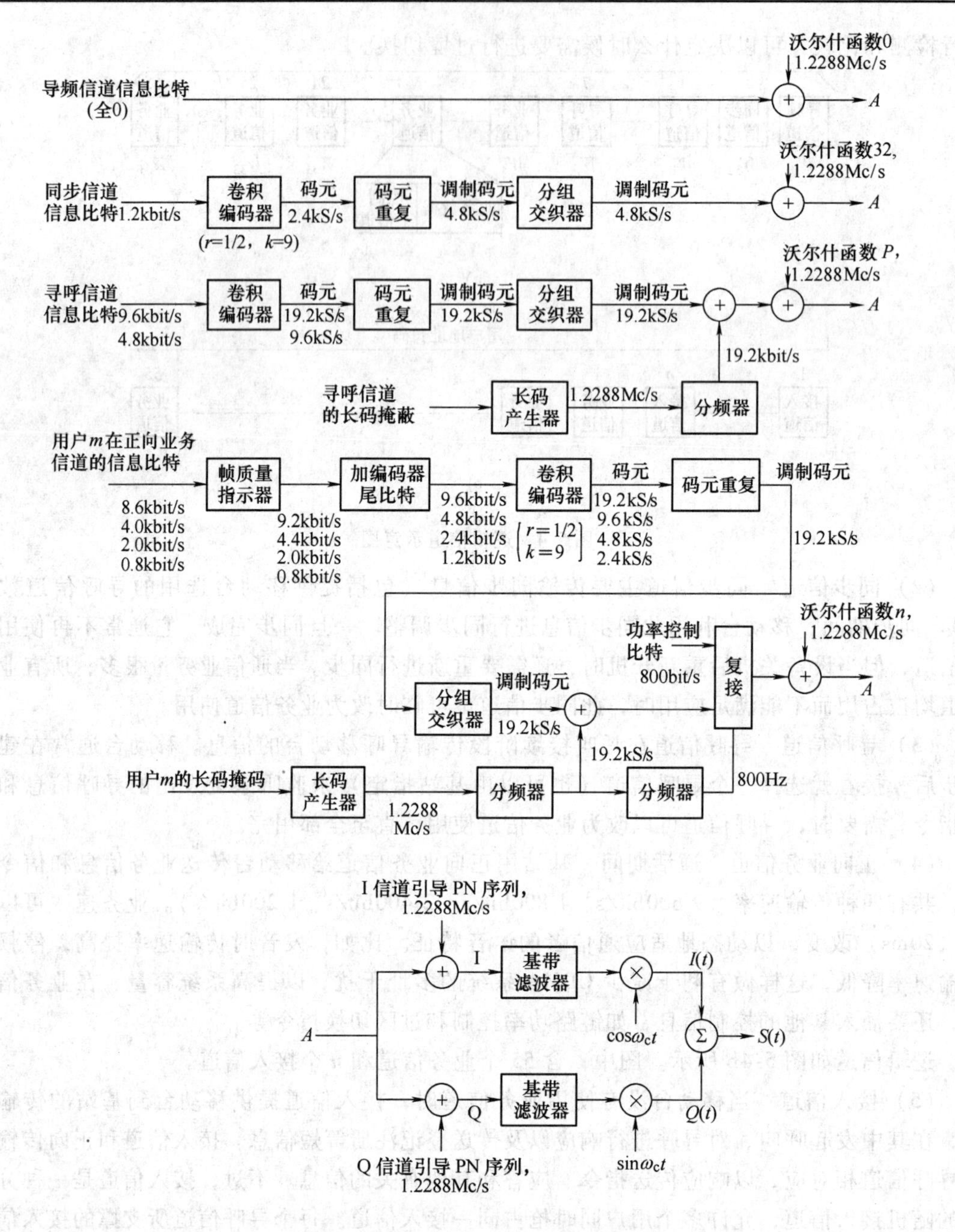

图 5-5　正向传输信道的电路框图

（1）数据速率　同步信道的数据速率为 1 200bit/s，寻呼信道为 9 600bit/s 或 4 800bit/s，正向业务信道为 9 600bit/s、4 800bit/s、2 400bit/s、1 200bit/s。

正向业务信道的数据在每帧（20ms）末尾含有 8bit 数据，称为编码器尾比特，在前面的 TDMA 系统中也常用到，它的作用是把卷积码编码器置于规定的状态。此外，在 9 600bit/s和 4 800bit/s 的数据中都含有帧质量指示比特（即 CRC 检验比特），前者为 12bit，后者为 8bit。因而，正向业务信道的信息速率分别是 8. 6kbit/s、4. 0kbit/s、2. 0kbit/s、0. 8kbit/s。

（2）卷积编码　数据在传输之前都要进行卷积编码，卷积码的码率为 1/2，约束长度为 9。

（3）码元重复　对于同步信道，经过卷积编码后的各个码元，在分组交织之前，都要重复一次（每码元连续出现 2 次）。对于寻呼信道和正向业务信道，只要数据率低于 9 600bit/s，在分组交织之前都要重复。速率为 4 800bit/s 时，各码元要重复一次（每码元连续出现 2 次）；速率为 2 400bit/s 时，各码元要重复 3 次（每码元连续出现 4 次）；速率为 1 200bit/s时，各码元要重复 7 次（每码元连续出现 8 次）。这样使各种信息速率均变换为相同的调制码元速率，即每秒 19 200 个调制码元。

（4）分组交织　所有码元在重复之后都要进行分组交织。同步信道所用的交织跨度等于 26. 666ms，相当于码元速率为 4 800bit/s 时的 128 个调制码元宽度。交织器组成的阵列是 8 行 ×16 列（即 128 个单元）。

寻呼信道和正向业务信道所用的交织跨度等于 20ms，这相当于码元速率为 19 200bit/s 时的 384 个调制码元宽度。交织器组成的阵列是 24 行 ×16 列（即 384 个单元）。

（5）数据掩蔽　数据掩蔽用于寻呼信道和正向业务信道，其作用是为通信提供保密。掩蔽器把交织器输出的码元流和按用户编址的 PN 序列进行模 2 相加。这种 PN 序列是长度为 $1.228\,8\times10^{6}$ 的长码，长码经分频后，其速率变为 19 200bit/s，因而送入模 2 相加器进行数据掩蔽的是每 64 个子码中的第一个子码在起作用。

（6）正交扩展　为了使正向传输的各个信道之间具有正交性，正向 CDMA 信道中传输的所有信号都要用六十四进制的沃尔什函数进行扩展。

（7）四相扩展　正交扩展之后，各种信号都要进行四相扩展。四相扩展所用的序列称为引导 PN 序列。引导 PN 序列的作用是给不同基站发出的信号赋以不同的特征，便于移动台识别所需的基站。不同的基站使用相同的 PN 序列，但各自采用不同的时间偏置。由于引导 PN 序列的相关特性在时间偏移大于一个子码宽度时，其相关值就等于 0 或接近于 0，因而移动台用相关检测法很容易把不同基站的信号区分开来。通常，一个基站的引导 PN 序列在其所有配置的频率上，都采用相同的时间偏置，在一个 CDMA 系统中，时间偏置可以再用。

3. 反向传输信道

反向传输信道的电路框图如图 5-6 所示。

（1）数据速率　接入信道用 4 800bit/s 的固定速率，反向业务信道用 9 600bit/s、4 800bit/s、2 400bit/s和 1 200bit/s 的可变速率。两种信道的数据中均要加入编码器尾比特，用于把卷积编码器复位到规定的状态。此外，在反向业务信道上传送 9 600bit/s 和 4 800bit/s 数据时，也要加质量指示比特（CRC 校验比特）。

（2）卷积编码　接入信道和反向业务信道所传输的数据都要进行卷积编码，卷积码的码率为 1/3，约束长度为 9。

（3）码元重复　反向业务信道的码元重复办法和正向业务信道一样。数据速率为 9 600bit/s时，码元不重复；数据速率为 4 800bit/s、2 400bit/s 和 1 200bit/s 时，码元分别重复 1 次、3 次和 7 次（每一码元连续出现 2 次、4 次和 8 次）。这样就使得各种速率的数据都变换成每秒 28 800 码元。

（4）分组交织　所有码元在重复之后都要进行分组交织，分组交织的跨度为 20ms。交织器组成的阵列是 32 行 ×18 列（即 576 个单元）。

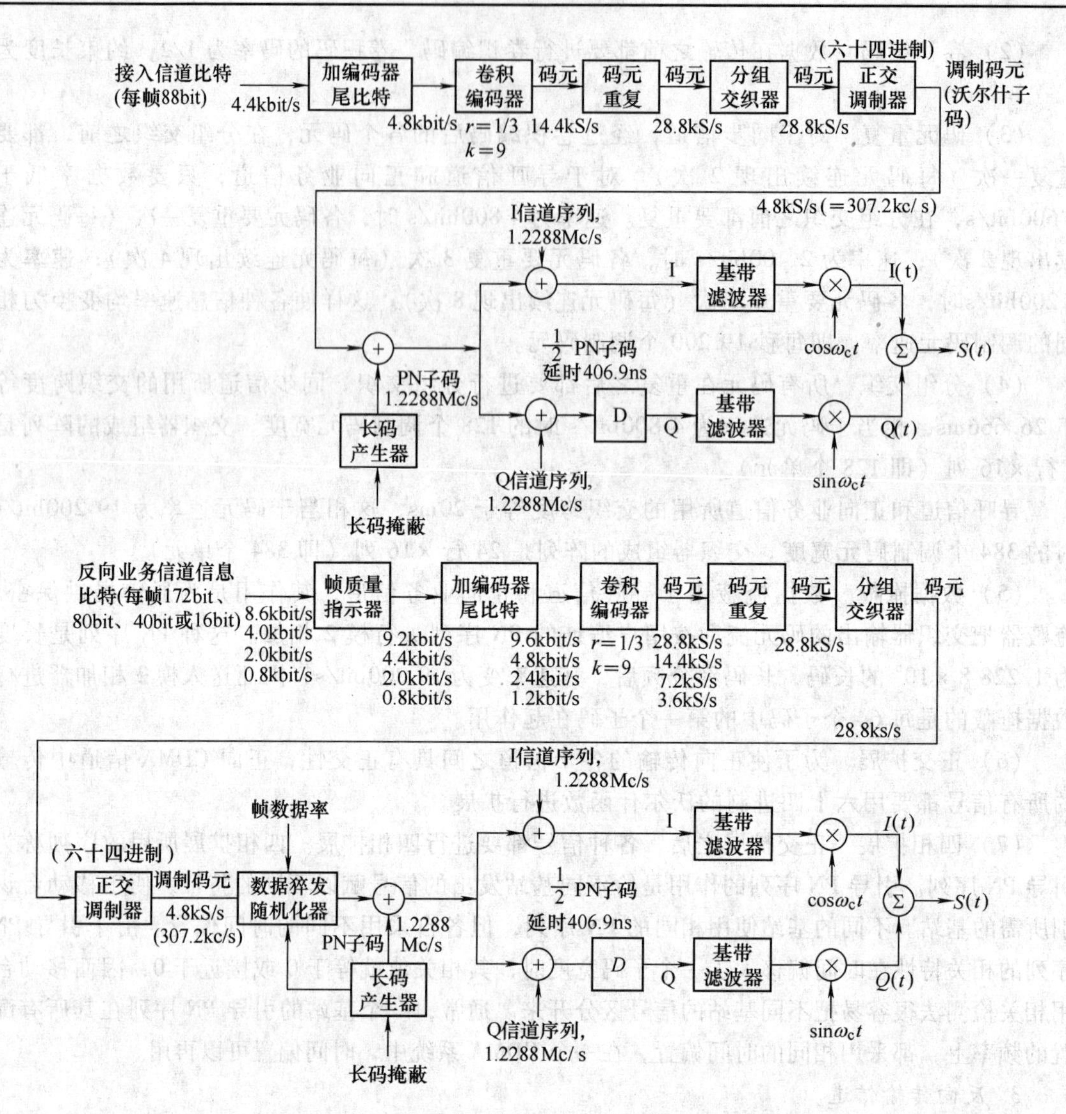

图 5-6 反向传输信道的电路框图

（5）正交多进制调制 在反向传输信道中，把交织器输出的码元每 6 个作为一组，用六十四（$2^6=64$）进制的沃尔什函数之一（称调制码元）进行传输。调制码元的传输速率为 28 800/6bit/s = 4 800bit/s。

（6）直接序列扩展 长码的周期是 $2^{42}-1$ 个子码，长码的各个 PN 子码是用一个 42 位的掩码和序列产生器的 42 位状态矢量进行模 2 内乘而产生的。

情景三 CDMA 终端的原理及检修

下面以 TCL1828 CDMA 终端为例，介绍 CDMA 终端的原理和检修技术。

一、TCL1828 主要技术性能

TCL1828 CDMA 终端是我国 TCL 公司生产的新型手机，采用了美国高通公司生产的配套模块，核心模块是 MSM5105。TCL1828 的外形如图 5-7 所示。

手机的技术性能符合美国 TIA 于 1993 年公布的 IS-95 标准，主要性能如下：

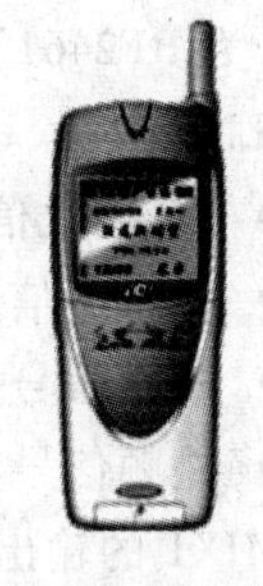

图 5-7 TCL1828 外形

（1）频段　824 ~ 849MHz（手机发射）、869 ~ 894MHz（手机接收），869 ~ 894MHz（基站发射）、824 ~ 849MHz（基站接收）。

（2）信道数　每一个载频 64 个 CDMA 信道，每一小区分为 3 个扇形区，可共用一个载频；每个网络分为 9 个载频，其中收、发各占 12.5MHz，共占 25MHz 带宽。

（3）扩频方式　DS 直接序列扩频。

（4）语音编码　语音编码最大数据率为 9.6kbit/s，每帧时间为 20ms。

（5）信道编码　卷积编码：下行码率 $R = 1/2$，约束长度 $K = 9$；上行码率 $R = 1/3$，约束长度 $K = 9$。交织编码：交织间距为 20ms。PN 码：码片速率为 1.2288Mc/s；基站识别码采用 M 序列，周期为 $2^{15} - 1$。

（6）导频同步信道　供手机作载频和时间同步。

二、电路原理分析

1. 射频电路

射频电路分为三个部分，分别是接收电路、发射电路、频率源电路。

（1）接收电路

1）接收信号的流程。接收信号的流程为从天线上接收到电磁波，经低噪声 RF 放大、下变频、中频放大及中频解调（包括二中频）而最后变换成接收 I/Q 基带信号的全过程。接收电路原理框图如图 5-8 所示。

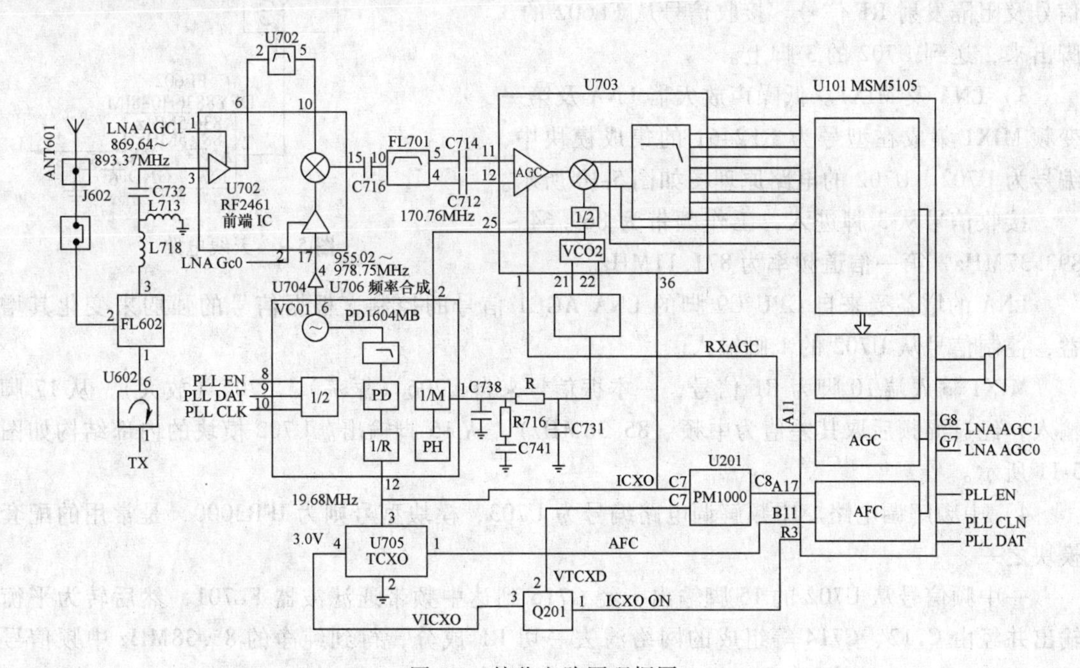

图 5-8 接收电路原理框图

从图中看到，RF 接收信号经过天线合路器 FL602，从 3 脚输出送到 U702 的 3 脚，U702（型号为 RF2461）是一个包含低噪声放大器 LNA 及第一混频器 MIX1 的集成电路。接收信号经 LNA 放大、滤波后与一本振信号混频，输出信号主要有四个，分别是：

- RF 接收信号 f_R
- 一本振信号 f_{LO}
- 和频信号 f_R+f_{LO}（$>f_R$ 及 f_{LO}）
- 差频信号 $f_{LO}-f_R=f_M$

MIX1 的输出经 U702 的 15 脚送到中频滤波器 FL701，它滤除了较高的频率成分即 f_R、f_{LO} 及 $f_{LO}+f_R$，只输出了 85.38MHz 的第一中频信号。该信号送到中频放大后，经第二次混频产生二中频，再由解调器解调成 8 路基带信号，送到 CPU（U101，型号为 MSM 5105）去进行数字解调以变换成模拟基带信号。

AGC 中频放大器、第二混频及中频解调器均集成在一个集成电路中，编号为 U703，型号为 IRF 3000。

接收频带为 869.64 ~ 893.37MHz；一本振频率比接收频带高 85.38MHz，为 955.02 ~ 978.75MHz；一中频频率为 85.38MHz；二本振频率也是 85.38MHz。

2）天线电路。天线电路如图 5-9 所示。天线上接收了空中的无线电波，从图中的 ANT601 经外接天线口 J602，到达天线双工滤波器 FL602 的 2 脚。FL602 中有接收带通滤波器，用于接收 RF 信号及阻隔发射 RF 信号。接收信号从 FL602 的 3 脚出来，送到 U702 的 3 脚上。

3）LNA 及 MIX1。低噪声放大器 LNA 及第一变频 MIX1 集成在型号为 RF2461 的集成模块中，编号为 U702。U702 的电路原理图如图 5-10 所示。

接收信号从 3 脚进入，工作频带为 869.64 ~ 893.37MHz，第一信道频率为 871.11MHz。

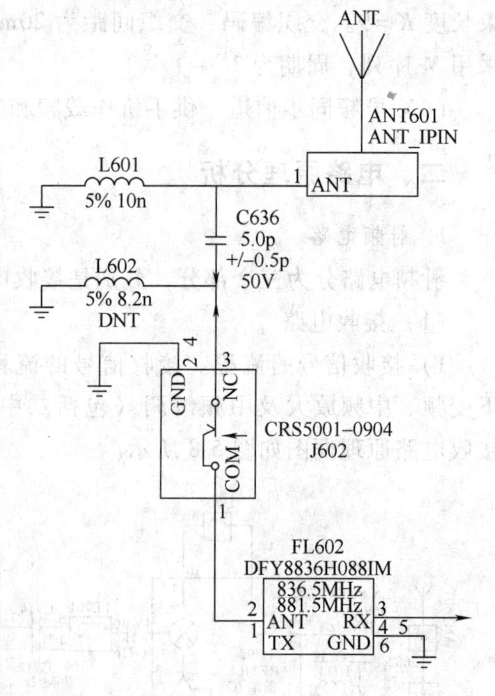

图 5-9 天线电路

LNA 的增益受来自 CPU C9 脚的 LNA AGC1 信号的控制，根据信号的强弱来变化其增益，控制信号从 U702 的 1 脚输入。

MIX1 输入端 10 脚为 RF 信号，一本振信号来自 U706（振荡）、U704（放大），从 17 脚输入，经过混频后取其差值为中频（85.38MHz），从 15 脚输出。U702 模块的内部结构如图 5-11 所示。

4）中频解调电路。中频解调电路编号为 U703，模块型号则为 IFR3000，是常用的配套模块之一。

一中频信号从 U702 的 15 脚输出，经 C716 到达中频带通滤波器 FL701，然后转为平衡输出并经由 C712、C714 等组成的网络滤去一切 RF 成分，得到纯净的 85.38MHz 中频信号送到 U703 的 11、12 两脚。该信号在 U703 内被放大 90dB，由 U101 的 A11 脚送来的电压控

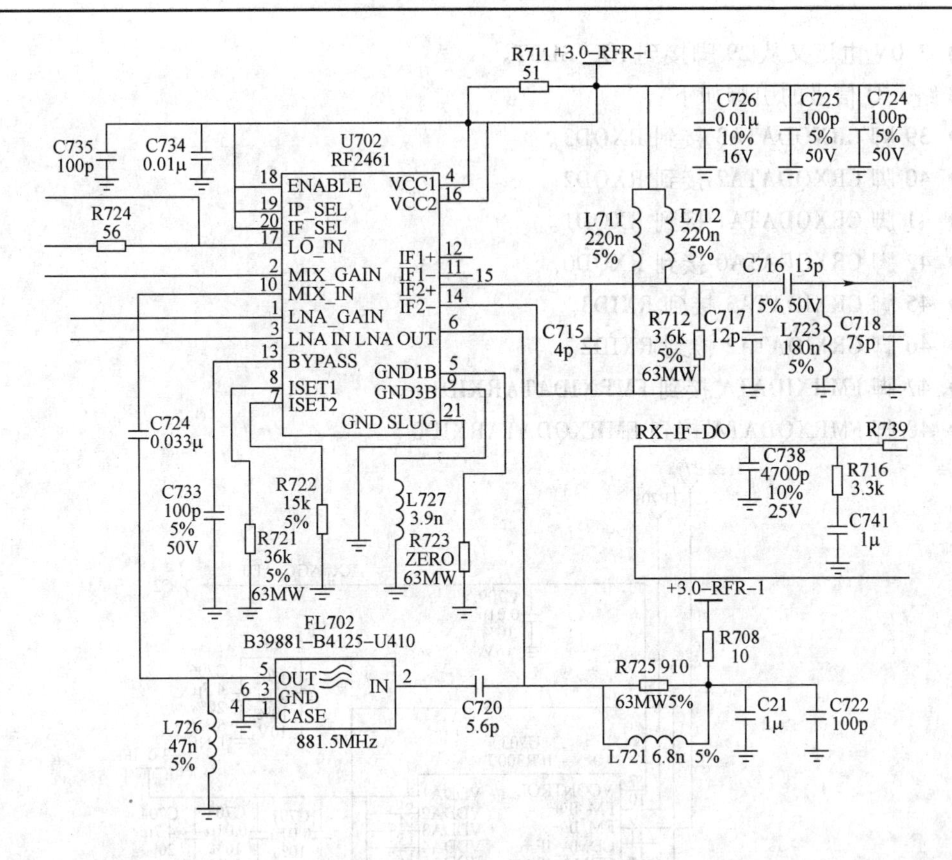

图 5-10　U702 的电路原理图

制信号（RXACCADJ）加在 U703 的 1 脚，用来控制放大器的增益。

中频信号经过解调得到数字 I/Q 信号，经内部低通滤波器后进行 I/Q 放大，CPU（MSM5105）送来的 Q_OFFSET 及 I_OFFSET 两路 I/Q 偏移控制信号控制 I/Q 放大器的增益，使 CDMA 数字 I/Q 信号获得最佳幅度送到 A-D 转换电路。

A-D 转换电路将模拟 I/Q 信号变换成数字信号，送到 CPU 内，CPU 进行信号解密、信道解码、语音解码、再经过 D-A 转换器，将数字信号转变成模拟语音输出。

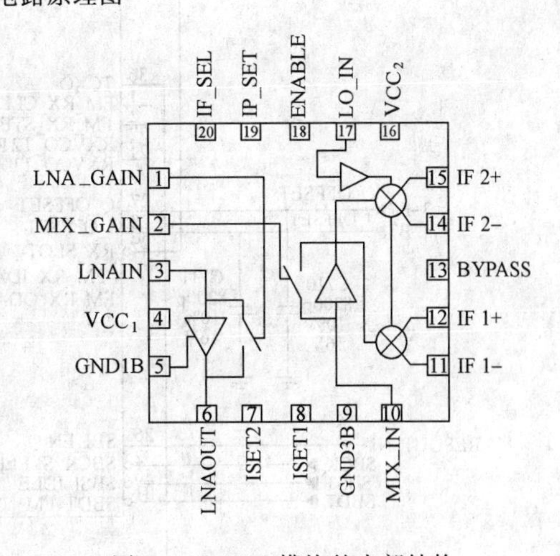

图 5-11　U702 模块的内部结构

U703 的电路原理图如图 5-12 所示，其中：

- 接地引脚有 3、5、8、13、16、18、19、23、34、43。
- TCXO 从 36 脚送入参考频率 19.68MHz。
- 30、31、32 脚分别为输入启动、数据及休眠信号。
- +3.0_IFR 分别从 4、6、14、15、17、20、24 脚接到 VDDA1 ~ VDDA7。
- +3.0_P 从 44 脚接到 VDDM。

- 3.0V 电压又从 29 脚接到 RX_SLOT。

8 路 I/Q 信号的引脚如下：

- 39 脚 CRXQDATA3 接到 RXQD3。
- 40 脚 CRXQDATA2 接到 RXQD2。
- 41 脚 CRXQDATA1 接到 RXQD1。
- 42 脚 CRXQDATA0 接到 RXQD0。
- 45 脚 CRXIDATA3 接到 RXID3。
- 46 脚 CRXIDATA2 接到 RXID2。
- 47 脚 FMRXIDATA 接到 FMRXIDATARXID1。
- 48 脚 FMRXQDATA 接到 FMRXQDATARXID0。

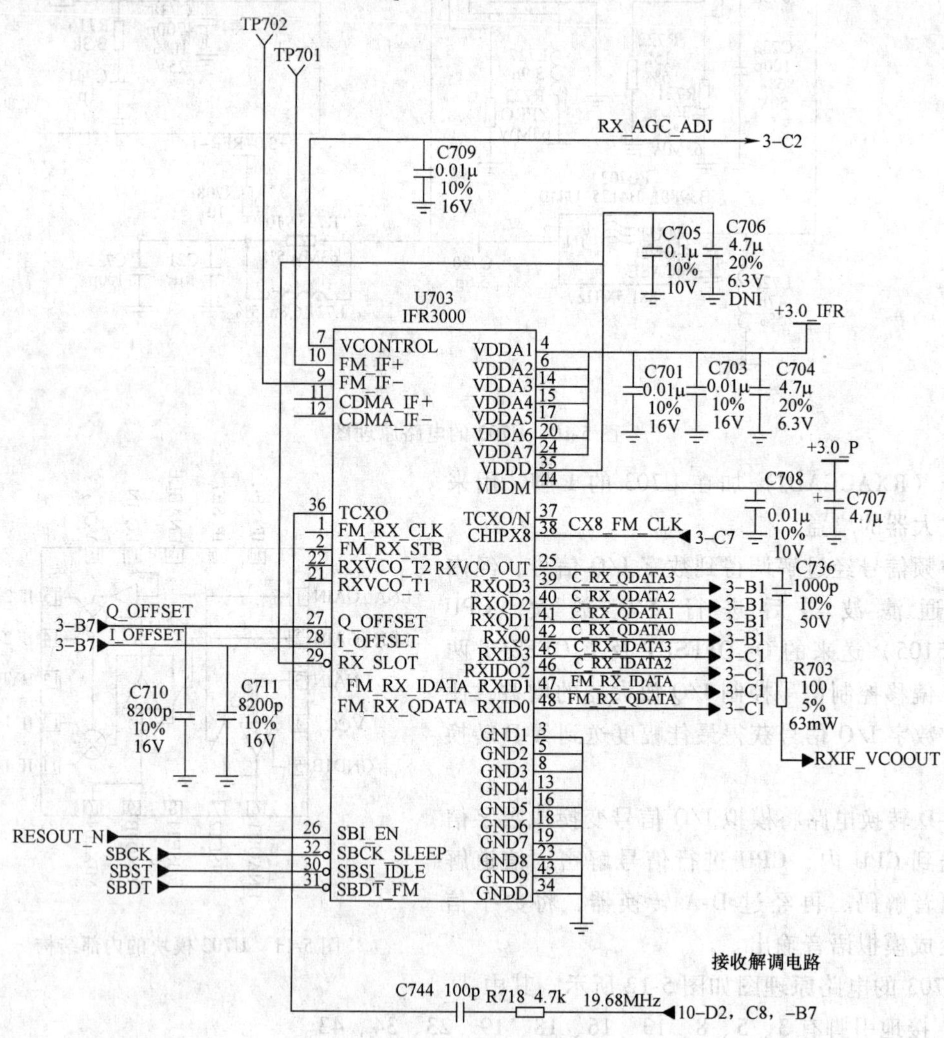

图 5-12　U703 的电路原理图

U703 的内部结构如图 5-13 所示。中频信号从 11、12 脚进入 AGC 放大，再进入解调器 DEMOD，二本振信号由 RXVCO 二分频后送入解调器，解调输出经过 CDMA LPF（CDMA 低通滤波器）后送入 I/Q OFFSET，最后分别输入 CDMA 及 FM 两种 A-D 转换器而输出 I/Q 信号。

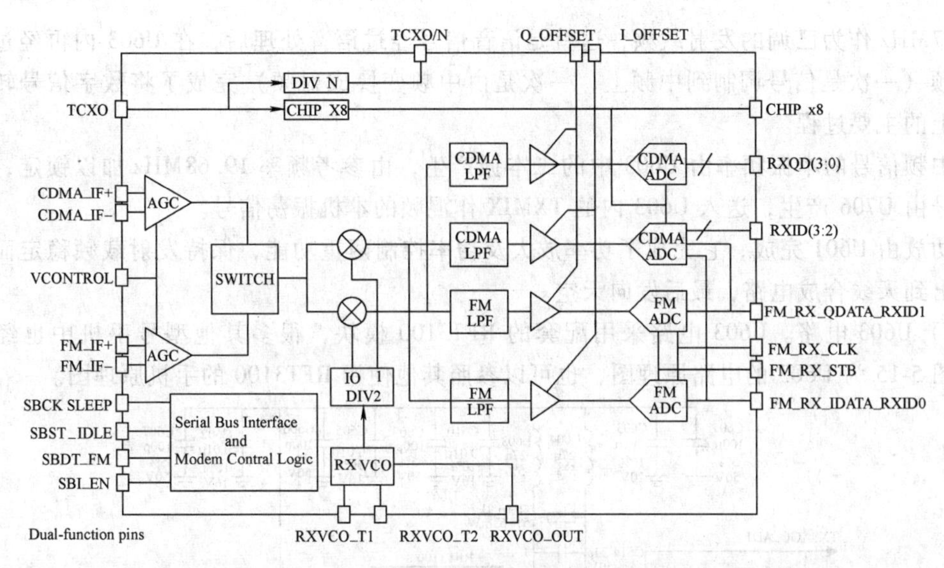

图 5-13　U703 的内部结构

I/Q 信号送到 CPU 模块内，经信号解密、信道解码、语音解码，再经过 D-A 转换器，数字信号转变成模拟语音输出。

（2）发射电路

1）发射信号的流程。发射电路原理框图如图 5-14 所示。发射电路中的信号应经过语音编码、信道编码、信道调制、发射中频载波调制、放大变频、功率放大及控制等过程，最后经由天线发射输出。

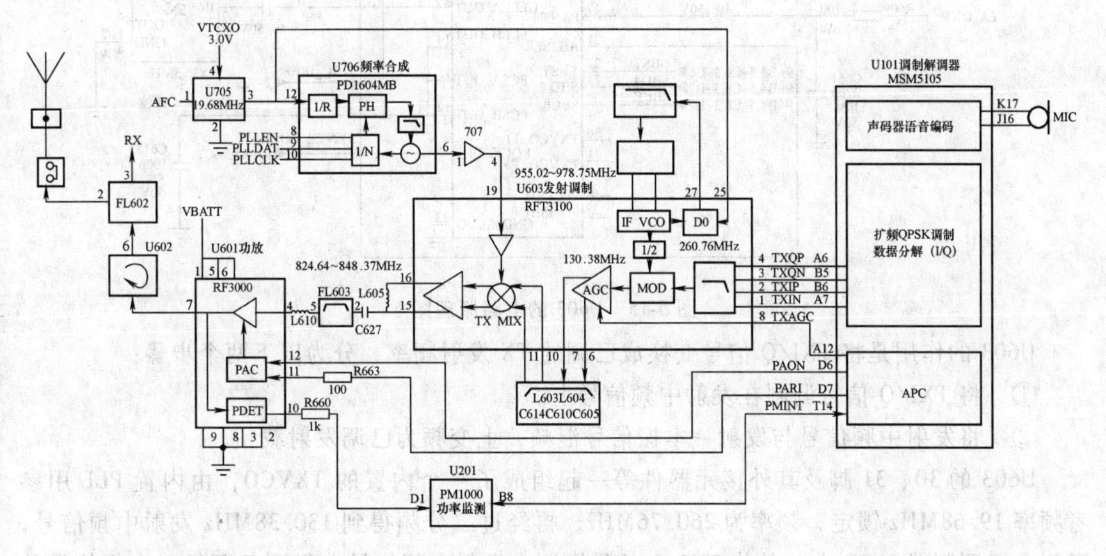

图 5-14　发射电路原理框图

由送话器进来的语音是模拟信号，在前端经过 PCM 编码器变换为数字信号，再经过信道编码变成 CDMA 制数字信号（即 TXI/Q 信号），这在电路中属于射频电路以前的工作。在图 5-14 中，从 U101 的 A6、B5、B6、A7 以后的部分称为发射射频电路。

4 组 TXI/Q 脉冲信号在发射调制器 U603 中调制到 130.38MHz 的发射中频上，经过 LC 滤波及 AGC 放大，调制到 955.02 ~ 978.75MHz 的一本振信号上，取其差频 824.64 ~

848. 37MHz 作为已调的发射载频，这就是语音信号经过语音处理后，在 U603 内再经过两次上变频（一次是信号调制到中频上，一次是由中频变换成射频）完成了将数字信号转移到射频上的主要过程。

中频信号的本振频率由 U603 中的二本振产生，由参考频率 19. 68MHz 加以锁定，一本振信号由 U706 产生，送入 U603 内的 TXMIX 作混频的本机振荡信号。

功放由 U601 完成，它完成了功率放大及功率控制两重功能，保持发射载频稳定而受控地输出到天线合成电路，最后发向天空。

2）U603 电路。U603 电路采用配套的 RFT3100 模块，很多其他型号手机中也经常采用。图 5-15 为 U603 的电路原理图，也可以参照其他使用 RFT3100 的手机原理图。

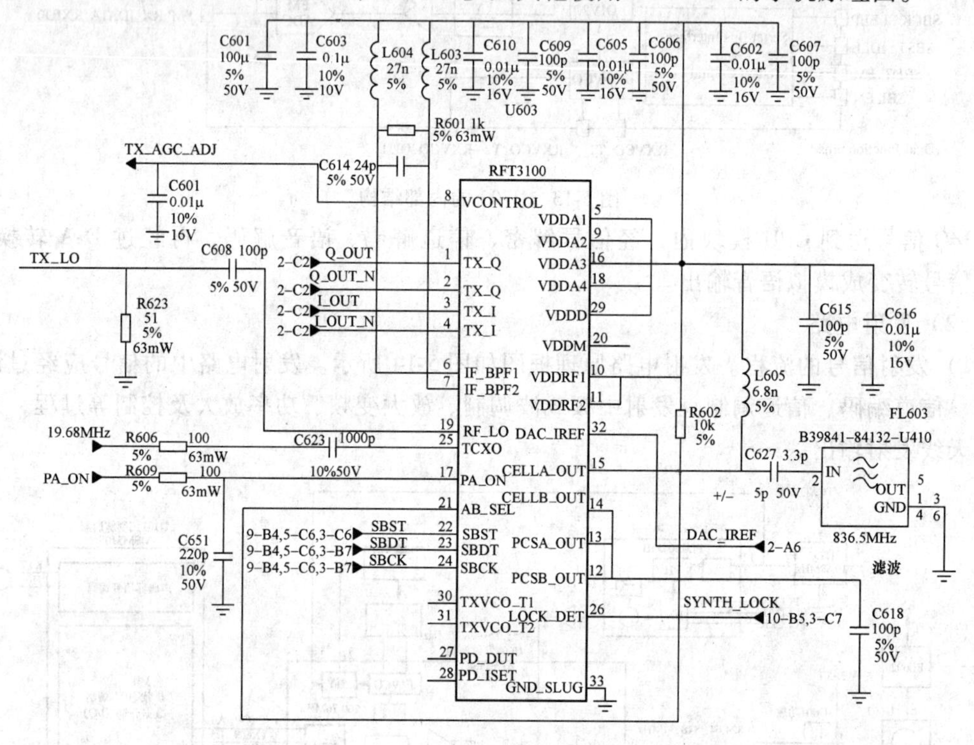

图 5-15 U603 的电路原理图

U603 的作用是将 TXI/Q 信号变换成已调的 TX 发射频率，分为以下两个步骤：

① 将 TXI/Q 信号调制在发射中频信号上。

② 将发射中频信号与发射一本振信号混频，上变频为已调发射载频。

U603 的 30、31 脚及其外接元器件等一起组成了一个内置的 TXVCO，由内置 PLL 用参考频率 19. 68MHz 锁定，频率为 260. 76MHz，再经过二分频得到 130. 38MHz 发射中频信号，送到内置调制器 MOD 上，并将 TXI/Q 信号调制在发射中频信号上得到已调发射中频信号并送到 AGC 放大器上。

已调中频信号通过外接中频滤波器后，将信号进行发射混频，与发射一本振 955. 02 ~ 978. 75MHz 在 TX MIX 中混频，将差频 824. 64 ~ 848. 37MHz 取出作为低电平的已调发射载频而从 U603 的 15、16 脚输出。

3）功放及功控电路。功放由 U601 承担，功控则由功放 U601、电源 U201 和 CPU U101

承担。U601 的型号为 RF3300，功率输出通过环行器进入天线合成器后流向天线并发向空中。功放电路如图 5-16 所示。

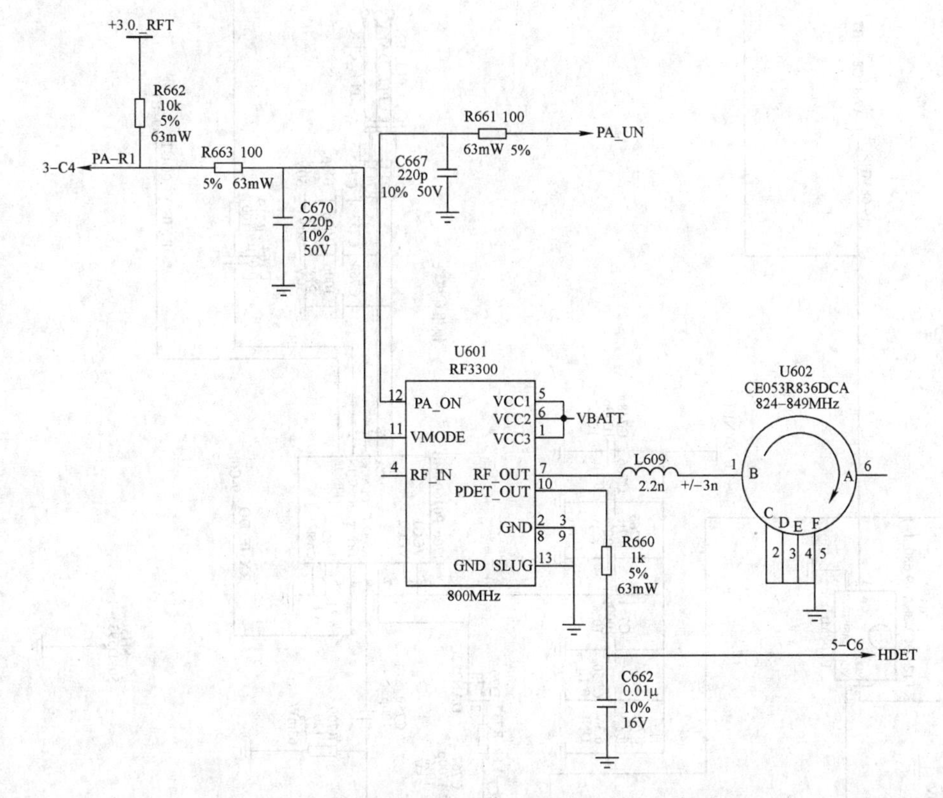

图 5-16　功放电路

已调载频激励功率由 4 脚进入 U601，1、5、6 脚为 VBATT 输入脚，控制信号由 11 脚进入，12 脚 PA_ON 为参考电压输入脚，7 脚输出功率送到环行器 U602 的 1 脚，并从其 6 脚输出到天线共用器。

CDMA 终端的功率控制一般有两种方式，即开环和闭环两种功率控制。TCL1828 是双管齐下，同时采用这两种方式。GSM 手机中一般采用闭环功率控制。

开环功率控制是用 TX_AGC_ADJ 对发射中频放大器进行控制，如图 5-15 所示，其中 U603 的 8 脚负责控制 AGC 中频放大器的增益。

闭环功率控制由功放 U601 的 10 脚输出功率取样信号送到 U201 的 D1 脚，在 U201 内经过 A-D 转换后送到 U101 的 T14 脚，CPU 根据基站的指令从存储器内调用相应的功率等级数据与之比较，来决定发射功率的大小。然后从 D7 脚输出功率控制信号 PARI 送到 U601 的 11 脚与 PAON 指令一起控制功放，使输出功率合乎基站的指令。

4）天线电路。天线电路不再另画，可参见图 5-14 中的最左侧。功放输出经过一个 U602 环行器，在环行器中，功率只能顺箭头方向传输，反向传输时一般要有 20dB 以上的衰耗，因此在功放与天线间起了隔离作用。

U602 的 1 脚为输入端，6 脚为输出端，功率顺箭头方向送到合路滤波器 FL602 的 1 脚，通过它从 2 脚送到天线上并发向天空。

（3）频率源电路　频率源为收、发电路提供各种本地振荡源，频率源电路如图 5-17 所示。

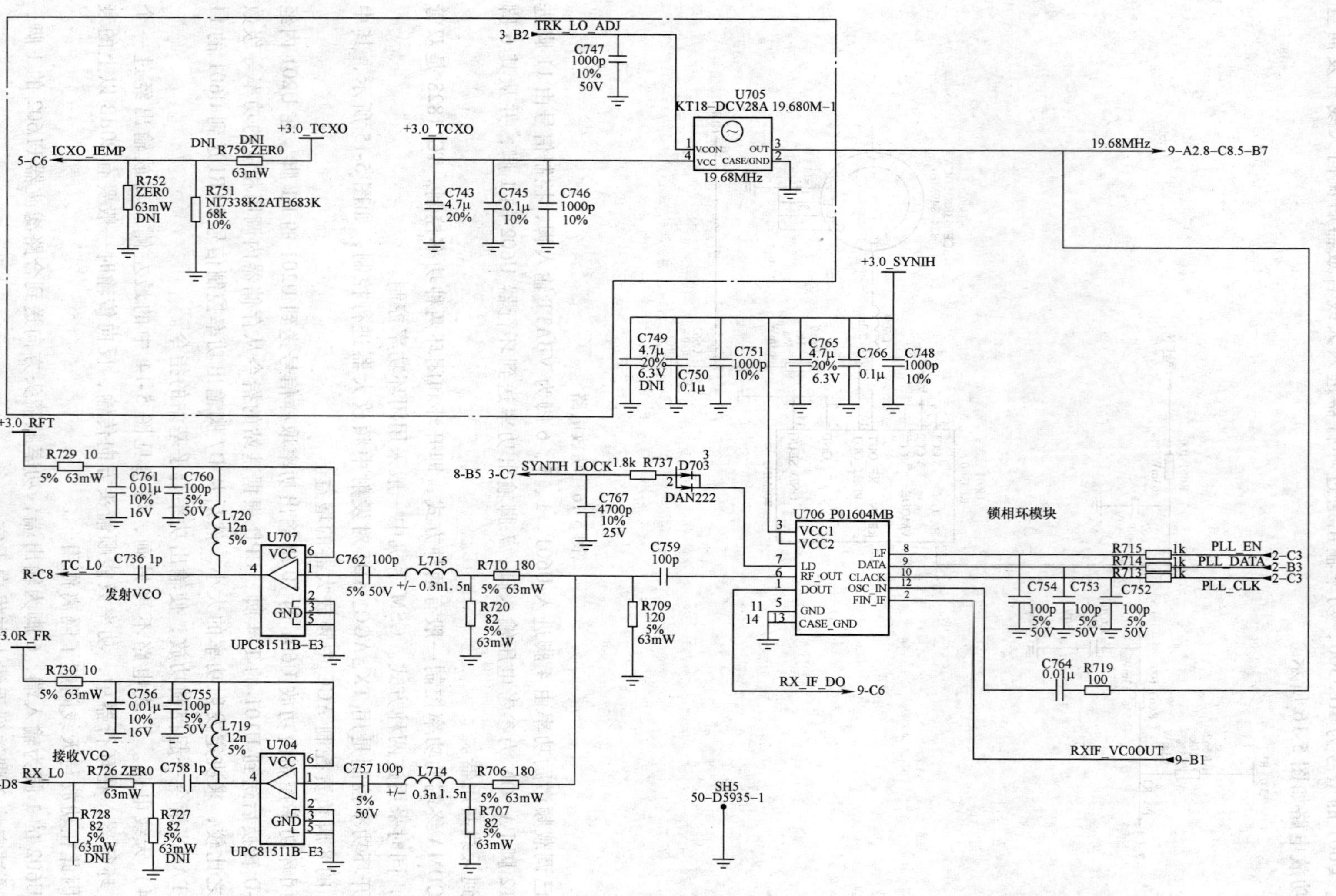

TRK_LO_ADJ
3_B2
C747 1000p 10% 50V
U705
KT18-DCV28A 19.680M-1
VCON
VCC
OUT
CASE/GND
19.68MHz
19.68MHz
9-A2.8-C8.5-B7
+3.0_TCXO
+3.0_TCXO
ICXO_IEMP
5-C6
DNI
DNI
R750 ZER0
63mW
R752 ZER0 63mW DNI
R751 NI7338K2ATE683K 68k 10%
C743 4.7µ 20%
C745 0.1µ 10%
C746 1000p 10%
+3.0_SYNIH
C749 4.7µ 20% 6.3V DNI
C750 0.1µ
C751 1000p 10%
C765 4.7µ 20% 6.3V
C766 0.1µ
C748 1000p 10%
+3.0_RFT
R729 10
5% 63mW
C761 0.01µ 10% 16V
C760 100p 5% 50V
L720 12n 5%
U707
VCC
GND
UPC81511B-E3
TC_L0
R-C8
C736 1p
发射VCO
C762 100p
5% 50V
L715
+/- 0.3n1. 5n
R710 180
5% 63mW
R720 82 5% 63mW
8-B5 3-C7
SYNTH LOCK
1.8k R737
D703
DAN222
C767 4700p 10% 25V
C759 100p
R709 120 5% 63mW
U706 P01604MB
VCC1
VCC2
LD
RF_OUT
DOUT
GND
CASE_GND
LF
DATA
CLACK
OSC_IN
FIN_IF
锁相环模块
R715 1k
R714 1k
R713 1k
PLL_EN
PLL_DATA
PLL_CLK
2-C3
2-B3
2-C3
C754 100p 5% 50V
C753 100p 5% 50V
C752 100p 5% 50V
C764 0.01µ
R719 100
RX_IF_DO
9-C6
RXIF_VC0OUT
9-B1
+3.0R_FR
R730 10
5% 63mW
C756 0.01µ 10% 16V
C755 100p 5% 50V
L719 12n 5%
U704
VCC
GND
UPC81511B-E3
接收VCO
RX_L0
9-D8
R726 ZER0
63mW
C758 1p
R728 82 5% 63mW DNI
R727 82 5% 63mW DNI
C757 100p
5% 50V
L714
+/- 0.3n1. 5n
R706 180
5% 63mW
R707 82 5% 63mW
SH5
50-D5935-1

图 5-17 频率源电路

1）参考时钟电路。参考时钟电路采用温度补偿振荡器U705，U705的电路如图5-18所示，19.68MHz石英晶体集成在U705内部。4脚为3.0V电源输入，19.68MHz参考频率由3脚分两路输出，一路用以锁定接收一本振及发射一本振，另一路送到CPU作为时钟频率。由CPU送来的微调电压信号TRK_LO_ADJ由1脚输入。

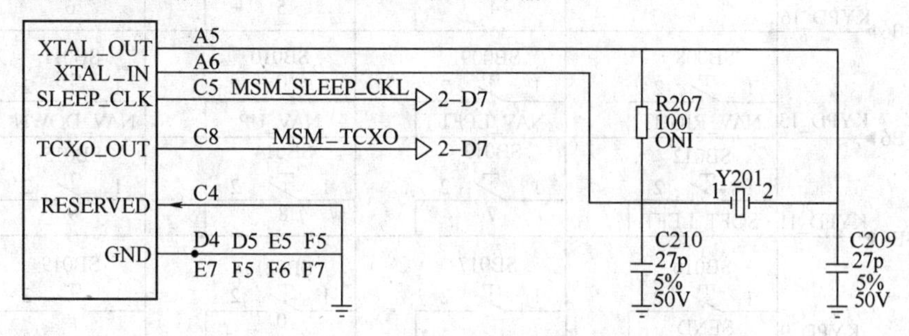

图5-18 U705的电路

2）锁相环。U706是一个锁相环PLL（Phase Locked Loop），参考频率为19.68MHz，它用来锁定下列振荡源：接收第一本机振荡源U704，振荡频段为954.38～979.38MHz；接收二本振振荡源U706，振荡频率为170.76MHz；发射一本振TXVCO U707，振荡频段为954.38～979.38MHz，作为发射一本振振荡信号。

3）U704及U707（RXVCO及TXVCO）。U704及U707是两个相同的电路，它们的振荡频段相同，分别用做接收电路及发射电路的第一本振信号，它们受锁相环U706的锁定。RF_OUT由U706的6脚输出，分别送到U707的1脚和U704的1脚。

2. 逻辑电路和其他电路

（1）CPU（U101-1及U101-2） 手机使用了高通公司的MSM5105模块，共有两个：

1）U101-1（接收用CPU），主要用于接收I/Q数字信号的处理及各种控制，它外接32MB的FLASH/SRAM存储器U102及512KB的SRAM存储器U103。

2）U101-2（发射用CPU），主要用于发射I/Q数字信号的处理及有关控制。

（2）U102及U103 手机信息的存储使用了：

1）FLASH/SRAM U102，存储容量为64MB。

2）SRAM U103，存储容量为512KB。

（3）基带处理电路 基带信号处理由中央微处理器（CPU）U101执行。手机的接收及发射部分基带处理分别在两块模块中进行，即接收I/Q处理在U101-1中，发射I/Q处理在U101-2中。

在接收电路中，先从RXI/Q信号中解调出接收数据信号，再进行解码，把语音编码数据还原成模拟的信号再放大后去推动扬声器。

在送话时，送话器将信号变成电流送入U101-2进行放大，再经编码、发射信道调制，把发射的数据流转换成4组调制信号IOUT、IOUTN、QOUT、QOUTN，再送到发射调制器U603去。

（4）键盘电路 键盘电路如图5-19所示。

（5）背景灯电路 背景灯为显示屏和键盘提供照明，电路如图5-20和图5-21所示。

（6）振铃电路 振铃电路用来提示来电，如图5-22所示。

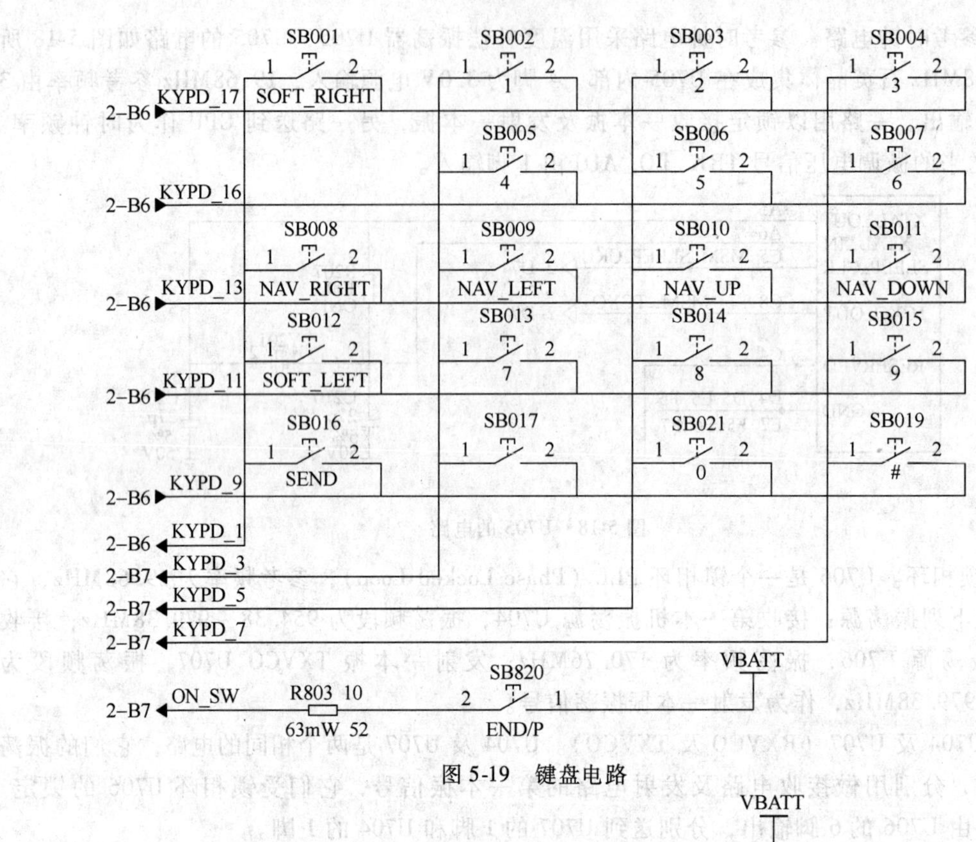

图 5-19 键盘电路

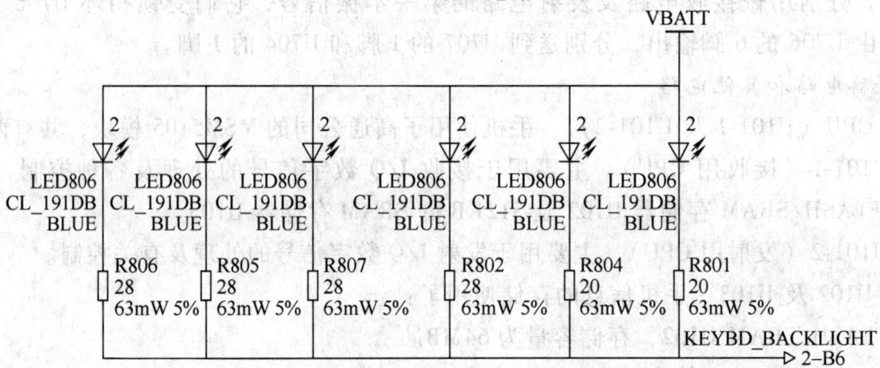

图 5-20 键盘背景灯电路

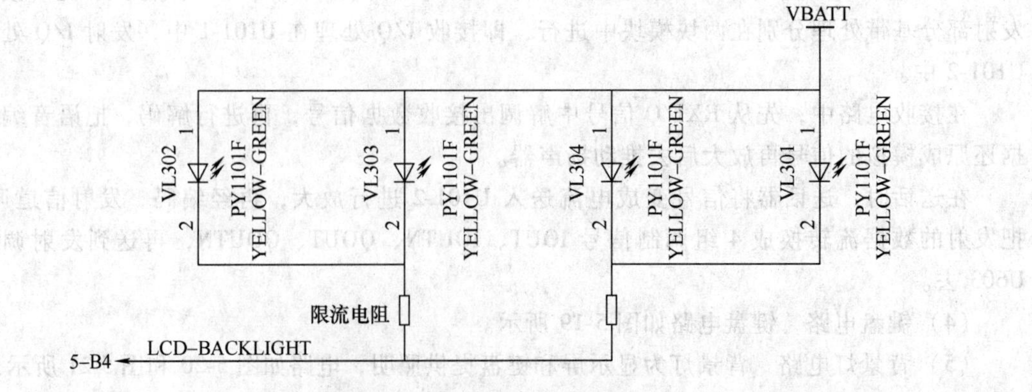

图 5-21 显示屏背景灯电路

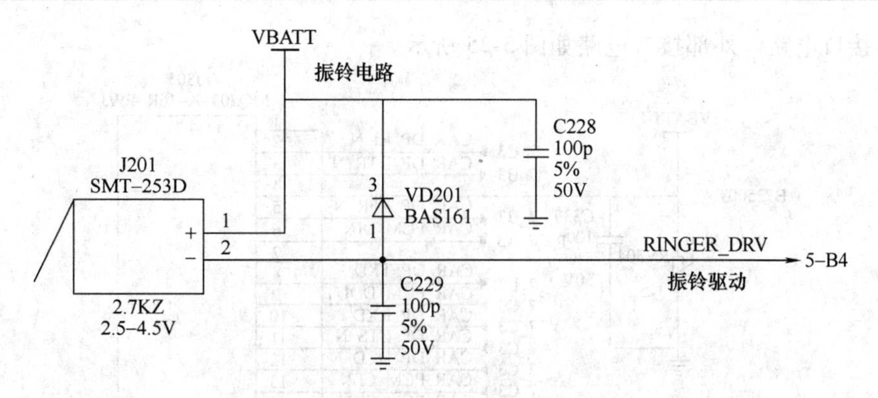

图 5-22　振铃电路原理图

（7）振子电路　振子电路用于在有来电时不发出声响以免干扰他人，电路原理图如图5-23所示。

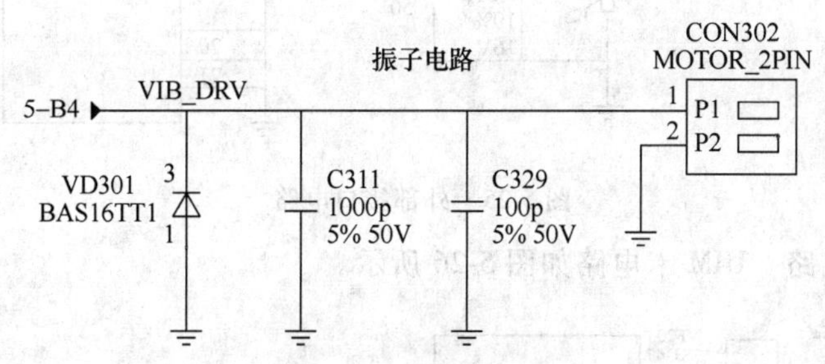

图 5-23　振子电路原理图

（8）显示屏电路　显示屏电路如图 5-24 所示。

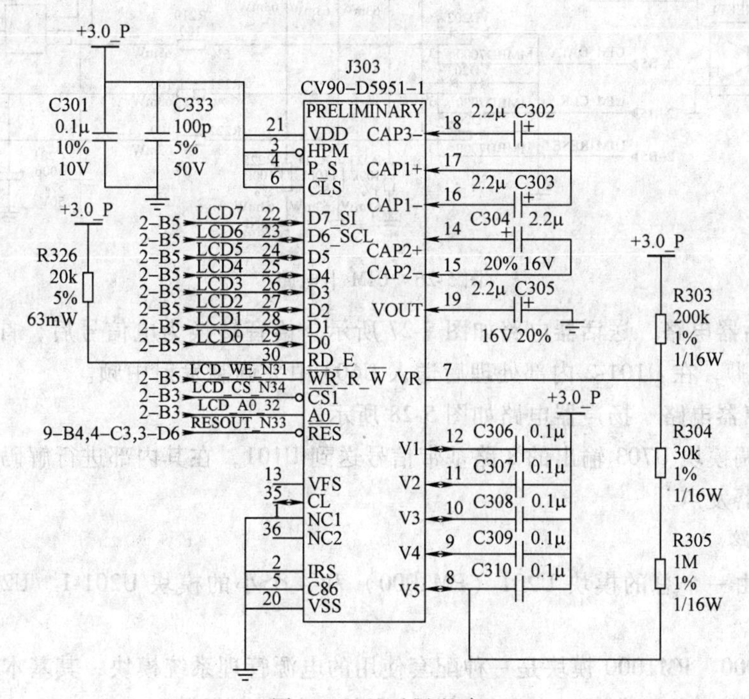

图 5-24　显示屏电路

（9）接口电路　外部接口电路如图 5-25 所示。

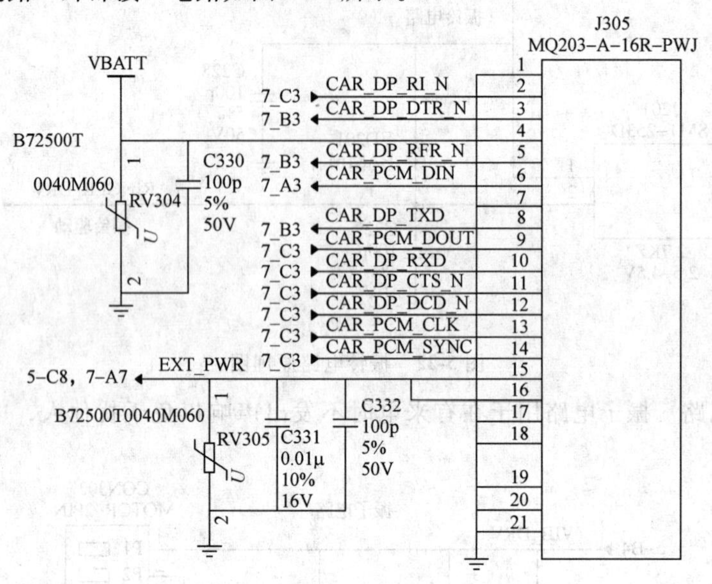

图 5-25　外部接口电路

（10）UIM 卡电路　UIM 卡电路如图 5-26 所示。

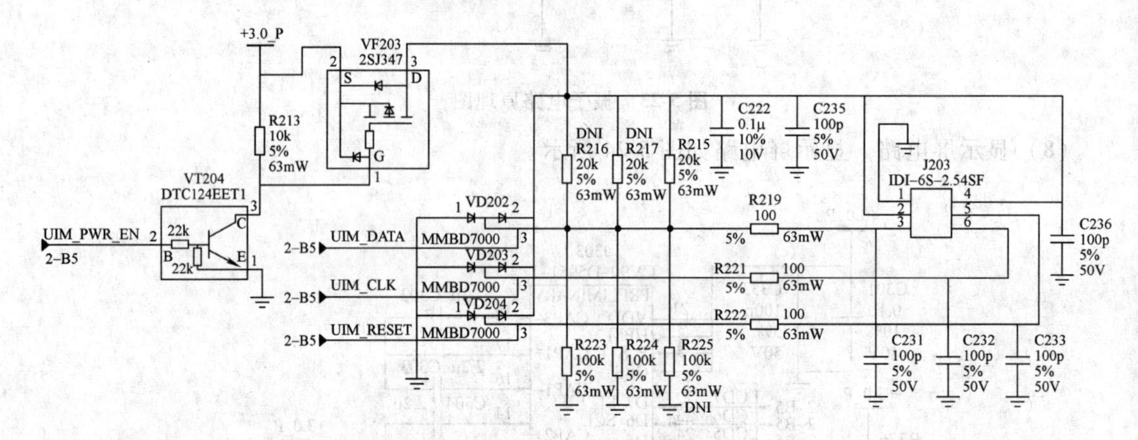

图 5-26　UIM 卡电路

（11）送话器电路　送话器电路如图 5-27 所示。语音转换为电信号后，首先进入 U101-2 的 J16、K17 脚，在 U101-2 内部处理后送入 U603 中去调制发射中频。

（12）扬声器电路　扬声器电路如图 5-28 所示。

从接收解调模块 U703 输出的 8 路基带信号送到 U101，在其内部进行解码等处理后，输出去推动扬声器发声。

3. 电源电路

电源电路由一个总的模块 U201（PM1000）和 4 个小的模块 U201-1、U202-2、VT201、VT202 组成。

（1）PM1000　PM1000 模块是一种配套使用的电源管理系统模块，其基本功能如下：

1）电池管理功能，包括过电压及过电流保护、低电压报警。

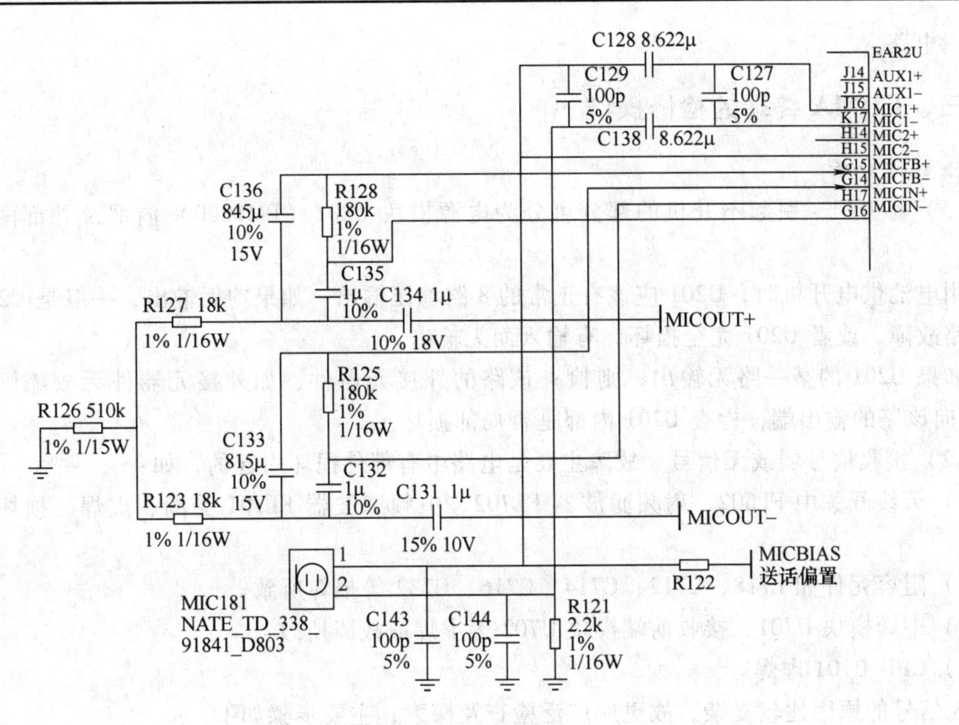

图 5-27　送话器电路

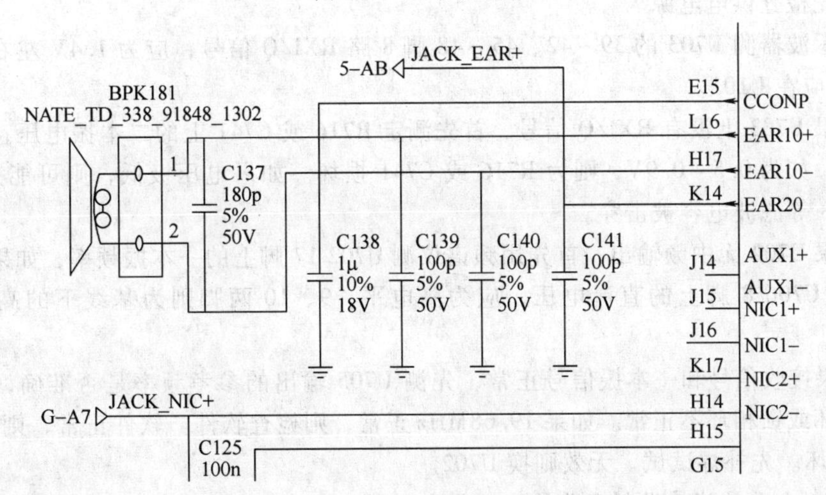

图 5-28　扬声器电路

2）充电控制功能，包括锂电池和镍氢电池充电模式选择、快速充电或待机充电选择。

3）线性电压调整，包括供电控制、供电复位。

PM1000 内包含 8 个供电稳压输出端口，通过三线串行总线可单独对每个调压端进行编程和控制。此外，PM1000 还与 A-D 或 D-A 转换电路、实时时钟（RTC）、键盘及背景灯驱动器、LCD 背景驱动器、振铃驱动器和振子驱动器等有关。

（2）电源输出电压　电池电压加在 U201（PM1000）的 D7、G6、H6、G8、A3、C1 共 6 个端子，又接到 H3，通过 C206 接到 G3，因此得到 3.0V 稳定直流电压送给射频电路和音频逻辑电路。

三、CDMA 终端的检修操作

1. 故障分析

（1）不开机　引起不开机的部分可分为电源模块 U201（PM1000）内部及外部两大部分。

用电池供电开机时，U201 应该有正常的 8 路稳压输出。如果均无输出，一般是 U201 外部电路故障，或者 U201 完全损坏，有输入而无输出。

如果 U201 的某一路无输出，则检查该路的外接元器件，如外接元器件无故障则断开 U201 向该路的输出端，检查 U201 内部是否局部损坏。

（2）接收信号弱或无信号　故障主要是电路中有部件损坏引起的，如：

1）天线开关中 FL602、射频滤波器 FL702、中频滤波器 FL701 受潮、虚焊、损坏所引起。

2）阻容元件如 L718、C712、C714、C716、C732 等损坏所致。

3）中频模块 U701、接收前端模块 U702 等虚焊或故障所致。

4）CPU U101 虚焊。

无信号的原因比较复杂，故更应广泛检查及探索，主要步骤如下：

1）首先检查供电电源。

2）用示波器测 U703 的 39～42、45～48 脚 8 路 RXI/Q 信号，应为 1.4V 左右。如果正常，则问题应在 U101。

3）如果 U703 上没有 RXI/Q 信号，首先测定 R716 或 C741 上的二本振电压，正常值为 1.0～3.5V，如为 0.5～0.9V，则为 R716 或 C741 损坏。如果电压极低，则可能是 U706 损坏，或 C738 等滤波电容被击穿。

4）如果 U702 无中频输出，首先用频谱仪测 U702 17 脚上的一本振频率，如果无一本振信号，则测 U706 8 脚上的直流电压，应为高电平，9、10 两脚则为基线下的高电平负脉冲。

5）如果接收信号和一本振信号正常，先测 U705 输出的参考频率是否准确，否则可能是 U705 损坏或锁相环不正常。如果 19.68MHz 正常，则检查软件。软件正常，则可能 U702 有虚焊或损坏。先补焊试试，无效则换 U702。

（3）发射电路故障　发射电路故障可分为 U603、U601 两大部分。U601 为功率放大器，测定 7 脚的输出信号，4 脚的输入信号，5、6 脚的输入电源正常与否即可判断 U601 正常与否。如 7 脚输出信号正常，说明前级是正常的，需要检查此处到天线间的电路；如 4 脚不正常应立即检查 U603 电路是否正常。

U603 是 RFT3100 模块，它接收发射基带 I/Q 信号，调制在内部产生的发射中频上，再进一步与发射载频上变频为已调发射载频，只是功率较低，需送 U601 进行功率放大。检查时可首先检查输入、输出及供电电源三个主要目标，用以判断故障部位。

由于 U603 是一个复合的模块，内部结构图、电路图以及发射电路图见相关图，参考这些电路可以查出故障的所在。

发射电路故障一般引起的是无发射功率，表现为不入网故障。

(4) 主板音频回路和耳机音频回路故障 在检修主板音频回路和耳机音频回路时，首先确认耳机感知信号 JACK SENSEN 是否正确。

以下为音频回路与 JACK SENSEN 的对应关系：

1) JACK SENSEN 为高电平时，手机选择主板音频回路。

2) JACK SENSEN 为低电平时，手机选择耳机音频回路。

如果信号 JACK SENSEN 不正确，手机将选择错误的音频回路。

(5) 音频输出电路故障 按键盘上音量增加键，如果扬声器没有声音，检查音频输出部分。

(6) 显示不正常故障的分析 显示可分为两个部分：液晶驱动电路和接口电路。液晶驱动电路的主要功能是产生负压及纯正的交流电，驱动液晶显示；接口电路的主要功能是接收显示信息，并对液晶驱动电路进行控制。

(7) 键盘电路故障的分析 故障分析：

1) 一个键无功能时，一般为键盘触点脏或键盘膜没有贴正。

2) 有多个键无功能时，根据键盘中断表查找相应的中断，并检查键盘的装配有无问题。

3) 无键盘音时，首先查看音频输出是否正常，如果正常，则检查 U101。

(8) 振铃电路故障的分析 振铃电路的功能主要是来电时进行声音提示。

故障分析：振铃无声。

1) 测量 C228 上的 VBATT 电源信号，应为 4V 左右的高电平，若信号不正确检查 VBATT 相关电路。

2) 测量 C229 上的 RINGER-DRV 信号，若为高电平，检测 U201、U101 的信号来源。

3) 若测得振铃引脚上的信号为交流信号与直流信号的复合叠加信号，需要检查振铃是否损坏。

(9) 背景灯驱动电路故障的分析 背景灯驱动电路主要为显示屏和键盘照明。

故障分析：

1) 若部分 LED 不亮，检查不亮 LED 以及同一支路上的限流电阻。

2) 若全部 LED 不亮，检查 VBATT 有关的电路，或控制信号 LCD_BACKLIGHT 和 KEYBD_BACKLIGHT 是否正常。

3) LED 发暗，检查 VBATT 电压是否过低或限流电阻阻值过大。

4) 若 LED 亮度过高，检查限流电阻是否短路或 VBATT 电压是否过高。

(10) 振子驱动电路故障的分析 振子驱动电路是来电提示设定为振动后，当有电话接入时手机以振动方式提醒用户。

故障分析：

1) 无振动或振动异常，在 C311、C329 和 D301 上测量 VIB_DRV 信号，VIB_DRV 信号应为高电平。

2) 若信号不正确，测 U201 上的信号来源。

3) 若信号正确，检查振子。

2. 检修实例

(1) 实例一

现象：接收信号弱，郊区常收不到信号。

检查：取下并清洗 FL602、FL702、FL701，检查这些部件后重新装回。

结果：开机正常，故障排除。

(2) 实例二

现象：自动及人工均搜索不到网络。

检查：单主板开机，检查供电正常后，检查没有 RXI/Q 信号、中频 85.38MHz、接收信号，一本振、二本振信号均正常，补焊及更换天线开关 FL602 无效。检查 U702 顶端的 L718、L713、C732，发现 L713 短路。

结果：拆下 L713 换新，故障排除。

(3) 实例三

现象：无接收信号。

检查：将 VT201 的 b 极与 C204 高电平端短接开机，测射频供电正常，无 RXI/Q 信号，无中频信号，但有接收信号；有一本振、二本振频率合成三线控制信号；参考频率为 19.68001MHz，也很正常。

结果：重写软件后接收正常，故障排除。

(4) 实例四

现象：加电后大电流，不开机。

检查：外加电源 3.8V，开机时电流上升到 450mA 时停止，不能开机。拆机检查未见特殊痕迹，大电流由 VBATT 直接接续的元器件故障所引起。

结果：换 U601，开机正常。

(5) 实例五

现象：开机大电流，但不入网。

检查：外加电源开机，手动能搜到网络，拨打 112 时，电流上升到 650mA，摇摆几下再跌落下来。多打几次 112 后，U601 发热严重，更换功放，拨打 112 时，电流上升为 400mA，当背景灯灭后，电流为 280mA。

结果：更换功放后，故障排除。

(6) 实例六

现象：耗电快，充一次电只能打几个电话，一天要用两块电池。

检查：用外接电源开机，接收信号正常，拨打 112 时，背景灯灭后仍有 450mA，发射功率明显偏大，将 R660 从 1kΩ 换成 330Ω，R663 换成 510Ω，则打电话时，背景灯熄灭后，电流下降到 270mA 左右，基本正常。

结果：调整 R660、R663 后，故障排除。

(7) 实例七

现象：按下开机键时，电流表显示无电流。

检查：一般从开机触发电路入手，查电池供电线正常，用外接电源供电正常，说明开机电路中有元器件损坏。

结果：测量 VT202 的 c 极，在按下开机键时仍为高电平（无变化），换下 VT202 后正常。

项目思考

5-1　画 TCL1828CDMA 终端电源框图。

5-2　简述手机不开机的检修处理过程。

5-3　简要说明 CDMA 系统的组成。

5-4　什么是正向传输？什么是反向传输？

5-5　CDMA 系统存在的问题有哪些？

项目六　单片机温度测试短信系统

GSM 是目前基于时分多址技术的移动通信体制中，比较成熟完善且应用最广泛的一种系统。目前已建成的覆盖全国的 GSM 数字移动通信网，是我国公众移动通信网的主要方式。基于 GSM 的短信信息服务，是一种在移动网络上传送简短信息的无线应用，是一种信息在移动网络上存储和转寄的过程。由于公众 GSM 网络在全球范围内实现了联网和漫游，短信信息服务不需再组建专用通信网络，所以具有实时传输数据功能的短信应用得到迅速普及。本项目借助 GSM 网络平台，设计基于 GSM 网络的温度数据采集与无线传输系统，利用短信息业务实现数据的自动双向传递。

情景一　系统方案设计

本系统由数据采集部分、数据收发部分、终端处理部分三个模块组成。数据采集模块将采集到的温度数据存入存储器中。数据收发模块采用双单片机共用 EEPROM 的方式，单片机 2 控制数据从存储器转存入 EEPROM 中；单片机 1 负责将数据从 EEPROM 中读出，并经 GSM 模块 2 借助 GSM 网络将数据发送出去。单片机 1 不仅控制数据的发送，也控制数据的接收。在这里，EEPROM 是温度数据临时存储和上传的中转站。终端处理模块负责将接收到的数据交给计算机处理，并将处理后的结果存放到数据库中，以供查询。当终端处理模块需要向 GSM 模块 2 发送控制命令时，GSM 模块 2 接收过程正好与上述过程相反，从而实现数据的自动双向传递。系统模型如图 6-1 所示。

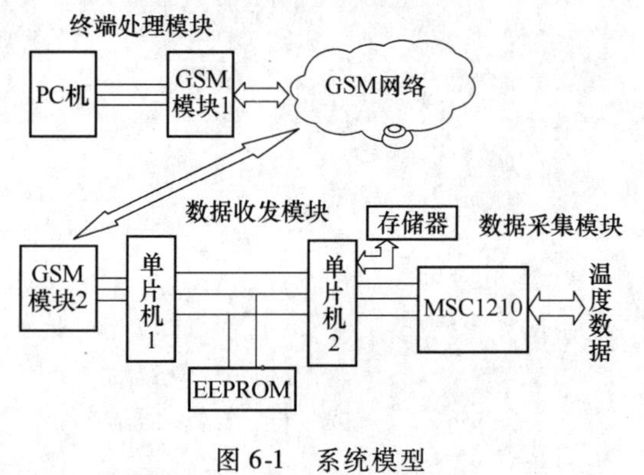

图 6-1　系统模型

系统中，三个模块相互独立，彼此又相互依赖，共同完成数据的传输。数据收发模块在系统中起着承上启下的作用，是系统的核心模块。该模块以双单片机为核心，采用 RS232 通信接口，在物理层上实现与 GSM 模块的连接。

情景二　系统工作机制实现

系统采用串口控制 SMS 的工作机制。单片机与 GSM 模块一般采用串行异步通信接口，通信速度可设定，通常为 19.2kbit/s。采用 RS232 电缆方式进行连接时，数据传输的可靠性较好。RS232 接口连接方式，通过串行接口集成电路和电平转换电路与 GSM 模块连接，电路比较简单，所涉及的芯片包括单片机 AT89C51 和电平转换芯片 MAX232。需要说明的是，该接口通过 I^2C 总线扩展了一个 EEPROM 存储器芯片 AT24C64，它的主要作用是存储数据，而且断电时信息也不会丢失，这些特性正是存储数据所必需的。

GSM 的短信息业务 SMS 利用信令信道传输，这是 GSM 通信网所特有的。它不用拨号建立连接，把要发的信息加上目的地数据发送到短信息服务中心，经短信服务中心完成存储后再发送给最终的信宿，所以当目的 GSM 终端没开机时信息不会丢失。每个短信的信息量限制为 160B。

现在市场上大多数手机均支持 GSM07.05 规定的 AT 指令集。该指令集是 ETSI（欧洲电信标准化协会）发布的，其中包含了对 SMS 的控制。利用 GSM 模块的串行接口，单片机向 GSM 模块收发一系列的 AT 命令，就能达到控制 GSM 模块收发 SMS 的目的。用单片机实现时，编程必须注意的是它发送的指令与接收到的响应都是字符的 ASCII 码。用单片机控制 GSM 模块收发短信息所涉及的 AT 指令见表 6-1。

表 6-1 AT 指令

AT 指令	功能描述
AT + OFF	关机并重新启动
AT + CSDH = 0	TEXT 模式下，返回值中不显示详细的头信息
ATE0	自动识别波特率
AT + CMGF = 1	选择短信息格式为 TEXT 模式
AT + CMGS	发送短信息
AT + CMGR	读取短信息
AT + CMGD = 0	删除全部短信息

1. 应答和重发

上位机模块（即图 6-1 中的 GSM 模块 1，下同）和下位机模块（即图 6-1 中的 GSM 模块 2，下同）的通信双方遵照半双工通信方式，即数据传送是双向的。但是，任何时刻只能由其中的一方发送数据，另一方接收数据，因为 EEPROM 的读出和写入不能同时进行。为了避免一方在发送信息帧时（这里的信息帧指的是下位机模块发送的数据帧和上位机模块发送的命令帧，下同），另一方也发送数据，必须把信道变成半双工方式。尽管这样效率可能不如全双工方式高，但通过牺牲效率可以换取模块工作性能的稳定。双方采取的顺序是：发→收到应答后→再发。

按照整个系统的设计思路，上位机模块发送的帧包括命令帧、确认帧和非确认帧；下位机模块发送的帧包括数据帧、确认帧和非确认帧。其中确认帧和非确认帧是发送数据后等待对方发送的应答帧，以此作为继续发送下一帧和重新发送上一帧的依据。命令帧和数据帧是信息帧，当一方先发送完信息帧，如果收方接收到对方的信息帧，而又没有信息帧需要发送，那么情况就比较简单，收方将根据信息帧的正确与否决定发送确认帧还是非确认帧，以使对方决定是继续发送还是重新发送；如果此刻收方也有信息帧需要发送，那么收方将不立即发送应答帧，而是立即发送本方的信息帧给对方，并等待对方对此帧的应答帧，在收到对方的应答帧后，收方将依据应答帧的内容（即确认帧或者是非确认帧，下同）决定是继续发送下一信息帧，还是重新发送原来的信息帧。如果由于链路本身不可靠等因素造成应答帧的丢失，收方将在一定时间内因为没有收到应答帧而延时重发原来的信息帧。在收到对方的应答帧后，收方将继续发送下一信息帧，并等待对方的应答帧，如此反复，直到收方全部发送完信息帧。在收方收到对方最后一个应答帧后，表明收方全部的信息帧发送完毕。然后收方将发送对方仍然等待的应答帧，通知对方收到的信息帧正确与否。

2. 延时重发

在双方通信过程中，有两个时间 t_1 和 t_2，分别表示重新发送信息帧的最大延时。t_1 表示一方发送完信息帧到收到对方应答帧的时间，如果等待应答帧的时间超过了 t_1，则发方会重新发送原来的信息帧；当收方接收到对方发送的信息帧时，如果收方此时有需要发送的信息帧，则收方此时不发送应答帧，而是发送信息帧给对方。也就是说，利用对方等待收方应答帧的时间 t_1 内，收方插入发送本方的信息帧，同样收方的发送也存在一个延时重发的问题。在规定的时间内，如果没有收到对方应答帧，收方也同样需要重发原来的信息帧，这个规定的时间就是 t_2。显然由于收方是利用间隙时间发送本方信息帧，所以 $t_2 < t_1$。

图 6-2 以下位机模块先发数据帧为例，阐述双方通信的具体实现过程。

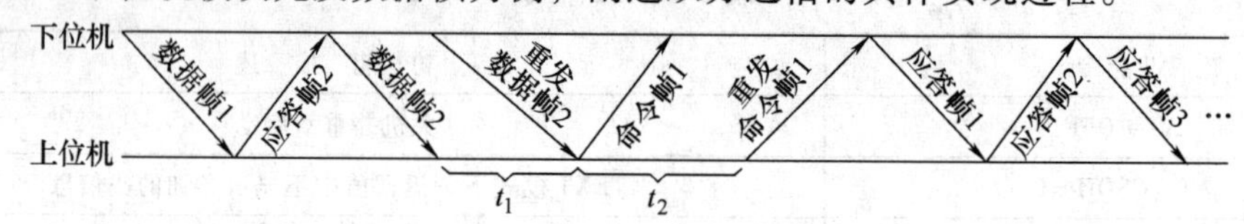

图 6-2 上位机和下位机通信过程示意图

图 6-2 所示的通信过程没有涉及发送非确认帧的情况，如果收方发送非确认帧，发方的发送过程与发送数据帧是一样的，只不过这种情况下需要重发同一帧号的数据帧。如果上位机模块先发命令帧，双方通信的实现过程与图 6-2 类似，所不同的是数据帧此时变成命令帧，命令帧变成数据帧。

3. 帧格式

GSM 模块通过异步通信接口实现对 SMS 的控制共有三种接入协议：Block 模式、基于 AT 指令的 TEXT 模式、基于 AT 指令的 PDU 模式。本系统发送和接收的数据都是基于数字的温度数据和命令字，为了保证系统的适用性，SMS 的收发采用 TEXT 模式。TEXT 模式是基于字符的，更具体地说是基于 ASCII 码的一种结构模式。在该模式下，模块发送和接收的信息帧格式如下：

帧头	帧序号	数据	校验码

信息帧包括数据帧和命令帧。

帧头表示数据帧的标记，是由固定的字符“WQ”构成。

帧序号表示数据帧的序号，由两个字节组成。帧序号表示下位机模块发送的递增数据帧序号。

数据字段的长度为 154B，最多发送 77 个字符（采用 TEXT 模式，不能发送汉字）。

检验码为数据字段所有字节累加和的初码（原码取反加 1），由一个字节组成。

除了信息帧外，双向传递的还有应答帧，它包括确认帧和非确认帧。确认帧是收方反馈给发方的应答帧，表示收方已经正确接收到了发方发送的信息帧。确认帧格式仅包括两个字段，且两个字段的内容都是固定的，即帧头“WQ”和数据字段“ACK”，确认帧格式如下：

WQ	ACK

非确认帧是收方给发方的应答帧，表示收方收到的是无效的信息帧，其格式与确认帧格式类似，帧格式如下：

WQ	NACK

4. EEPROM 空间的分配

采用 8KB 的 EEPROM，按照每 77 个字节为一个块进行划分，共 106 块，如图 6-3 所示。

块号	块内容	地址范围
00：系统使用		0000H～0076H
01：系统使用		0077H～00EDH
⋮		⋮
104：数据块		1F12H～1F88H
105：数据块		1F89H～1FFFH

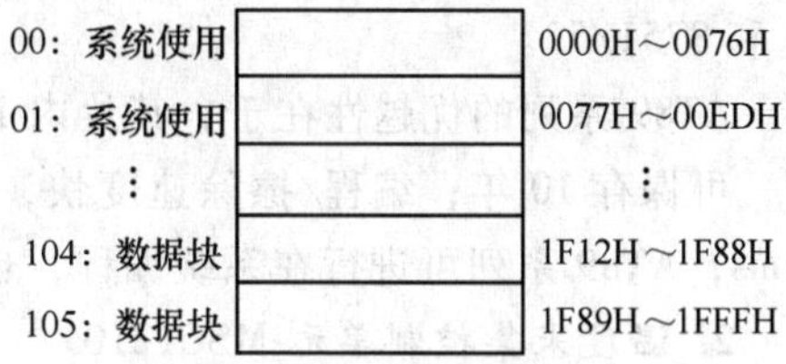

图 6-3　EEPROM 空间的分配

第 00、01 块留做系统使用，第 02 块 ~ 第 105 块是数据块，用做存放数据。

5. 收发端与采集端的握手协议

收发端与采集端共用一个存储器，即双 CPU 对同一个 EEPROM 进行操作。实现方案是分别使两个微处理器与同一个 I/O 脚相连，两个 CPU 采用查询方式对此 I/O 端进行查询。如果某时候收发端查询到本地 I/O 端为高电平，则单片机 1 拥有此存储器的操作权，可以对 EEPROM 进行读写操作。如果采集端查询到本地 I/O 端为高电平，则单片机 2 拥有此存储器的操作权，可以对它进行写操作。一方操作完毕后将 I^2C 总线置为高电平，表明本端已经释放 I^2C 总线，EEPROM 目前处于可用状态。

情景三　程序的设计

1. 主函数的设计思路

开机上电后，程序在主函数中运行，单片机和 GSM 模块分别进行初始化。单片机的初始化包括设置串口工作方式、波特率，并初始化变量参数和标志位。GSM 模块初始化包括重新启动、关闭回显、设置在 TEXT 模式下的返回值中不显示详细的头信息、选择短信格式为 TEXT 模式、开发串口中断准备接收数据。

2. GSM 返回参数的处理——SHELL 函数

SHELL 函数是进入时钟中断程序时被调用的，该函数是对 GSM 模块返回参数进行处理的函数。根据系统设计的要求，需要对 GSM 模块进行下列操作：呼叫对方模块号码、发送数据、阅读短信、删除短信。根据接收到的不同参数，下位机模块将转向不同的操作步骤，判断并改变标志位的值。比如，如果某时刻接收到参数“ >”，这表明呼叫对方模块号码获得成功，接下来需要发送数据。这时 SHELL 函数将检查发送不同数据所代表的标志位 f_sending、f_ack、f_nack，从而决定需要发送何种类型的数据。

3. 短消息数据的处理——ExecData 函数

进入时钟中断调用 SHELL 函数时，如果接收到了返回的成功接收短信的参数，表明上位机模块向下位机模块发送了短信数据，可能是命令帧，也可能是确认帧或者非确认帧。在这种情况下，SHELL 函数需要对短信内容进行分析，并根据短信的内容进行不同的处理，负责完成以上功能的就是 ExecData 函数，它是被 SHELL 函数调用的，用来分析并处理短信数据。

情景四　系统硬件设计

1. 系统核心控制单元

图 6-1 中，核心控制单元选用单片机 AT89C51，内部的 RAM 可以作为各种数据区使用，内部的 Flash ROM 可存放数字时钟的控制程序。AT89 系列单片机是 ATMEL 公司生产的，是一种电擦写 8 位单片机，与 MCS-51 系列完全兼容，有超强的加密功能，可完全替代 87C51/52 和 8751/52。

AT89 系列的优越性在于，其片内 Flash ROM 的编程与擦除完全用电实现；数据不易挥发，可保存 10 年；编程/擦除速度快，全部 4KB Flash ROM 的编程只需 3s，擦除时间约为 10ms；AT89 系列可进行在系统编程，也可借助网络进行远距离编程。

2. 温度采集控制单元 MSC1210

在许多传统行业中，多路高精度温度采集系统是不可或缺的。电厂、石化厂、钢铁厂以及制药厂等企业使用了大量的各类测温器件，如热电阻、热电偶等，这些器件需要定期校准。如在严格执行 GMP 规范的制药厂等企业，高温灭菌需要定期进行灭菌率的验证；在某些要求进行严格温度控制的场合，也需要进行多点高精度温度测量。德州仪器（TI）的 MSC1210 单片机解决了上述问题。它集成了一个增强型 8051 内核、高达 33 MHz 的时钟周期、8 通道 24 位高精度Σ-ΔA-D 转换器、Flash 存储器等。作为智能高精度测温模块的核心，MSC1210 完成了微弱信号的多路切换、信号缓冲、PGA 编程放大、24 位Σ-ΔA-D 转换、数字滤波、数据处理、信号校准以及 SPI 通信等功能。MSC1210 集成了一个 8 通道 24 位Σ-ΔA-D 转换器，采用 8051 兼容内核，具体使用参阅相关文献书籍。

3. GSM 模块 MZ28

MZ28 是中兴通讯推出的 GSM 无线双频调制解调器，主要为语音传输、短信发送和数据业务提供无线接口。MZ28 集成了完整的射频电路和 GSM 的基带处理器，特别适合于迅速开发基于 GSM 无线网络的无线应用产品。带有人机接口（MMI）界面的应用产品内部与 MZ28 的通信可通过标准的串行接口（RS232）进行。MZ28 使用简单的 20-PIN ZIP 插座与用户自己的应用系统相连，此 ZIP 连接方式提供开发所需的数据通信、音频和电源等接口信号。MZ28 可以作为无线引擎，嵌入到用户自己的产品当中，用户可以用单片机或其他 CPU 的 UART 口，使用相应的 AT 命令，对模块进行控制，达到使其产品可以轻松进入 GSM 网络的目的。

情景五　SMS 的体系

1. SMS 体系组成单元介绍

GSM 标准中定义的点-点短消息服务使得短消息能在移动台和短消息服务中心之间传递，这些服务中心是通过称为 SMS-GMSC 的特定 MSC 同 GSM 网络联系的。

SME：Short Message Entity，短消息实体，可以接收或改善短消息，位于固话系统、移动基站或其他服务中心内。

SMSC：Short Message Service Center，短消息服务中心，负责在基站和 SME 间中继、储

存或转发短消息。移动台（MS）到 SMSC 的协议能传输来自移动台或朝向移动台的短消息，协议名为 SMTP（Short Message Transfer Protocol）。

SMC-GWMS 或 SMC-GMSC：SMS-Gateway MSC，SMS 网关，接收由 SMSC 发送的短消息，向 HLR 查询路由信息，并将短消息传送给接收者所在基站的交换中心。

HLR：Home Location Register，归属位置寄存器，用于储存管理永久用户和服务记录的数据库。SMS 网关与 HLR 之间的协议使前者可以要求 HLR 搜索可找到的用户地址。它与 MSC 与 HLR 之间的协议一起，能在移动台因超出覆盖区而丢失报文，随后又可找到时加以提示。

MSC：Mobile Switching Center，移动交换中心，负责系统切换管理并控制来自或发向其他电话或数据系统的拨叫。

VLR：Visitor Location Register，访问者位置寄存器，含有用户临时信息的数据库，交换中心服务访问用户时需要这些信息。

移动起始短消息：Mobile Originated Short Message。一个 GSM 用户发送短消息时，它必须至少在其内容中包含最终地址的识别符和处理这消息的服务中心号码，然后请求传递。短消息的传递要求在移动台和 MSC 之间建立信令连接。消息本身的传递要求在无线路径上建立专用的链路层链接，并要求采用专用的消息传递协议。

2. SMS 体系中的短消息接收

目的地为 GSM 用户的短消息必须首先从发送方路由至短消息服务中心，然后再被路由至实际地址。当 SMSC 有短消息需发送到其某一 GSM 用户时，它建立一条包含利于接收者接收信息的 SMS-DELIVER 报文。此信息包括用户的内容、最初的发送者身份及用于批示短消息已被 SMSC 接收的时间标记。与主叫 MO 情形相似，SMS-DELIVER 报文将在各种接口上传送。

在到达目的地前，报文的实际路由必须利用 MAP/C 查询功能获得，采用的是如下方法：SMSC 将短消息传到与服务中心相连的 SMS 网关，网关的选择依赖于它想到达的用户，因为通常网关仅能处理某些用户（某家营运商或某个国家的用户）。这样，用户通过目录号（一般同电话一样）来识别，这些目录号最初是由短消息发送者输入的，这使得 SMS 网关能识别有关的 HLR 并查询它。查询是通过发送一个专用报文，即用于短消息的 MAP/C SEND ROUTING INFOR 报文来实现；对其应答既可采用包含用户正在访问的 MSC/VLR 的 SS7 地址的 MAP/C SEND ROUNTING INFO FOR SHORT MESSAGE RESULT 报文，又可当已知用户此时不可到达时采用拒绝报文。

SMS 由几个与提交或接收相关的服务要素组成，如有效期（在将短消息成功送达用户前 SMSC 需要保证的储存时间）、优先性。此外，短消息还提供提交消息的时间、告诉移动台是否还有更多消息要发送以及还有多少条消息要发送等。

情景六　系统源程序

本系统主要 C 语言代码如下：

```
/ * sms for GSM * /
#include " AT89 * 51. h "
```

```
#include "reg51.h"
#include "ATcommend.h"
#include "ExecData.h"
#include "ScanKey.h"
#include "Shell.h"
#include "ReceivePara.h"
/*初始化串行端口*/
int_rs232()/*RS232通信协议*/
{int inbufl[20]; /*接收缓存*/
  SCON=0x50;
  TMOD=0x20;
  TH1=0xFF;
  TR1=1;
  TI=1;
}
tx_char(unsigned char c)/*发送字符*/
{while(1)/*循环*/
/*判断TI是否为1*/
if((SCON&0x02)==0x02)break;
/*清除发送中断标志TI=0*/
TI=0;
SBUF=c; /*将字符送至串行输出缓冲器*/
}
tx_str(char *str)/*送出字符串*/
{char i;
 for(i=0; i<strlen(str); i++)
 tx_char(str[i]);
}
tx_strl(char *str)/*以指针的方式送出字符串*/
{do{tx_char(*str++);}
  while(*str=='\0');
}
//串口接收中断函数
void serial() interrupt 4 using 3
{     if(RI)
      {   unsigned char ch;
          RI= 0;
          ch=SBUF;
```

```
        if (ch > 127)
          {   count3 = 0;
            inbuf1 [count3] = ch;
            checksum = ch-128;
        }
        else
          {   count3 + + ;
            inbuf1 [count3] = ch;
            checksum ^= ch;
            if ( (count3 = = (INBUF_LEN-1)) && (! checksum))
            {read_flag = 1;    //如果串口接收的数据达到 INBUF_LEN 个，且校验
                               //没错，就置位取数标志
            }
        }
    }
}

/*初始化定时器*/
int_timer ();
{ TMOD = 60H; /*设置定时器 1 为工作方式 2，周期为 250μs*/
  TH1 = 0FFH;
  TL1 = 03H;
}

/*初始化 gsm 模块*/
int_gsm ()
{ tx_strl (AT + OFF); /*关机并重启*/
  tx_strl (ATE0);
  tx_strl (AT + CSDH = 0); /*设置在 TEXT 模式下的返回值中不显示详细的头信息*/
  tx_strl (AT + CMGF = 1); /*选择短信格式为 TEXT 模式*/
  EA = 1; /*总中断允许*/
  ES = 1; /*打开串口中断准备接收数据*/
  ET1 = 1; /*打开时钟中断*/
}

/*时钟中断 shell 函数*/
void shell () interrupt 3
{int ReceivePara (); /*开启串口接收返回参数，并存到 ReceivePara 中，在 Receive-
Para. c 文件中实现*/
```

```
int Handle;
int Commend;
int ScanKey (); /* 按键扫描，返回操作码 */
/* 该函数在 ScanKey. c 中实现 */
switch (ScanKey) /* call ()、sendsms ()、readsms ()、deletesms () 等函数在
shell. c 文件中实现 */
case call: call (); break; /* 呼叫对方模块号码 */
case sendsms: sendsms (); break; /* 发送数据 */
case readsms: readsms (); break; /* 阅读短信 */
case deletesms: deletesms (); break; /* 删除短信 */
switch (ReacevePara)
case >: SendData (); break; /* 呼叫对方模块号码获得成功，接下来需要发送数据 */
case CMGS: CMGS (); break; /* 在 ReceibePara. c 文件中实现 */
case CMGR: CMGR (); break; /* 在 ReceibePara. c 文件中实现 */
case CMTI: ExeData (); break; /* 转短信数据处理函数 */
case OK: OK (); break; /* 在 ReceibePara. c 文件中实现 */
}
/* 短信数据的处理——ExecData 函数 */
/* Commend_handle ()、Ack_handle ()、Nak_handle () 三个函数的实现在 Exec-
Dat. c 中 */
ExecData ()
{
switch (Handle)
case Commend: Commend_handle (); break; /* 处理命令帧 */
case Ack: Ack_handle (); break; /* 处理确认帧 */
case Nak: Nak_handle (); break; /* 处理非确认帧 */
}
main ()
{int_rs232 ();
int_timer ();
int_gsm ();
while (1);
}
```

项 目 思 考

6-1 本系统中两个单片机的作用各是什么？

6-2 本系统中短信指令采用的是什么格式？

6-3 如何借鉴本系统实现远距离有毒气体如一氧化碳的测控？

项目七 GSM 手机典型电路分析

情景一 GSM 手机工作流程

1. GSM 手机开机工作流程

GSM 手机典型电路组成框图如图 7-1 所示。GSM 手机开机工作流程如图 7-2 所示。

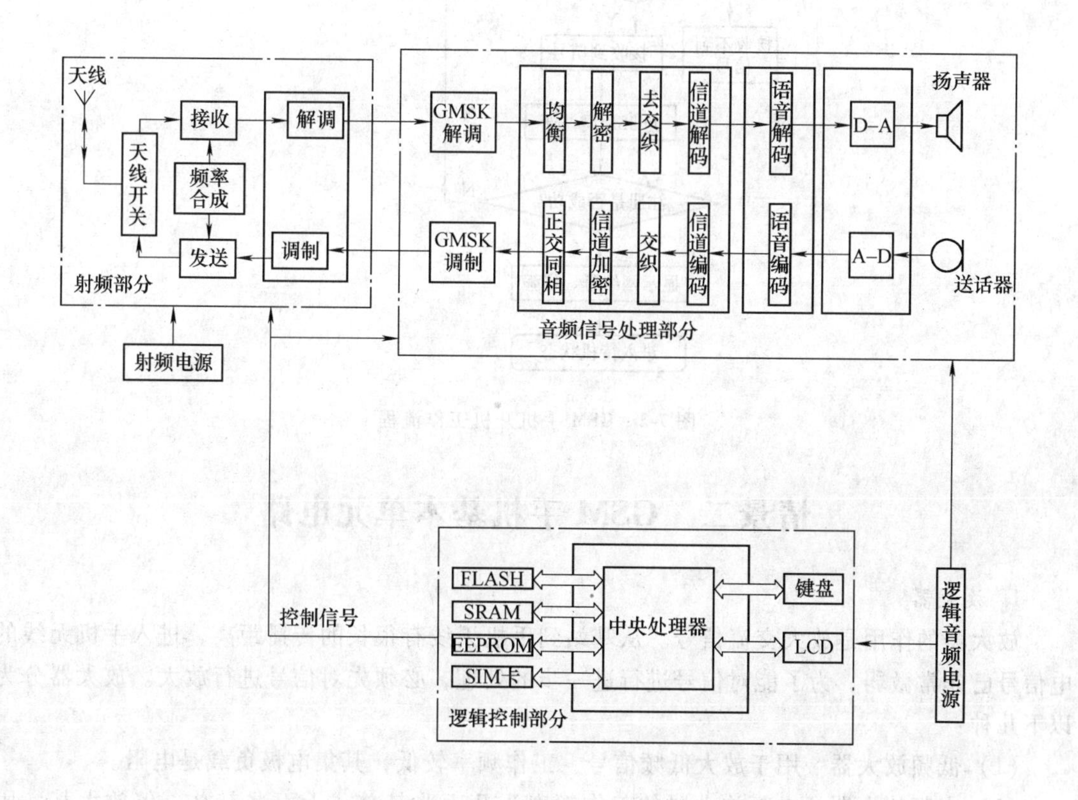

图 7-1 GSM 手机典型电路组成框图

手机开机后，首先搜索并接收最强的 BCCH（广播控制信道）中的载波信号，通过读取 BCCH 中的 FCCH（频率校正信道），使自己的频率合成器与载波达到同步状态。

2. 通话过程

当手机为主叫时，在 RACH 上发出寻呼请求信号，系统收到该寻呼请求信号后，通过 AGCH 为手机分配一个 SDCCH，在 SDCCH 上手机与系统进行信息交换，然后在 SACCH 上交换控制信息，最后手机在分配的 TCH 上开始进入通话状态。

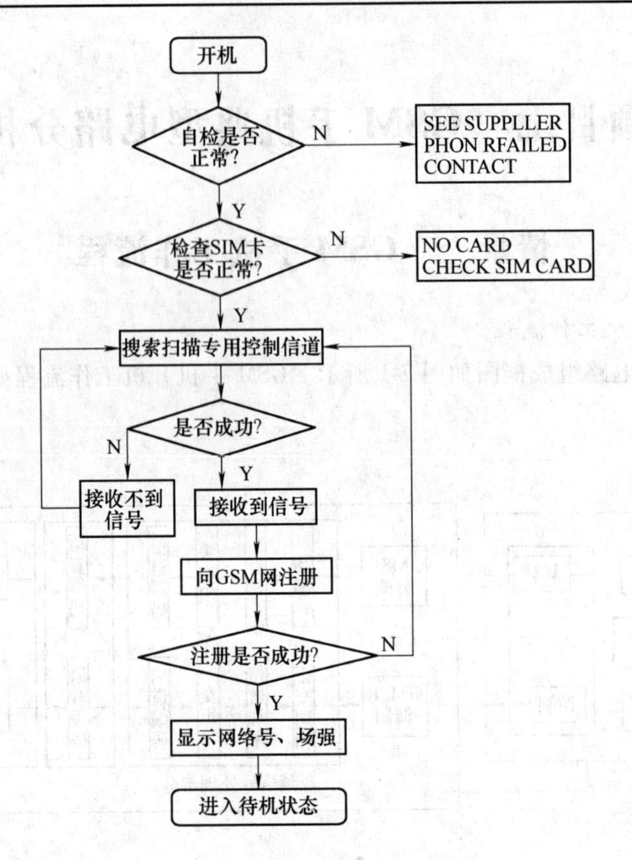

图 7-2　GSM 手机开机工作流程

情景二　GSM 手机基本单元电路

1. 放大器

放大器的作用是放大交流信号。从基站到手机天线有很长的传播距离，进入手机无线的电信号已非常微弱，为了能对信号进行进一步的处理，必须先对信号进行放大。放大器分为以下几种：

（1）低频放大器　用于放大低频信号，工作频率较低，其集电极负载是电阻。

（2）中频放大器　中频放大器的工作频率为几十兆赫兹或上百兆赫兹，仅放大某一固定频率的信号，一般采用窄带放大器。

（3）功率放大器　功率放大器简称功放，用于发射机中。功放发射功率受较严格的控制，功放控制电路如图 7-3 所示。

2. 振荡器

（1）振荡器组成　振荡器由三部分组成，分别是具有功率增益的放大器、振荡频率形成网络、反馈网络，如图 7-4 所示。

（2）压控振荡器 VCO　压控振荡器是一个电压-频率转换装置，它将电压信号的变化转换成频率的变化。在转换过程中电压控制功能是通过一个特殊器件——变容二极管来实现的，控制电压实际是加在变容二极管的两端。

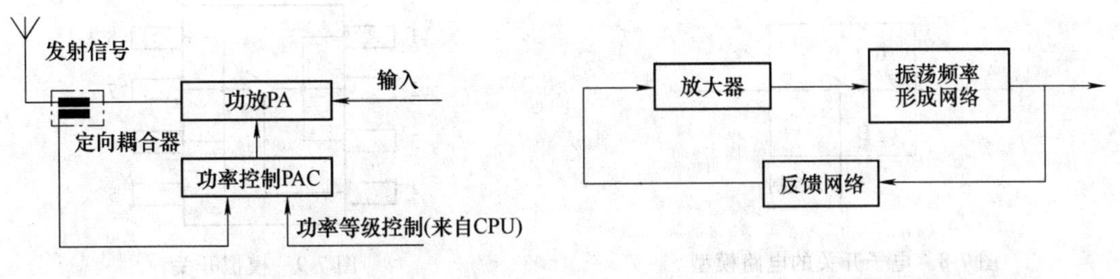

图 7-3　功放控制电路　　　　图 7-4　反馈式振荡器的组成框图

压控振荡器中，变容二极管是决定振荡频率的主要器件之一。通过改变压控振荡器中变容二极管的反偏压来使变容二极管的结电容发生变化，从而改变振荡频率，如图 7-5 所示。

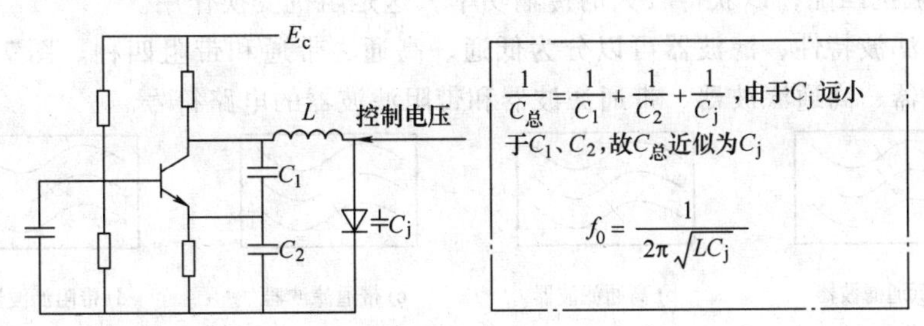

图 7-5　压控振荡器

移动通信中，手机的基准时钟一般为 13MHz，专用的 13MHz VCO 组件如图 7-6 所示。

3. 混频器

超外差一次变频接收机和直接变频线性接收机接收基站信号时，需要对接收到的高频信号变频一次，对于超外差二次变频接收机需要变频二次，这项工作由混频器来完成。

混频是无线电通信中广泛应用的一种技术，混频器的电路模型如图 7-7 所示。

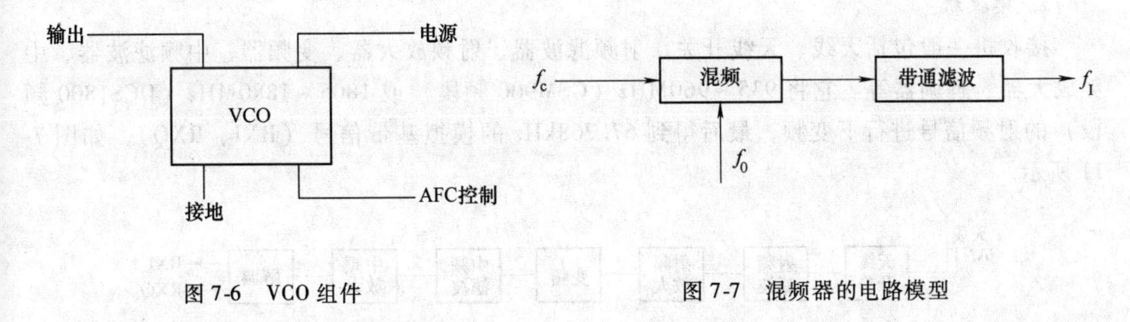

图 7-6　VCO 组件　　　　图 7-7　混频器的电路模型

4. 电子开关

电子开关中的晶体管工作于饱和、截止两种状态，控制用的电信号是由逻辑电路提供的。实现电子开关的器件可以是晶体管、场效应晶体管、集成电路等。电子开关的电路模型如图 7-8 所示。

手机中有许多电子开关，如供电开关、天线开关等。特别指出的是，经常采用 8 个引脚的集成块作为电子开关，又称为模拟开关，如图 7-9 所示。

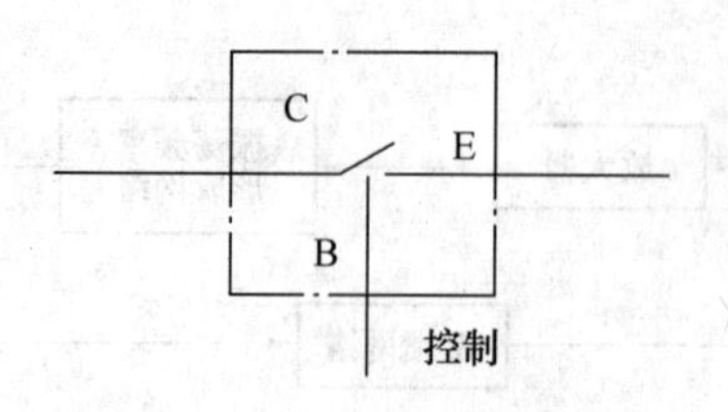

图 7-8 电子开关的电路模型

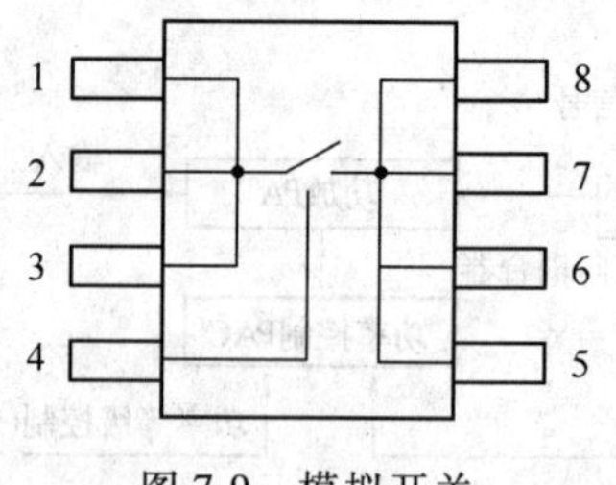

图 7-9 模拟开关

5. 滤波器

滤波器的作用主要包括：

1）筛选有用信号，抑制干扰，这是信号分离作用。

2）实现阻抗匹配，以获得较大的传输功率，这是阻抗变换作用。

根据信号滤波特性，滤波器可以分为低通、高通、带通和带阻四种。图 7-10 给出了常用的低通滤波器、高通滤波器、带通滤波器和带阻滤波器的电路符号。

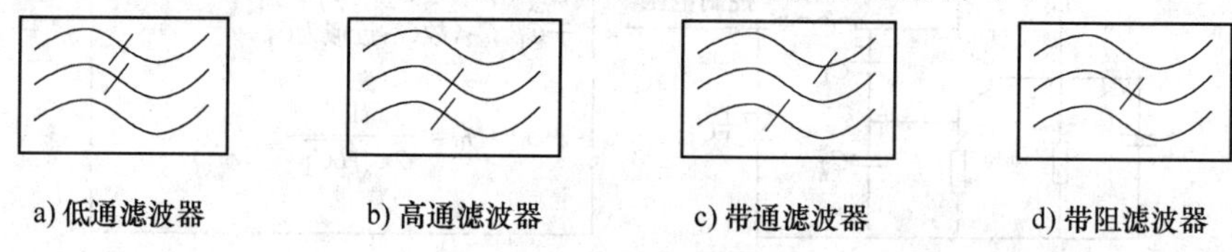

a) 低通滤波器　b) 高通滤波器　c) 带通滤波器　d) 带阻滤波器

图 7-10 滤波器的电路符号

根据器件材料不同，滤波器又分为 LC 滤波器、陶瓷滤波器、声表面滤波器和晶体滤波器。由于手机通信信道多，信道间隔小，因此在手机中，往往需要衰减特性很陡的带通滤波器。

情景三 接收机与发射机

1. 接收机

接收机一般包括天线、天线开关、射频滤波器、射频放大器、变频器、中频滤波器、中频放大器、解调器等。它将 935～960MHz（GSM900 频段）或 1805～1880MHz（DCS1800 频段）的射频信号进行下变频，最后得到 67.768kHz 的模拟基带信号（RXI、RXQ），如图 7-11 所示。

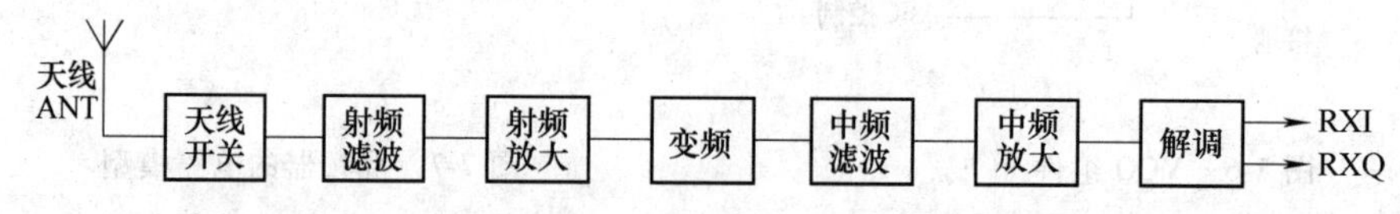

图 7-11 手机接收机电路框图

（1）超外差一次变频接收机电路　超外差一次变频接收机原理：天线感应到的无线信号经射频滤波后进入接收机电路。接收到的信号首先由射频放大器进行放大，放大后的信号被送到变频器进行变频。MOTOROLA 手机大多采用这种结构，如图 7-12 所示。

（2）超外差二次变频接收机电路　与超外差一次变频接收机相比，超外差二次变频接收机多了一个混频器和一个 VCO，这个 VCO 在一些电路中被称为 IFVCO 或 VHFVCO。诺基

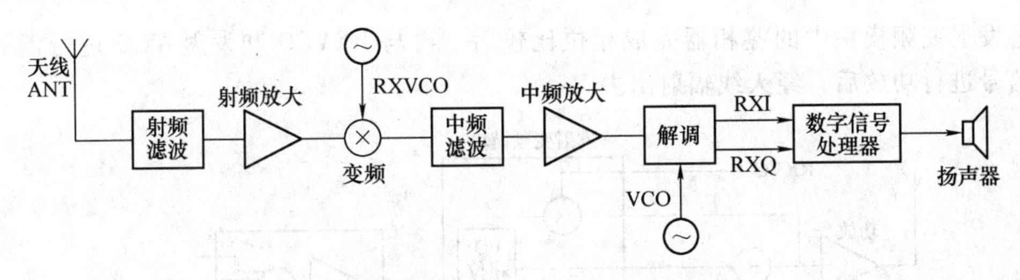

图 7-12　超外差一次变频接收机电路框图

亚、爱立信、三星、松下和西门子等手机的接收机电路大多数属于这种电路结构，如图 7-13 所示。

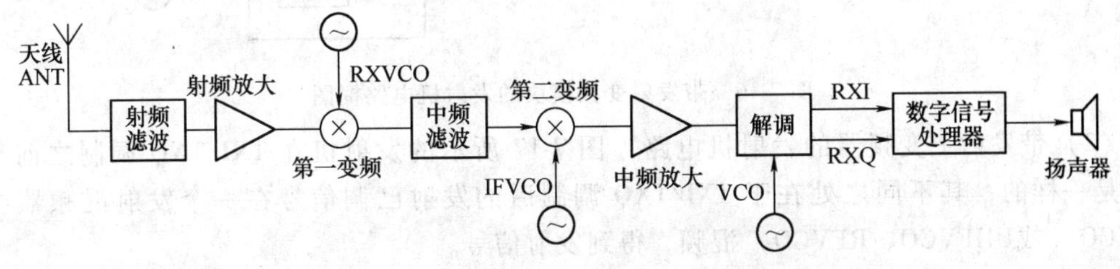

图 7-13　超外差二次变频接收机电路框图

（3）直接变频线性接收机电路　从前面超外差一次变频接收机和超外差二次变频接收机的框图可以看到，RXI/RXQ 信号都是从解调电路输出的，但在直接变频线性接收机中，混频器直接输出 RXI/RXQ 信号。直接变频线性接收机电路框图如图 7-14 所示。

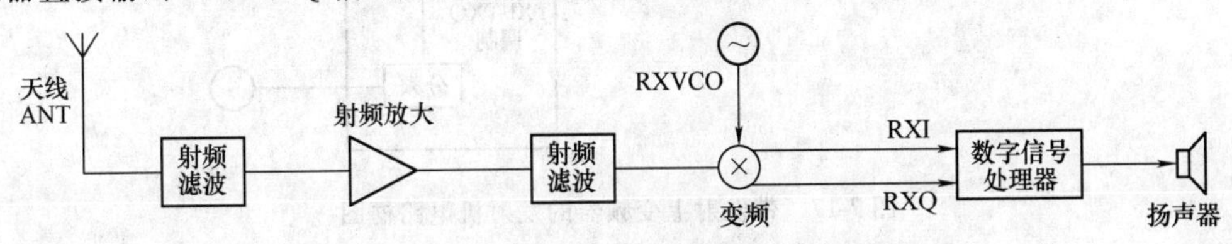

图 7-14　直接变频线性接收机电路框图

2. 发射机

发射机电路一般包括调制电路、发射变频器、发射 VCO、发射滤波器、功率控制器、功率放大器、天线开关等。以把 I/Q（同相/正交）信号调制为更高频率的模块为起始点，发射机电路将 67.768kHz 的模拟基带信号上变频为 890～915MHz（GSM900 频段）或 1710～1785MHz（DCS1800 频段）的发射信号，并且进行功率放大，使信号从天线发射出去，如图 7-15 所示。

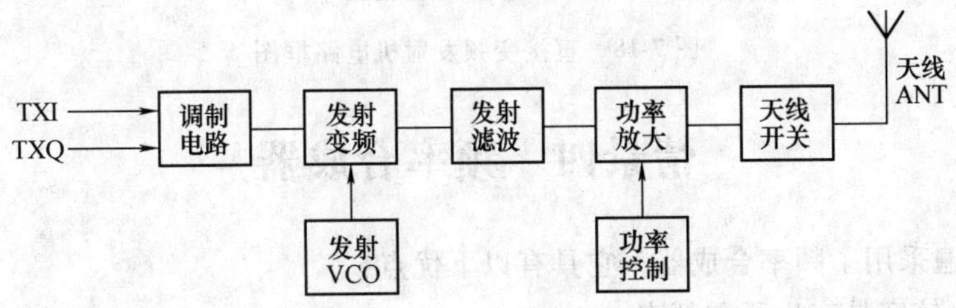

图 7-15　手机发射机电路框图

（1）带发射变频模块的发射机电路　图 7-16 所示发射机的发射流程如下：TXI/TXQ 信

号经过发射变频模块中的鉴相器完成相位比较后，再与 RXVCO 和发射 VCO 进行混频，得到的信号进行功放后，经天线辐射出去。

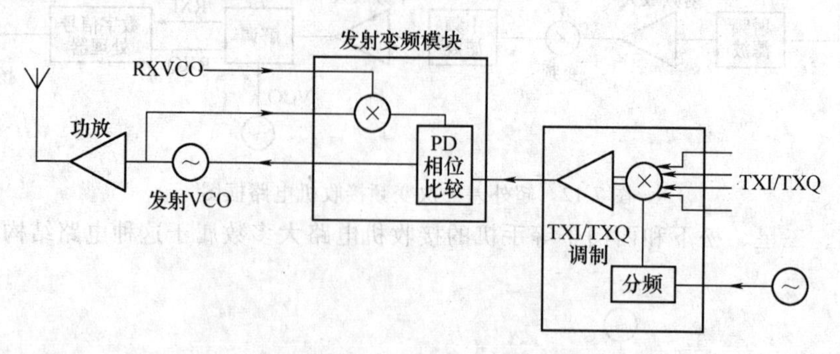

图 7-16　带发射变频模块的发射机电路框图

(2) 带发射上变频器的发射机电路　图 7-17 所示的发射机在 TXI/TXQ 调制之前与图 7-16是一样的，其不同之处在于 TXI/TXQ 调制后的发射已调信号在一个发射混频器中与 RXVCO（或UHFVCO、RFVCO）混频，得到发射信号。

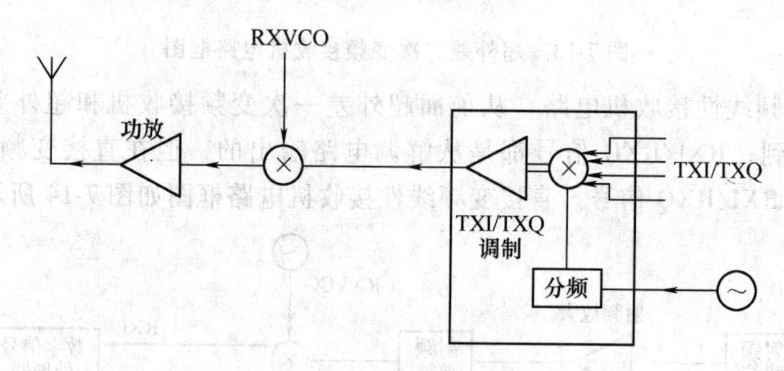

图 7-17　带发射上变频器的发射机电路框图

(3) 直接变频发射机电路　如图 7-18 所示，送话器将语音信号转换得到的模拟音频信号经 PCM 编码，送入 DSP 进行数字语音处理，再与 RXVCO（SHFVCO）混频得到发射信号。

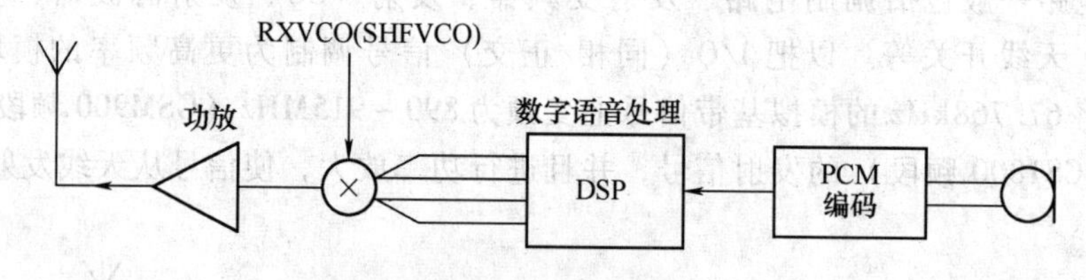

图 7-18　直接变频发射机电路框图

情景四　频率合成器

手机中普遍采用了频率合成器，它具有以下优点：

1）可以比较容易产生所需频率。

2）锁相环具有良好的窄带跟踪特性，在选频的同时可以完成滤波，将不需要的频率成分及噪声抑制掉，同时具有较高频率跟踪特性的 VCO 可以使频率合成器输出具有较高频率稳定度和较高频谱纯度的信号。

3）利用它的同步跟踪特性，能方便的变换频道。

1. 频率合成器组成

手机中通常使用的频率合成器，其基本模型如图 7-19 所示。它由基准频率 f_A、鉴相器 PD、环路滤波器 LPF、压控振荡器 VCO 和分频器等组成一个闭环的自动频率控制系统。

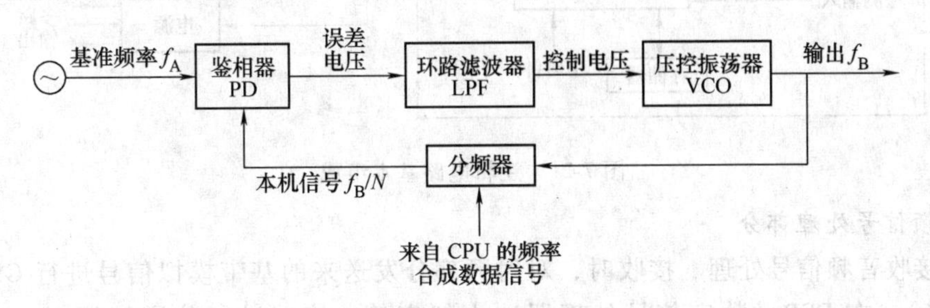

图 7-19　频率合成器的基本模型

环路滤波器实为一低通滤波器，实际电路中，它是一个 RC 电路，如图 7-20 所示。通过对 RC 进行适当的设置，使高频成分被滤除，以防止高频谐波对压控振荡器 VCO 造成干扰。

2. 频率合成器基本原理

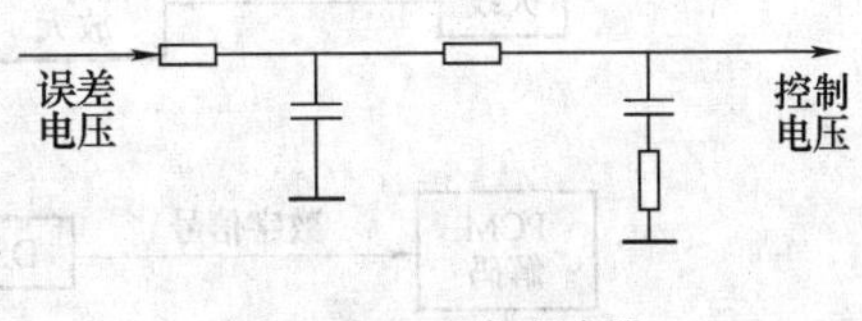

图 7-20　环路滤波器

前面已提到，手机入网、通话均要进入相应信道，至于进入哪个信道，完全听命于基站的指令，这就要求手机的收信、发信频率不断地发生变化，也就是频率合成器要具有自动搜索信道的能力，也称扫描信道。频率合成器中的鉴相器是一种相位比较电路，其输入端加两个信号：一个是基准信号 f_A，另一个是本机信号 f_B/N，它是由压控振荡器 VCO 输出的频率 f_B 反馈回来，经过可变分频器得到的。

在锁定状态下，频率合成器满足关系式：

$$f_A = \frac{f_B}{N}$$

即

$$f_B = Nf_A$$

式中，N 为分频系数。

情景五　逻辑/音频电路与 I/O 接口

1. 逻辑控制部分

逻辑控制部分对整个手机的工作进行控制和管理，包括开机操作、定时控制、数字系统控制、射频部分控制以及外部接口、键盘、显示器等控制。

手机中，以中央处理器 CPU 为核心的控制电路称为逻辑电路，其基本组成如图 7-21 所示。

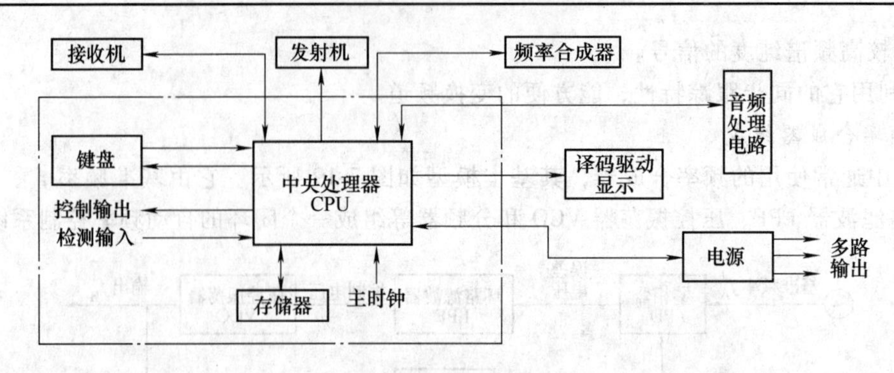

图 7-21 逻辑电路基本组成

2. 音频信号处理部分

(1) 接收音频信号处理 接收时，对射频部分发送来的基带模拟信号进行 GMSK 解调 (模-数转换)、在 DSP（数字信号处理器）中解密等，接着进行信道解码（一般在 CPU 内），得到 13kbit/s 的数据流，再经过语音解码后，得到 64kbit/s 的数字信号，最后进行 PCM 解码，产生模拟音频信号，驱动扬声器发声。图 7-22 为接收信号处理流程图。

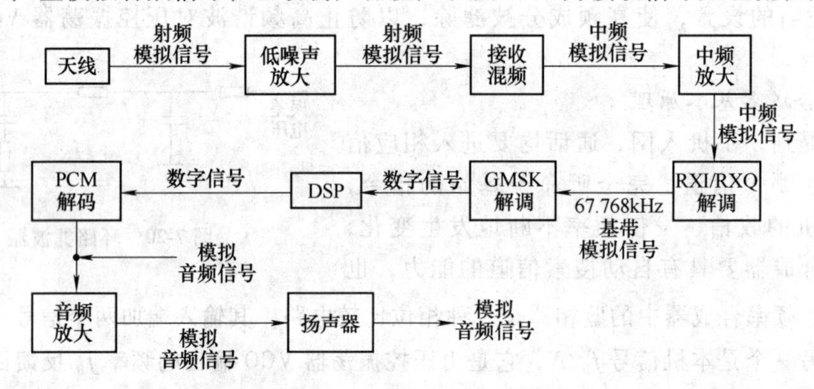

图 7-22 接收信号处理流程图

(2) 发送音频信号处理 发送时，话筒送来的模拟语音信号在音频部分进行 PCM 编码，得到 64kbit/s 的数字信号，该信号先后进行语音编码、信道编码、加密、交织、GMSK 调制，最后得到 67. 768kHz 的模拟基带信号，送到射频部分的调制电路进行变频处理。

图 7-23 为发送音频信号处理流程图，信号 1 是话筒拾取的模拟语音信号，信号 2 是 PCM 编码后的数字语音信号，信号 3 是数字信号，信号 4 是经逻辑电路一系列处理后，分离输出的 TXI/TXQ 信号，信号 5 是已调中频发射信号，信号 6 是最终发射信号，信号 7 是功率放大后的最终发射信号，图中 MOD 为调制模块。

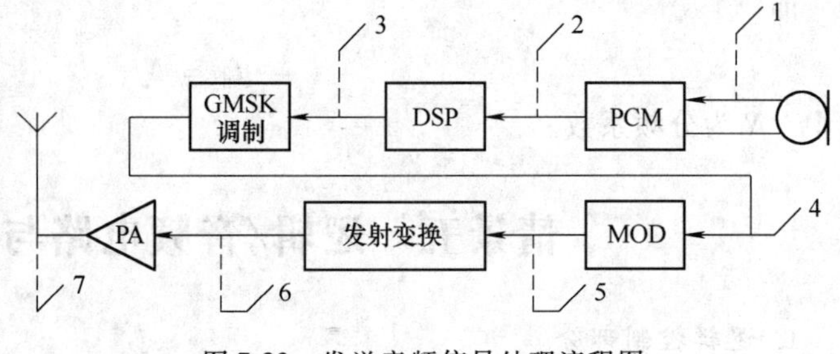

图 7-23 发送音频信号处理流程图

3. I/O 接口

I/O（输入/输出）接口部分包括模拟接口、数字接口以及人机接口三部分。模拟接口功能是实现 A-D、D-A 转换等。数字接口主要是数字终端适配器。人机接口包括键盘、功能翻盖开关、送话器、液晶显示屏（LCD）、扬声器、振铃、手机状态指示灯等。

从广义上讲，射频部分的接收电路（RX）和发送电路（TX）是手机与基站进行无线通信的桥梁，也是手机与基站间的 I/O 接口，如图 7-24 所示。

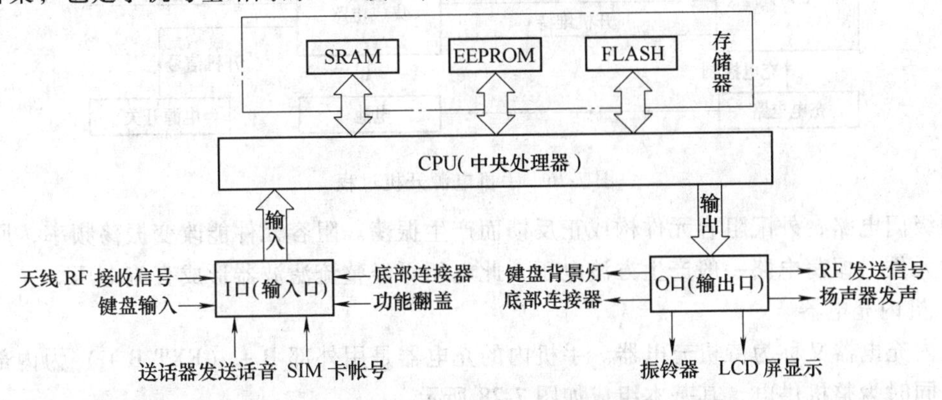

图 7-24 从计算机的角度看手机

情景六 手机电源电路及供电电路

1. 电源 IC

手机采用电池供电，电池电压通常称为 B + 或 BATT。B + 是一个不稳定电压，需将它转化为稳定的电压输出，而且要输出多路（组）不同的电压，为整机各个电路（负载）供电。实现这些功能的电路称为直流稳压电源，简称电源。大多数手机的电源采用集成电路实现，称为电源 IC。

例如摩托罗拉系列手机的电源 IC，可产生多路稳压输出，分别是逻辑 5V 和 2. 75V、射频 4. 75V 和 2. 75V。电源 IC 的基本模型如图 7-25 所示。

2. 手机电源电路的基本工作过程

手机电源电路包括射频部分电源和逻辑部分电源，两者各自独立。手机的工作电压一般先由手机电池供给，电池电压在手机内部一般需要转换为多路不同电压值的电压供给手机的不同部分。

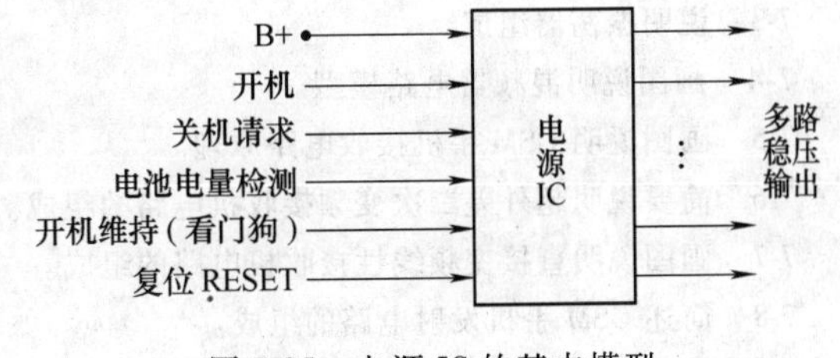

图 7-25 电源 IC 的基本模型

手机内部电压产生与否，是由手机键盘的开关机键控制。手机电源开机过程如图 7-26 所示。

3. 升压电路

（1）电感升压　电感升压是利用电感可以产生感应电动势这一特点实现的。电感是一个储存磁场能的元件，电感中的感应电动势总是反抗流过电感中电流的变化，并且与电流变化的快慢成正比。电感升压基本原理如图 2-27 所示。

（2）振荡升压　振荡升压是利用一个振荡集成块外配振荡阻容元件实现的。振荡集成块又称升压 IC，一般有 8 个引脚。内部可以是间歇振荡器，外配振荡电容产生振荡；也可

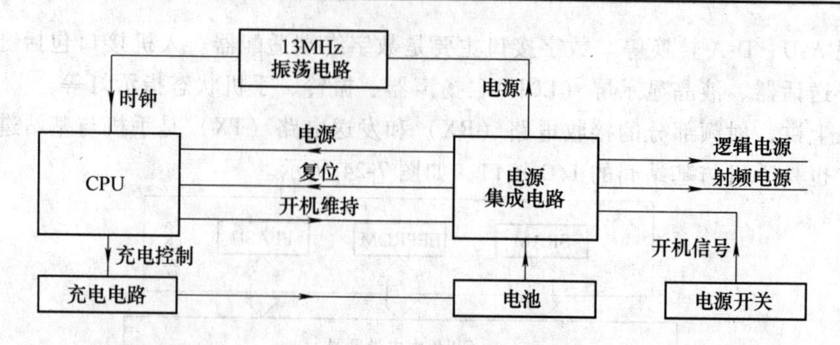

图 7-26 手机电源开机过程

以是两级门电路，外配阻容元件构成正反馈而产生振荡。阻容元件能改变振荡频率，所以又称定时元件，振荡电路一般产生方波电压，此电压再经整流滤波器形成直流电压。

4. 机内充电器

机内充电器又称为待机充电器。手机内的充电器是用外部 B+（EXT B+）为内部 B+ 充电，同时为整机供电，其基本组成如图 7-28 所示。

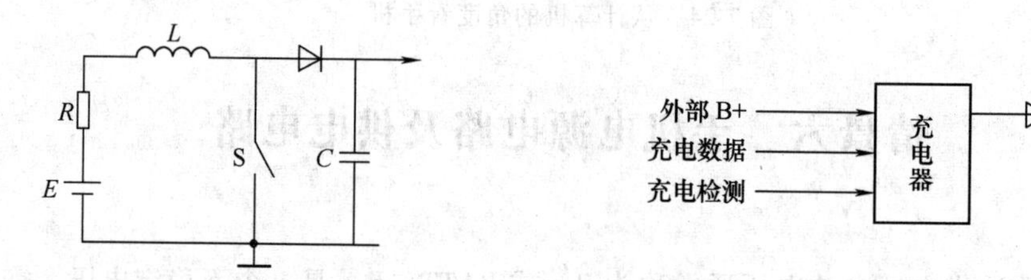

图 7-27 电感升压基本原理

图 7-28 手机机内充电器基本组成

项 目 思 考

7-1 画出 GSM 手机电路组成框图，并作简要说明。

7-2 GSM 手机开机初始工作流程是怎样的？

7-3 说明振荡器组成。

7-4 画图说明混频器电路模型。

7-5 画图说明 GSM 手机接收电路原理。

7-6 简要说明超外差二次变频接收机电路的组成。

7-7 画图说明直接变频线性接收机电路的组成。

7-8 简述 GSM 手机发射电路的组成。

7-9 GSM 手机的发射电路常见电路结构有哪些？

7-10 简述频率合成器的基本原理。

7-11 简述 GSM 手机逻辑控制电路的组成。

7-12 简述 GSM 手机接收音频信号的处理变化过程。

7-13 简述 GSM 手机发送音频信号的处理变化过程。

7-14 画图说明 GSM 手机电源 IC 模型。

7-15 简述 GSM 手机电源的开机过程。

项目八　移动通信终端的检修实训

情景一　手机检修基本知识

手机检修工作者掌握一些手机检修的基本常识是必需的。

1. 手机检修基本知识点

（1）开机　开机是指手机加上电源后，按手机的开/关键约2s，手机进入自检及查找网络的状态。开机首先必须供电正常，然后是CPU检测开机程序正常。所以引起不开机的原因既有硬件电路不正常引起供电不正常，也有软件不正常引起开机不维持。

（2）关机　关机是开机的逆过程，按开/关键约2s后手机进入关机程序，最后手机屏幕上无任何显示信息，上网标志灯以及背景灯全都熄灭。手机的开/关机使用同一个键，有一部分手机的开/关键只起开关机的作用，如诺基亚系列手机，但有的手机的开/关键同时起到挂机的作用，如爱立信788、388等。此时是挂机还是关机，CPU将根据按键时间的长短来进行区分，短时间按键为挂机，长时间（2s以上）为关机。

（3）手机状态　手机状态可以分为开机状态、待机状态、发射状态几种。不同的工作状态有不同的工作电流，可以根据这些电流情况判断手机的部分故障。

（4）漏电　给手机加上直流稳压电源后不开机，电流表就有电流指示，指针就已摆动，这种现象称为漏电。漏电现象在手机检修中出现得很多，而且不易查找。大多数漏电是由于滤波电容漏电引起，也有部分是由于落水后电路板受潮被腐蚀引起。

（5）显示电量不足　给手机装上一个刚充满电的电池，开机后手机显示屏上电池电量指示不停地闪烁，并发出报警音，这种现象叫手机显示电量不足。引起这种现象的原因有硬件不正常，也有软件不正常，手机都有电池检测电路，同时也有电池检测程序，如果它们不正常，都会引起显示弱电。

（6）不入网　手机不入网是指手机不能进入GSM网络。正常情况下，手机开机后查找网络，显示屏上应显示网络名称，如中国电信、中国移动通信、中国联通。如果是英文机，则显示相应的英文。不入网故障在手机检修中是一大类故障，引起该故障的原因很多，可以参考其他文献。

2. 手机常见故障分类

（1）不开机故障　按下开机键不能开机。观察按下开机键的瞬间，开机电流相对正常值偏大、偏小还是零。如果电流偏小，故障部位一般是在时钟电路、FLASH EPROM和RAM等逻辑/音频部分；如果电流偏大，故障部位一般是在发送电路的功放和电源供电部分，有时也可能是电源滤波电容漏电引起：如果电流为零，那么故障原因一定是电源的供电线路或电源模块损坏或虚焊。

按下开机键能开机，但是电流达不到最大值，说明时钟电路、逻辑/音频电路和电源供电部分工作正常，故障来源于射频处理电路的接收或发送电路。

如果故障现象是按下开机键能开机，松开开机键就关机。这种现象是软件部分的故障，可能是EEPROM、CPU、串行线、A-D转换器或VTRACK电源检测等出现故障，使软件运行出现问题。如果故障现象是按下开机键能开机，松开开机键延迟若干秒关机，通常伴随着低压报警、显示屏黑屏或无显示、电流过大、发送电路的功放损坏、电路漏电等现象出现，一般为硬件故障。

按下开机键后开机，但不能关机或同时出现死机及按键不能工作的现象。此故障多源于软件运行不正常，或个别按键短接等。

（2）不入网故障　手机入网的条件必须是接收电路正常，发射电路也正常。所以引起不入网故障的原因有两个方面，一方面是接收电路故障引起不入网，另一方面是发射电路不正常引起不入网。

手机开机正常，首先要检查接收电路工作是否正常。摩托罗拉手机在插入SIM卡后，才会出现场强显示，爱立信手机不插入SIM，在显示屏上就可以直接看到场强显示。诺基亚手机需要插入SIM卡，把菜单调到“网络选择”，进入手动搜索网络功能，接收电路无故障的手机会在显示屏上出现如“中国电信”这样的GSM网络运营商的网络号，如存在故障会显示“无网络服务”的提示。如无场强显示，则是接收电路发生故障。如果接收电路工作正常，可以用示波器在接收中频部分观察到周期规则的脉冲信号。

对于不入网的故障必须首先排除接收电路故障，再排除发送电路故障。这是因为收发电路的本地振荡器由共用的锁相环实现的，另外，如果手机接收电路有故障，没有收到基站的信道分配信息，发送电路就不能进入准备状态。

发送电路的故障涉及的部位较多，如天线接触问题、射频开关问题、中频滤波器问题、混频器问题、调制解调器问题、A-D转换器问题、锁相环电路问题、系统时钟问题以及对上述各部件供电的电源与滤波电容的问题等。在电视边用手机拨号码，如果在电视屏幕上看不到干扰波纹，则说明发送电路不工作。发送电路不工作的故障为：功放模块焊接不良或损坏、发送压控振荡器（TX VCO）损坏、功放控制模块损坏和供电部分故障等。

（3）SIM卡故障　插入SIM卡后无任何反应或插入SIM卡显示出错，故障一般发生在SIM卡与SIM卡座接触部分或供电部分。在SIM卡插座的供电端、时钟端和数据端，开机瞬间可用示波器观察到读卡信号，如无此信号，应为SIM卡供电开关周边电阻、电容元件与SIM卡的卡座脱焊问题。对于摩托罗拉手机，SIM卡的卡座开关接触不良、SIM卡表面脏或使用废卡均会出现SIM卡故障。SIM卡在一部手机上可以用，而在另一部手机上不能用，有可能是因为在手机中已经设置了“网络限制”和“用户限制”功能。可以通过16位网络控制码（NCK）和用户控制码（SPCK）取消该手机的限制功能。一般这样的故障需要GSM网络运营商解决，也有可能是卡座接触不良或手机产生的SIM卡供电电压与该型号的SIM卡所需电压不匹配造成的。

（4）显示电路故障　开机后，显示屏出现无字符显示、黑屏等现象，故障多发生在调整显示对比度的负压发生器、显示部分的集成处理器数据线、CPU数据线、连接插座及显示屏供电部分，也可能是显示屏损坏或软件故障。

对于爱立信手机，开机瞬间用万用表的直流电压挡去观察显示屏对比度控制电压的变化，就可判断CPU的工作状态，因为对比度控制电压是由CPU提供的占空比可变的一组脉冲经整流后得到的。开机后显示屏逐渐变淡的原因则可能是显示屏损坏或旁边的滤波电容漏电所致。

（5）其他故障　其他故障主要包括扬声器无声、送不出去话、振铃无声、振子无振动、背景灯不亮、键盘失效、摄像机故障、MP3 故障等。引起上述故障的主要原因是上述器件（如送话器等）损坏或接触不良，可以更换这些器件或者重新焊接相应的焊点，但有时是由于相应的驱动电路损坏或软件不正常等原因引起。检修时应具体问题具体分析，这部分故障在手机检修中出现得较多。

3. 手机检修的一般步骤

手机无论发生何种故障，其检修者必须经过问、看、听、摸、思、修这六个阶段。只不过对于不同的机型、不同的故障，用不同的检修方法，这六个阶段的顺序不同而已。

（1）问　如同医生问诊一样，首先要向用户了解一些基本情况，如产生故障的过程、故障现象和手机的使用年限等有关情况。这种询问为进一步判断故障部位提供线索。

（2）看　由于手机的种类繁多，难免会遇到自己以前接触不多的新机型或市面上较少的机型，看时应结合具体机型进行观察。如看待机时的绿色状态指示灯是否闪烁、显示屏上显示的信息等。这些观察可为进一步确诊故障提供线索。

（3）听　可以从待修手机的通话质量、音量情况及扬声器声音是否断续等现象初步判断故障。

（4）摸　这一步骤主要是针对功率放大器、晶体管、集成电路以及某些组件。用手摸可以感触到表面温度的高低，如烫手可联想到是否电流过大或负载过重，然后根据经验粗略判断出故障部位。

（5）思　根据以前观察、搜集到的全部资料，运用自己的检修经验，结合具体电路的工作原理，采取必要的测试手段，综合地进行分析、思考、判断，作出最佳的检修方案。

（6）修　根据故障现象及用仪器所测量的数据，查出故障元器件。对于已经失效的元器件进行更换，对于经过技术处理后可以使用的零部件尽量不丢弃，以节省开支。特别是对于一些不常见元器件，难以配购的元器件，应通过各种有效办法尽量修复。

对于新机型，由于生产工艺上的缺陷，故障多发生在机心与机壳结合部分的机械应力点附近，并且多由元器件焊接不良、虚焊等引起。焊接不良、虚焊等引起的故障与摔落、挤压损坏的手机有共同点，但碰坏的手机在机壳上能观察到明显的机械损伤，机心应是重点检查部分。进水的手机，如果没有及时处理（清洗、烘干），时间一长，也许只有几个小时，就会被氧化，严重的可造成多达十几处断线，集成电路及元器件引脚发黑、发白、起灰，这时应对症下药，根据电路板上水迹的部位去查找故障点。这种由于电路板受腐蚀所造成电路的开路、短路，以及元器件的损坏，进行检修时千万不要盲目地作通电试验及随意拆卸、吹焊元器件和电路板，这样很容易形成旧的故障没排除又产生人为的新故障，使原来可简单修复的手机故障复杂化。

4. 常见元器件的故障特点

无论是自然损耗所造成的故障，还是人为损坏所造成的故障，一般都可归结为电路开路或短路故障、电子元器件损坏故障和软件故障三种。电路开路故障如果是由于导线的断裂、接插件的断开和接触不良等引起，检修起来一般比较容易。电路短路故障一般是由于进水和落入异物造成，只要认真清洗就能排除。而电子元器件的损坏（除明显的烧坏、发热外），一般很难凭观察发现，在许多情况下，必须借助仪器才能检测判断，因此对于检修人员来说，首先必须了解电路的工作原理和各种元器件故障的特点，这对于检修电路故障，提高检修效率是极为重要的。以下举一些常用电子元器件的故障特点。

(1) 集成电路 一般是局部损坏，如击穿、开路、短路等。电源集成电路和功放芯片容易损坏，存储器容易出现软件故障，其他芯片有时会出现虚焊。

(2) 晶体管 击穿、开路、严重漏电、参数变劣等。

(3) 二极管（整流、发光、保护、变容） 击穿、开路、正向电阻变大、反向电阻变小。

(4) 电阻 在一般情况下，电阻的失效率是比较低的，但在一些重要电路中，电阻值的变化会引起晶体管的静态工作点变化，从而引起整个单元电路的工作不正常。电阻的失效包括脱焊、阻值变大或变小、温度特性变差及内部开路。

(5) 电容 电容分为有极性（电解电容）与无极性两种。电解电容的失效包括电容击穿短路、漏电增大、容量变小或断路。无极性电容的失效包括击穿短路、脱焊、漏电严重、有电阻效应。

以上讨论的是主要元器件，还有些元器件如场效应晶体管、石英晶体等，在检修中也不能忽视，尤其是受振动易损的石英晶体及承担着较大功率的器件（功放、电源集成电路、压控振荡器）出现问题，会有不开机或开机后不能入网、耳机无声、送不出去话以及联系供应商等故障。

情景二 手机检修仪器与工具

手机检修仪器与工具分两类，一类是必备检修仪器和工具，另一类是选用仪器和工具。必备仪器和工具为热风枪、电烙铁、万用表、直流稳压电源、示波器、带灯放大镜、超声波清洗器以及拆装手机的小工具。选用仪器和工具应根据投入资金的多少决定，一般有这些仪器供选择：频谱分析仪、可编程软件故障检修仪、免拆机软件故障检修仪等。

1. 热风枪

热风枪是手机检修的必备工具，由于手机采用的都是表面贴装元器件，这种元器件必须用热风枪才能取下来。现在市面上卖的热风枪有很多种，以前大都采用原装进口的，由于现在国产热风枪的质量大大提高，而且价格比进口热风枪低，所以一般都采用国产热风枪。

2. 电烙铁

由于手机采用的元器件大多为 CMOS 器件，所以对防静电的要求比较高，这就要求在手机检修时使用的电烙铁必须具有防静电的功能，同时由于元器件管脚太密，所以要求烙铁头要尖，最好还要有调温功能。

3. 万用表

万用表有数字式万用表和指针式万用表两种。两种不同的万用表各有其特点，其中数字式万用表测量电压和判断线路的通断比指针式万用表好，而指针式万用表测电阻比数字式万用表好，特别是在使用对地测电阻法判断故障时，采用指针式万用表比数字式万用表好，建议两种万用表都应配备。

4. 直流稳压电源

直流稳压电源是手机检修中必不可少的仪器，目前市面上销售的电源种类也比较多，这里建议大家采购时应购买手机检修专用电源。在手机检修中，电源有这样几方面的要求，一是要有过电压、过电流保护，但一般电源都只有过电流（短路）保护，而在手机检修过程中往往出现电压过高烧毁手机的现象，于是要求电源应具有过电压保护功能；二是在手机检修中，电源给手机供电需要一个转换接口，因为不同的手机对电源的要求不同，必须采用一个转换接口；三是由于检修手机时要观察检修电源电流的变化来判断故障，比如判断有无发射信号，有经验的人就是观察电流表指针的摆动来判断。目前的手机功耗越来越小，待机电流也越来越小，甚至小到了几十毫安，这就要求直流稳压源的电流表量程最好选择为1A，以便于观察。综上所述，目前市面上已解决上述问题的电源为“蓝特牌手机检修专用电源”。这种电源带有检修接口，具有过电压、过电流保护等功能。

5. 示波器

首先应该知道示波器在手机检修中的用途，一是可以测量系统时钟信号，二是可以测量脉冲电压的幅度以及波形。由于手机的工作电压为不连续的，所以很多点的工作电压为脉冲电压，用万用表无法准确测量，只能用示波器测量。目前市上的示波器品牌也比较多，建议购买20MHz双踪示波器。

6. 带灯放大镜

手机元器件很小，管脚很密，一般在放大镜下才能看清楚，所以一种带灯的放大镜就很受检修工作者的欢迎。

7. 超声波清洗器

手机机板不干净或者落水后腐蚀都需要清洗。最好的办法就是放在超声波清洗器内，用天那水清洗。这里要特别注意，在手机放入清洗器之前，应将不能用天那水洗的元器件取下来，以免损坏。

8. 拆装手机的小工具

拆装手机的小工具比较多，主要有各类镊子，螺钉旋具T6、T8等。由于现在手机的品种繁多，所以拆机工具也越来越多，有通用的，也有专用的。建议先购买通用的，再根据需要购买专用的。

9. 频谱分析仪

由于数码手机为间歇工作，所以它的收发信号均为间隔的，要想观察收发信号，必须用到频谱分析仪，但由于在手机的检修过程中，不一定要观察到信号的具体幅度等，有经验的人只需观察一些特征，就能判断有无发射信号，所以频谱分析仪在检修过程中可以不用。如判断手机是否发射信号，只需在拨打112后观察电流表指针的摆动就可判断。而且频谱分析仪的价格较高，对于刚刚开始从事检修的人来说，不必急于购买。

10. 可编程软件故障检修仪

手机故障中，有一大类故障是软件故障，产生的原因就是存储器内数据丢失或出错，故障现象为锁机、显示“见供应商”以及不开机、不入网和不显示等。出现此类故障以后主要是重新恢复存储器内的数据资料。早期生产的手机（如爱立信788、摩托罗拉328等），它们的存储器（版本、码片）都能用热风枪吹下来，这样可以将存储器吹下来之后放在可编程软件故障仪上重写后焊回原处，即可解决软件故障。但由于近期生产的手机集成度越来越高，大部分存储器都采用了BGA封装，不易拆装，取下芯片重写的办法就较难实现。

11. 免拆机软件故障检修仪

由于目前生产的手机芯片大多采用BGA封装，该封装的芯片不易拆下来处理，所以用免拆机软件故障检修仪就很有必要。免拆机软件故障检修仪又可分为两大类：一类是带计算机免拆机软件故障检修仪，另一类是免计算机免拆机软件故障检修仪。

（1）带计算机免拆机软件故障检修仪　这种仪器需要配置计算机才能使用，将程序以及数据存放于计算机，通过 RS232 串口传送到手机，可以解决手机软件故障。

（2）免计算机免拆机软件故障检修仪　这种仪器采用单片机代替计算机，将程序以及数据通过单片机传送到手机，也可以解决手机软件类的故障，缺点是单片机功能有限，只能解决部分手机的软件故障。

情景三　软件处理

手机的软件故障常用处理办法是采用通用的 LABTOOL-48 编程器，对于摩托罗拉系列还可以用 3 合 1 卡处理，下面予以介绍。

1. LABTOOL-48 介绍

GSM 手机检修行业中，目前常用的编程器是 LABTOOL-48，“48”已经成为编程器的俗称，使用相当普遍，而且必不可少。LABTOOL-48 是台湾研仪公司推出的智能编程器，又称为万用编程器。不管是现有的，还是将要推出的可编程器件它们的地址脚不会大于 48 根，所以“48”编程器从理论上支持所有的芯片，对于不同封装的芯片可以选配不同的烧写适配器。

现在国产 LABTOOL-48 价格低廉，能解决各类手机故障，完全满足目前 GSM 手机检修的所有需求，可以对 TSOP、BGA 等各种封装的 FALSH（字库）和 EEPROM（码片）进行编程，例如 LRS1306、29LV160、29LV320、28F160、28F320、24C256、93C86 等，还可以测试手机暂存。

（1）主要功能　LABTOOL-48 可直接烧录 PIC12C50X、LG97CX051、CY7C63XXX、INTEL、P28F002BCT、MC68HC705C8A/J1A/SR3/KJ1 及 MC68HC908JL3/GP32/GP20 等芯片，可真正支持 3.3V 器件。

（2）性能　快：烧录 4MB FLASH，最快只需 32s，擦除、编程、校验一片常用的 TE28F320B3B 仅仅需要 100s 左右，适应工厂小批量生产，全面提升工作效率。LABTOOL-48 的速度归功于内置的高速 CPU。

易：提供 DOS 与 WIN 3.1/3.2/95/98/NT 多重界面，顺应软件发展方向；并口连接，外出携带方便；可自动快速判别 EEPROM/FLASH 的厂商及型号；当设定完 IC 自动批量烧录的功能后，即使不懂计算机的工人也可操作；软件更新速度快（FLASH 已支持到 128MB），网上下载方便。

稳：自动侦测 IC 插反、位置插错、IC 引脚接触不良，避免操作失误，减少烧毁昂贵器件而导致的损失（尤其是 OTP 片），并可用该仪器判别 SOCKET 插座是否已老化而需更换，实践证明自动侦测 IC 插反对常需大批量烧录器件的厂家（如家电、通信客户）特别有用。

省：对双列直插式 48 脚以下可编程器件无需任何适配器，所有 PLCC/QFP/PSOP-44、TSOP-40/48 器件各用一个插座即全部解决；即使对其他不同封装的器件，也注重烧录适配器的通用性；随机提供 ADAPTER 线路，用户可自行制作，节省后续费用。

2. 摩托罗拉 3 合 1 卡介绍

（1）测试卡功能　摩托罗拉 GSM 手机具有人工测试模式功能。借助该功能，测试人员可以有效控制手机，从按键输入某一指令序列，即可完成所希望的功能。若要进入人工测试模式，则需要摩托罗拉 GSM 手机测试卡，按以下步骤进行操作：

第一步，将 3 合 1 卡插入手机中，开机后等待手机显示“SIM 卡密码:”(Enter PIN:)，此时手机处于等待状态。

第二步，从键盘输入测试卡密码“0000”后确认，按住“#”键并保持 3s 以上，直至手机显示“Test”，此时手机已进入人工测试模式，从按键输入某一指令序列，即可完成预期的功能。

（2）转移卡功能　由于摩托罗拉 GSM 手机有各种不同的型号，每个主板均要正确设置以满足不同机型的需要。因此，当主板被更换后，应进行普通转移，将个人信息转移到新的主板上，使其能在新的手机中正确运行。

普通转移的方法可将损坏的手机中存储的电话号码转移到新的手机中，可按如下步骤进行转移：

第一步：将 3 合 1 卡插入原手机中，开机后等待手机显示“SIM 卡密码:”(Enter PIN:)，此时手机处于等待状态。

第二步：从键盘输入转移卡密码“9999”后确认，等待直至手机显示“检查 SIM 卡”(Check Card)，将卡从手机中取出后重新插回，手机将显示“Clone”，此时手机已进入转移卡模式并准备传送第 1 组数据。

第三步：从键盘输入 021#，此指令使第 1 组数据传送到 3 合 1 卡中。数据传输过程中，手机将显示“请等候”(Please Wait)。如果数据正确传送完毕，手机又将显示“Clone”。

第四步：第 1 组数据成功传送完毕后，将 3 合 1 卡从原手机中取出。

第五步：将 3 合 1 卡插入新手机中，开机后等待手机显示“SIM 卡密码:”(Enter PIN:)，此时手机处于等待状态。

第六步：从键盘输入转移卡密码“9999”后确认，等待直至手机显示“检查 SIM 卡”(Check Cad)，将卡从手机中取出后重新插回，此时手机将显示“Clone”，手机已进入转移卡模式并准备接收第 1 组数据。

第七步：从键盘输入 03#，此指令使手机接收来自 3 合 1 卡的第 1 组数据。数据传输过程中，手机将显示“请等候”(Please Wait)。如果数据正确传送完毕，新手机将又显示“Clone”。

第八步：接下来传送第 2 组数据，重复以上第一步～第六步，但注意手机向 3 合 1 卡传送第 2 组数据时应使用指令 022#。

第九步：当第 2 组数据传送完毕后，取出转移卡，详细检查新手机的功能。

当摩托罗拉 GSM 手机出现软件故障并显示“话机坏，请送修”(Phone Fail，See Supplier) 致使手机无法使用时，可以按如下步骤进行转移：

第一步：将 3 合 1 卡插入一已按要求配置好的同型号手机中，开机后等待手机显示“SIM 卡密码:”(Enter PIN:)，此时手机处于等待状态。

第二步：从键盘输入转移卡密码“9999”后确认，等待直至手机显示“检查 SIM 卡”(Check Card)，将卡从手机中取出后重新插回，此时手机将显示“Clone”，手机已进入转移卡模式并准备传送已配置好的数据。

第三步：从键盘输入024#，此指令使已配置好的软件数据传送到3合1卡中。数据传输过程中，手机将显示“请等候”（Please Wait）。如果数据正确传送完毕，手机将又显示“Clone”。

第四步：软件数据成功传送完毕后，将3合1卡从手机中取出。

第五步：将3合1卡插入待修复的手机中，开机后等待手机显示“SIM卡密码:”（Enter PIN:），此时手机处于等待状态。

第六步：从键盘输入转移卡密码“9999”后确认，等待直至手机显示“检查SIM卡”（Check Card），将卡从手机中取出后重新插回，此时手机将显示“Clone”，手机已进入转移卡模式并准备接收卡中的软件数据。

第七步：从键盘输入03#，此指令使手机接收来自3合1卡的软件数据。数据传输过程中，手机将显示“请等候”（Please Wait）。如果数据正确传送完毕，手机将又显示“Clone”。

第八步：当数据传送完毕后，取出3合1卡，详细检查手机是否已经修复。

（3）覆盖卡功能　由于各种原因，可能引起摩托罗拉GSM手机软件故障，并使其显示“话机坏，请送修”（Phone Fail，See Supplier）致使手机无法使用。遇见这种情况，更换器件是无法修复的，只能进行主转移。但是主转移需要准备同型号的已配置好的手机，既耽误时间也增加成本。3合1卡内自带摩托罗拉最新的标准软件，可帮助检修人员以最快的速度和最小的成本高质量地将故障排除。此外，该3合1卡还可以用于手机的软件、功能升级。

关于检修和升级的具体步骤如下：

第一步：将3合1卡插入目标手机中，开机后等待手机显示“SIM卡密码:”（Enter PIN:），此时手机处于等待状态。

第二步：根据目标手机的型号和表8-1，从键盘输入覆盖卡密码后确认，等待直至手机显示“检查SIM卡”（Check Card），将卡从手机中取出后重新插回，此时手机将显示“Clone”，目标手机已进入覆盖卡模式并准备接收卡中的软件数据。

第三步：从键盘输入03#，此指令使软件数据从3合1卡传送到手机中。数据传输过程，手机将显示“请等候”（Please Wait）。如果数据正确传送完毕，手机将又显示“Clone”。

第四步：软件数据成功传送完毕后，将3合1卡从手机中取出，详细检查手机的各项功能。

表8-1所示为3合1卡的各种密码。

表8-1　摩托罗拉3合1卡的各种密码

密　码	使 用 范 围	密　码	使 用 范 围
0000	测试卡	8702	C87C+覆盖卡
8200	8200覆盖卡	3080	308覆盖卡
8400	8200E覆盖卡	3081	308C覆盖卡
8500	8200C覆盖卡	3280	328覆盖卡
8700	GC87覆盖卡	3281	328C覆盖卡
8701	C87C覆盖卡	9999	转移卡

项 目 思 考

8-1　手机开机基本过程是什么？

8-2　手机的工作状态有几种？

8-3　手机为不开机故障时，如何根据电流大小判别哪些部位有故障？

8-4　SIM 卡故障的主要现象是什么？

8-5　显示电路故障的现象有哪些？

8-6　常用电子元器件的故障特征有哪些？

8-7　常用检修手机的仪器有哪些？

8-8　LABTOOL-48 的功能有哪些？有什么特点？

8-9　怎样使用摩托罗拉 3 合 1 卡的测试卡、转移卡？

项目九　手机电路识图能力拓展

情景一　诺基亚8210/8850型手机电路分析

诺基亚8210/8850型手机是由芬兰诺基亚公司推出的两款双频手机，它们的电路结构基本一样。8210/8850型GSM手机主要由射频接收部分、射频发射部分、逻辑/音频控制部分、电源部分以及其他辅助部分等组成。手机整机射频电路框图如图9-1所示，整机逻辑/音频控制电路框图如图9-2所示。

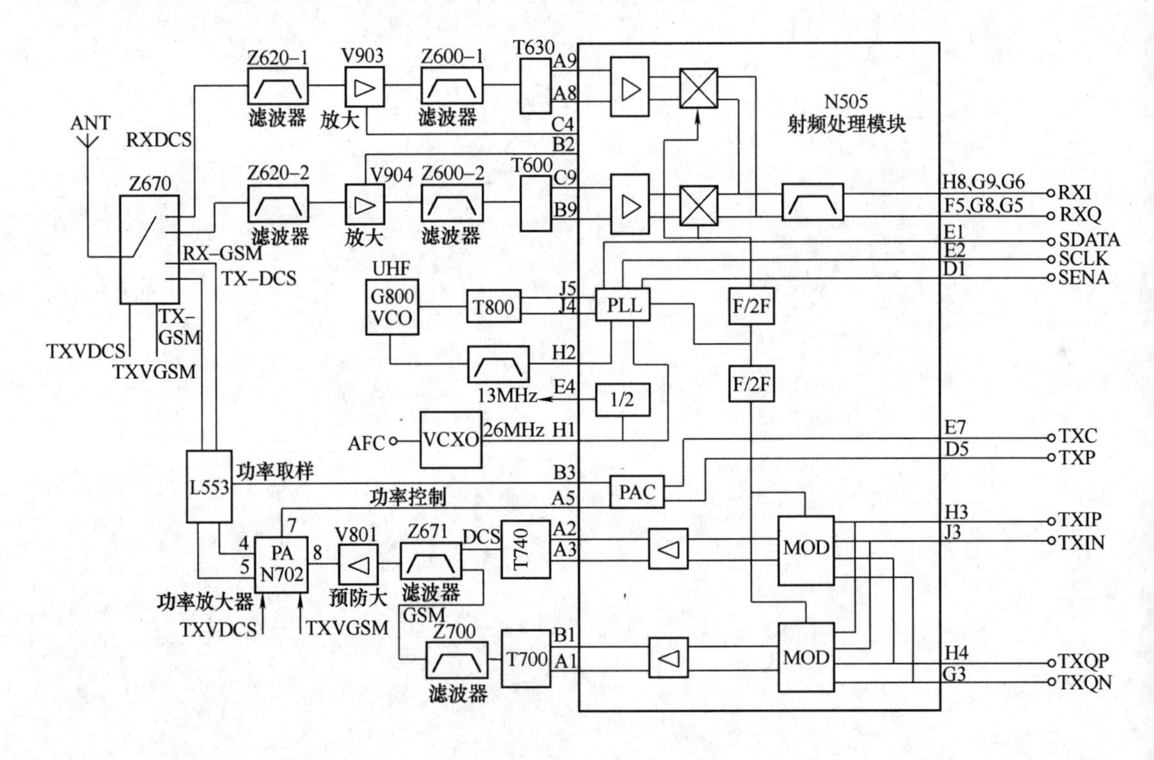

图9-1　整机射频电路框图

1. 手机接收电路分析

8210/8850型手机接收电路主要由天线开关电路Z670、低噪声高频放大电路、一本振电路、接收混频与解调电路、GMSK解调电路、信道解码电路、语音解码电路、PCM解码电路及音频放大电路等组成。

8210/8850型手机接收信号流程参考图9-1，具体过程为：从天线接收下来的高频信号（GSM900频段为935～960MHz，DCS1800频段为1805～1880MHz）均从天线开关（Z670）的ANT端口输入，经天线开关电路处理后，其中GSM900频段的接收信号从Z670的RX-GSM端口输出，DCS1800频段的接收信号从Z670的RX-DCS端口输出。

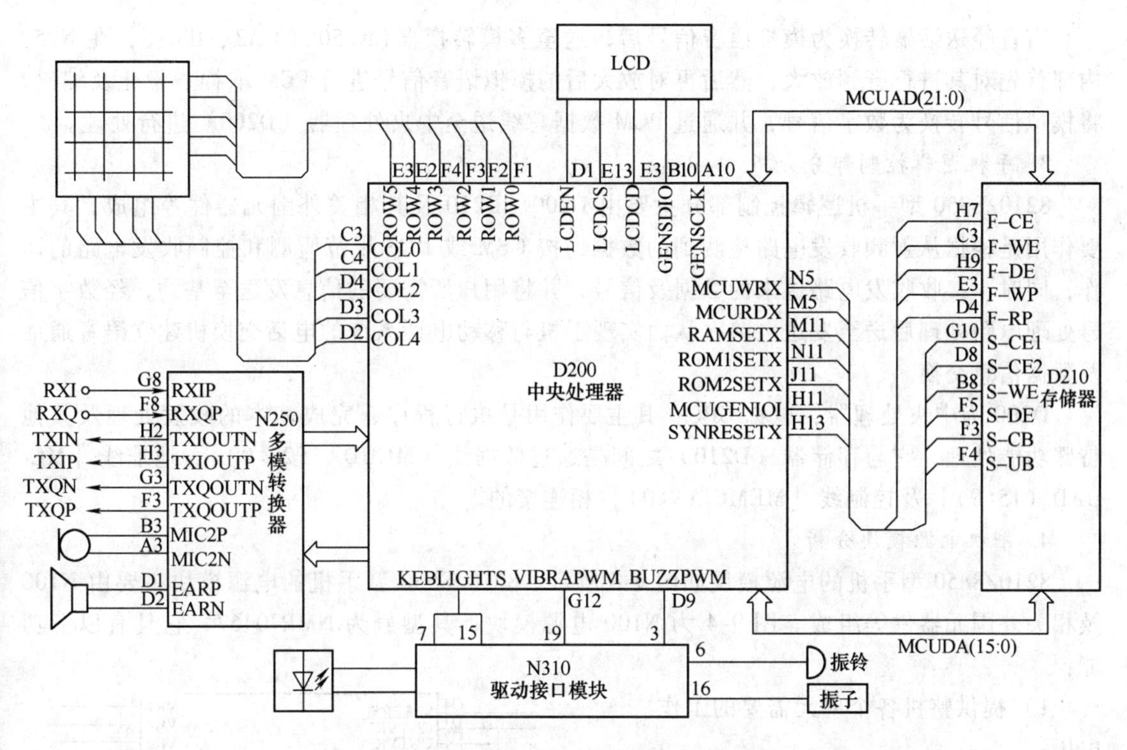

图 9-2　整机逻辑/音频控制电路框图

2. 手机发射电路分析

8210/8850 型手机发射电路主要有语音输入电路、音频放大电路、PCM 编码电路、语音编码电路、信道编码电路、GMSK 调制电路、发射信号产生电路、预放电路、功率放大电路、功放控制电路及天线开关电路等组成。

8210/8850 型手机发射信号流程图如图 9-3 所示，具体过程如下：

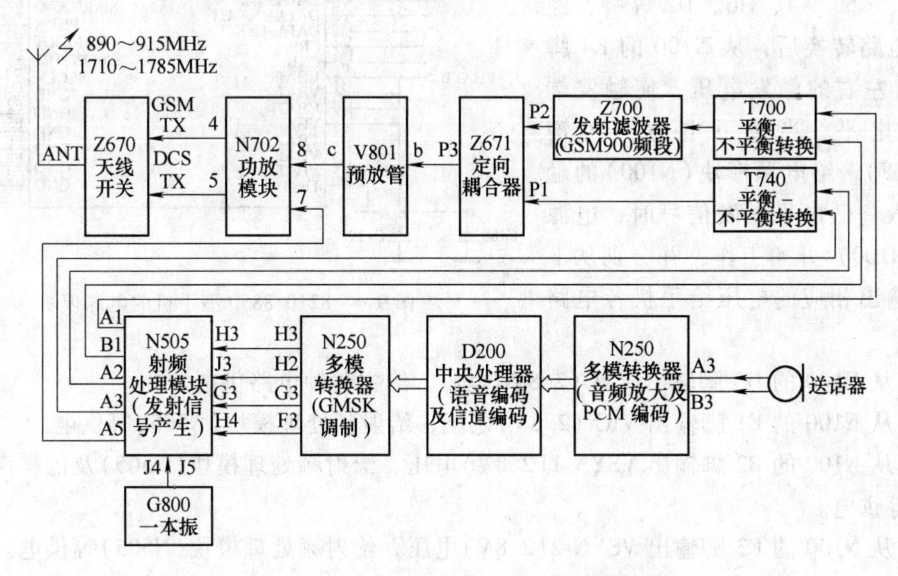

图 9-3　8210/8850 型手机发射信号流程图

声音经送话器转换为模拟语音信号后，送至多模转换器(N250)的A3、B3脚，在N250内部首先对其进行音频放大，然后再对放大后的模拟语音信号进行PCM取样、量化及编码，将模拟信号转换为数字信号，并通过PCM数据总线送至中央处理器（D200）进行处理。

3. 手机逻辑控制部分分析

8210/8850型手机逻辑控制部分主要由D200、D210及其相关外围元器件等组成，其主要作用是根据从射频收发电路检测到的数据，按GSM或DCS规范监测和控制收发电路的运作；同时，接收收发电路送来的数据及信号，并将用户所需要的信息发送至基站，经数字信号处理电路处理后送至发送电路，从而实现手机与移动电话系统的电话交换机建立语音通话及数据信息交换。

D200为中央处理器，也称CPU，其主要作用是执行程序，完成基本的收发处理及其他特殊功能处理。它与存储器（D210）之间是通过数据线［MCUDA（20:0）］、地址线［MCUAD（15:0）］及控制线［MEMC（9:0）］相连接的。

4. 手机电源模块分析

8210/8850型手机的电源模块如图9-4所示。8210/8550型手机的电源模块主要由N100及相关外围元器件等组成。图9-4为N100电源模块，其型号为NMP70467，它具有以下功能：

1）提供整机各个单元需要的工作电压；

2）具有充电控制功能；

3）具有复位功能；

4）具有通信功能；

5）具有D-A和A-D转换功能。

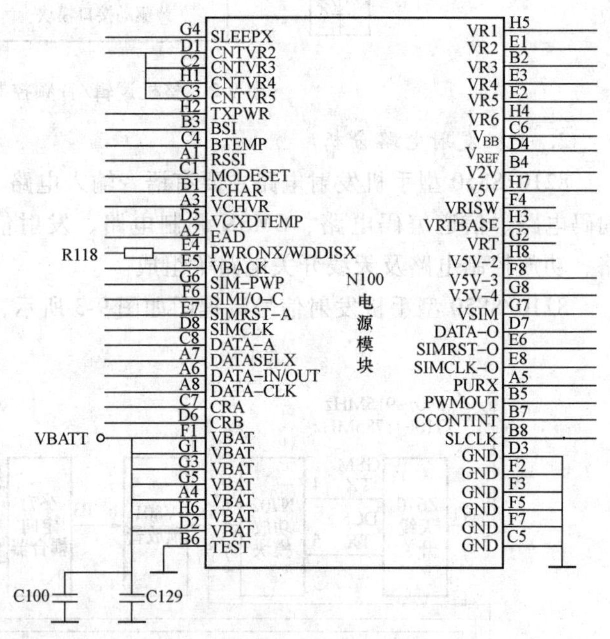

图9-4 8210/8850型手机的电源模块

当手机加电时，电池电压通过输入电路送至电源模块(N100)的F1、G1、G3、G5、A4、H6、D2等脚，经其内部电路转换后，从N100的E4脚输出3V左右的触发电压，使触发端保持高电平。当按下电源开关键(ON/OFF)，给电源模块(N100)的触发端输入一低电平触发信号时，电源模块（N100）开始工作，并分别从下列各脚输出相应的电压给手机各电路供电：

1）从N100的H5脚输出VXO(2.8V)电压，给主时钟电路供电。

2）从N100的E1脚输出VRX(2.8V)电压，给射频处理模块(N505)等供电。

3）从N100的B2脚输出VSYN-1(2.8V)电压，给射频处理模块(N505)及低噪声高频放大电路等供电。

4）从N100的E3脚输出VSYN-2(2.8V)电压，给射频处理模块(N505)等供电。

5）从N100的E2脚输出VTX(2.8V)电压，给射频处理模块(N505)等供电。

6）从 N100 的 H4 脚输出 VCOBBA(2.8V)电压，给多模转换器(N250)等供电。

7）从 N100 的 C6 脚输出 VBB(2.8V)电压，给多模转换器(N250)、中央处理器(D200)、存储器(D210)及驱动接口模块(N310)等供电。

8）从 N100 的 D4 脚输出 VREF(1.5V)电压，给射频处理模块(N505)、多模转换器(N250)等供电。

9）从 N100 的 B4 脚输出 VCORE(2.0V)电压，给中央处理器(D200) 等供电。

10）从 N100 的 H7 脚输出 VCP(5.0V)电压，给稳压模块(N600)等供电。

11）从 N100 的 A5 脚输出 PURX(2.8V)电压，给中央处理器(D200)等进行复位。

情景二　摩托罗拉 V60 型手机电路分析

1. 接收部分电路分析

摩托罗拉 V60 是一款三频中文手机，既可以工作于 GSM 900MHz 频段，也可以工作于 DCS 1800MHz 和 PCS 1900MHz 频段上，它的接收机采用超外差下变频接收方式。

（1）频段转换及天线开关 U10　V60 中的 U10 将收发和频段间转换集成到了一起，它的内部由四个场效应晶体管组成，如图 9-5 所示。

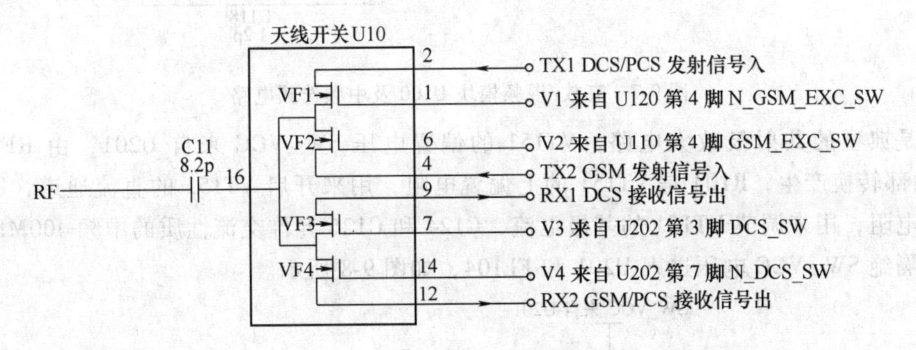

图 9-5　天线开关 U10

（2）高频滤波电路　当工作于 GSM 900 时，由频段转换及天线开关 U10 第 12 脚送来的 935.2～959.8MHz 高频信号经 C19、C24 等耦合进入带通滤波器 FL103，FL103 使 GSM 900 频段内 935.2～959.8MHz 的信号都能通过，而带外的信号被衰减滤除。FL103 输出信号又经匹配网络（主要由 C106、L103、C107、L104、L106、C112 等组成），从 U100（高放/混频模块）的 LNA1 IN（第 13 脚）进入 U100 内的低噪声放大器（高放）。高频滤波电路如图 9-6 所示。

（3）高放/混频模块 U100 及中频选频电路　V60 机型一改以往机型前端电路采用分立元器件的做法，把高频放大器和混频器集成在一起，这显然是借鉴了其他机型的优点。U100 支持三个频段的低噪声放大和混频，U100 的电源为 RF_V2，其电路原理如图 9-7 所示。

（4）中频放大电路与中频双工模块 U201　中频放大电路隔离混频器输出与中频双工模块 U201，同时提供部分增益，以获得很好的接收特性。VT151 是 V60 手机中频放大电路的

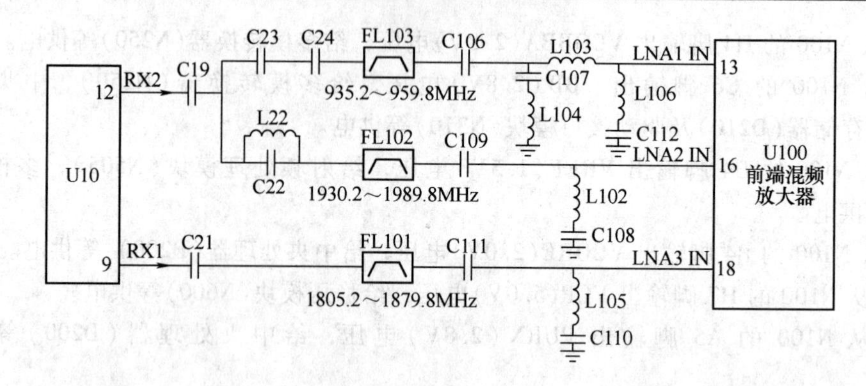

图 9-6 高频滤波电路

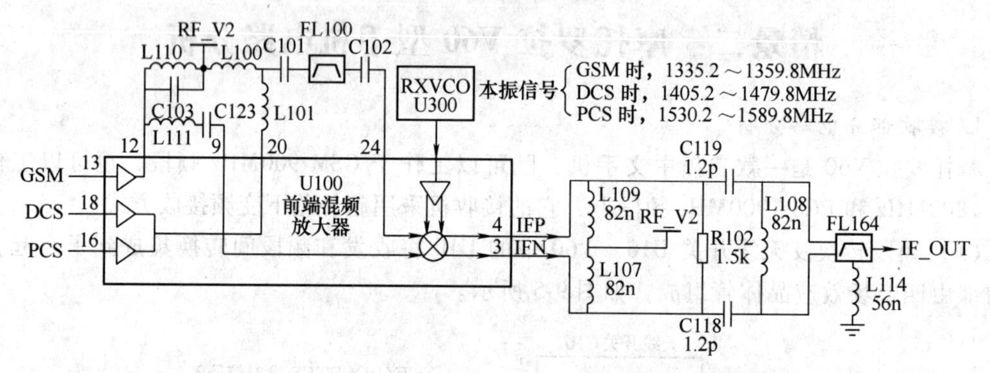

图 9-7 高放/混频模块 U100 及中频选频电路

核心，是典型的共射极放大电路，VT151 的偏置电压 SW_VCC 来自 U201，由 RF_V2 在 U201 内部转换产生，R104 是 VT151 的上偏置电阻，用来开启 VT151 的直流通道，R105 是下偏置电阻，用来调节 VT151 的基极电流，C124 和 C126 允许交流性质的中频 400MHz 信号通过，隔绝 SW_VCC 电压进入 U201 和 FL104，如图 9-8 所示。

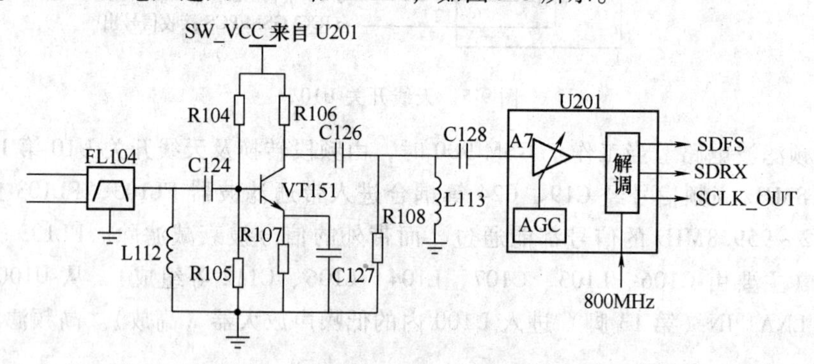

图 9-8 中频放大电路与中频双工模块 U201

2. 频率合成器及三频切换电路

（1）频率合成器 V60 的频率合成器专为手机提供高精度的频率，它采用锁相环 PLL 技术，主要由接收一本振、接收二本振和发射 TXVCO 等组成。其电路原理图如图 9-9 所示。

1）接收一本振 RXVCO（U300）与发射 TXVCO（U350）。由于 V60 手机的接收一本振

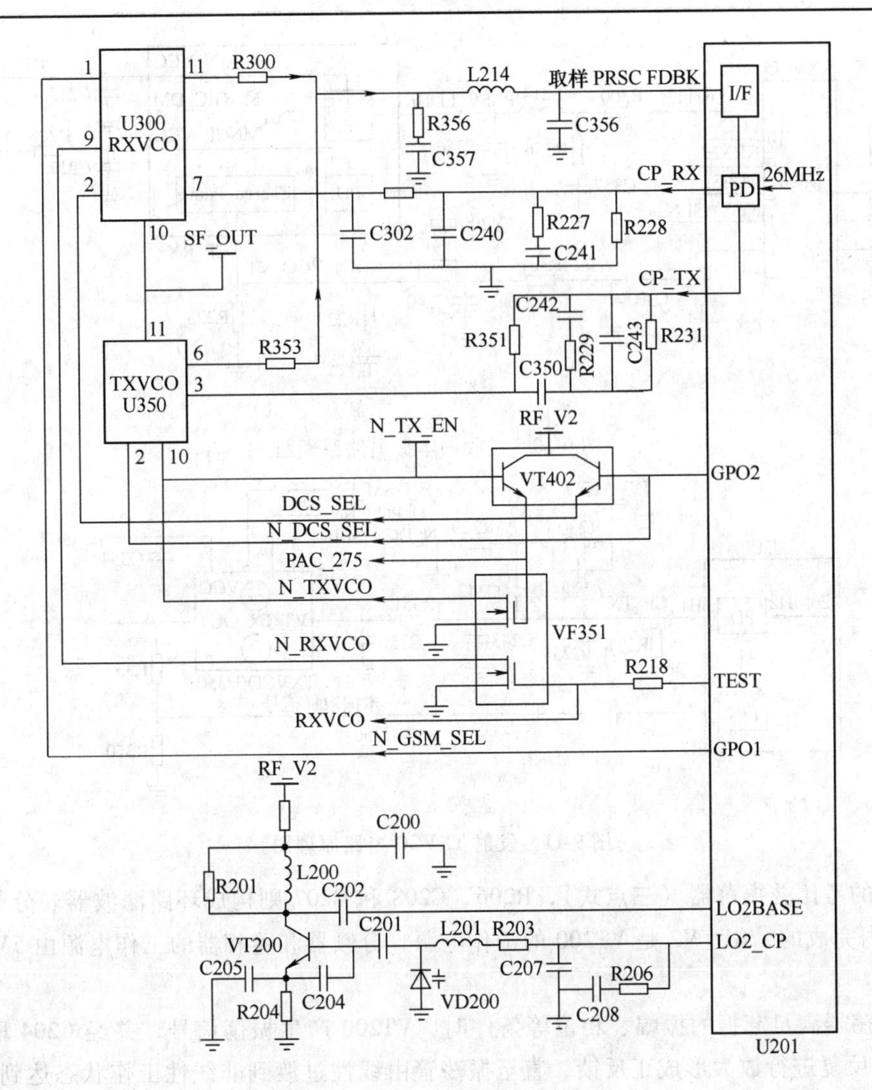

图 9-9　频率合成器电路原理图

RXVCO 和发射 TXVCO 环路共用 U201 内部的一组鉴相器和反馈回路，所以使 V60 手机的频率合成器显得更简化。

V60 手机一本振电路是一个锁相频率合成器，RXVCO（U300）输出的本振信号从第 11 脚经过 L214 等进入中频 IC（U201）内部，经过内部分频后与 26MHz 参考频率源在鉴相器 PD 中进行鉴相，输出误差电压经充电泵 Charge_Pump 后从 CP_RX 脚输出，控制 RXVCO 的振荡频率。压控电压高，RXVCO（U300）振荡产生频率越高，反之越低。其电路原理图如图 9-10 所示。

发射 TXVCO（U350）的第 3 脚 VT 为内部压控振荡器的控制脚，该脚电压越高，第 6 脚产生的 TX_OUT 的频率也相应越高，反之越低。当由于温度或其他原因导致 TX_OUT 变化时，V60 通过 R353 把该改变反应给 U201 内部。发射信号首先经过分频，然后与基准频率 26MHz 进行鉴相，把鉴相后的误差结果由 U201 的 B1 脚输出（即 CP_TX），再送入 TXVCO（U350）内部调整输出射频信号，使之符合基站的要求。其电路原理图如图 9-11 所示。

2）接收二本振电路。V60 手机的 800MHz 频率二本振产生电路是以 VT200 为中心的、

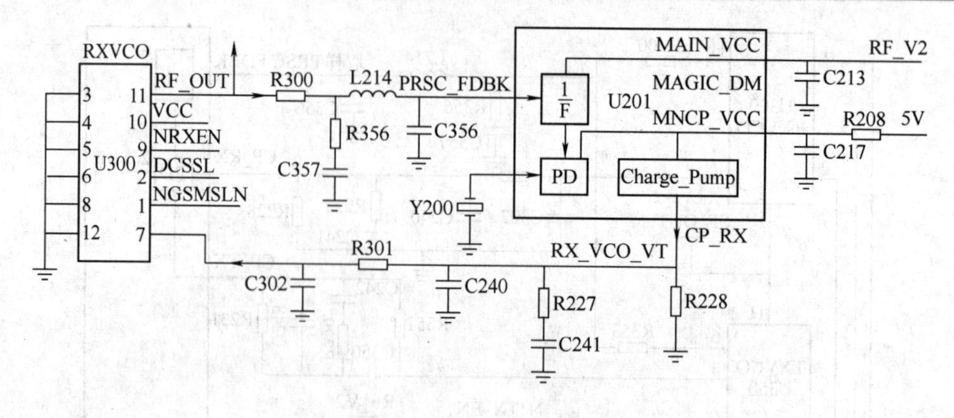

图 9-10 接收一本振电路原理图

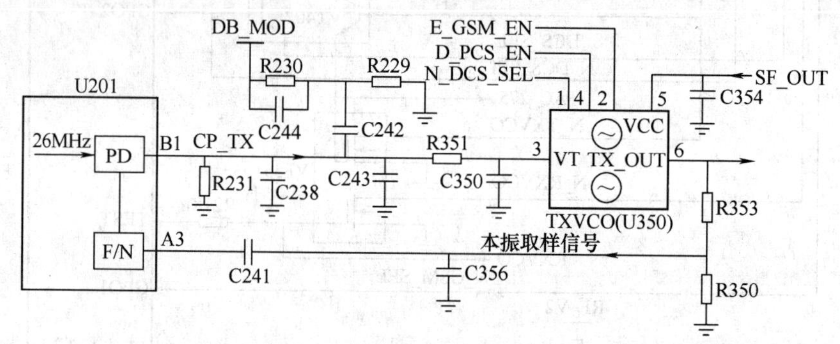

图 9-11 发射 TXVCO 电路原理图

经过改进的考比兹振荡器（三点式），R206、C208 和 C207 则构成环路滤波器。分频鉴相是在 U201 内完成的，RF_V2 是 VT200 的工作电源，分频器和鉴相器的工作电源由 5V 和 RF_V1 提供。

当振荡器满足起振的振幅、相位等条件时，VT200 产生振荡信号，并经 C204 取样反馈回 VT200 反复进行放大形成正反馈，直至振荡管由线性过渡到非线性工作状态达到平衡后，接收二本振的振荡信号由 C202 耦合至 U201 内部，其中一路经二分频去解调 400MHz 中频信号，另外一路与基准频率 26MHz 鉴相后，由 U201 输出误差电压，经环路滤波器除去高频分量，误差电压通过改变变容二极管 VD200 的容量，来控制二本振电路产生精准的 800MHz 频率供手机使用。其电路原理图如图 9-12 所示。

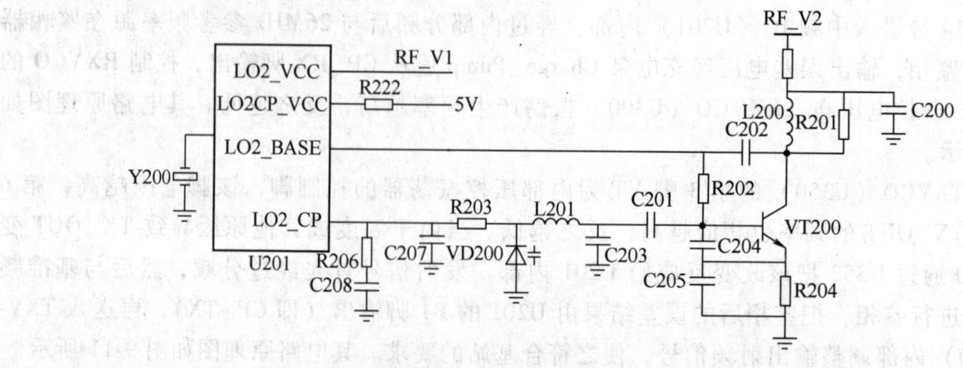

图 9-12 接收二本振电路原理图

（2）三频切换电路　摩托罗拉V60是一款三频手机，但它不能在工作时同时使用两个频段。也就是说，手机在同一时间只能在某一个频段工作，或者GSM 900MHz，或者DCS 1800MHz，或者PCS 1900MHz。若需切换频段，则需要操作菜单，然后由CPU做出修改，修改的重点是射频部分。在射频部分，GSM、DCS、PCS三者最大的区别有如下两点：

1）所需的滤波器中心频点和滤除带宽不同。

2）本振的输出频率不同。

功放电路也需三频切换电路来控制。V60有两个功放，一个用于GSM频段，一个用于DCS/PCS频段。三频切换控制信号由CPU（U700）发出，经过中间变换，主要由U201送到各个部位。为了省电和抗干扰，控制信号采用0～2.75V的脉冲方式。三频切换控制电路原理图如图9-13所示。

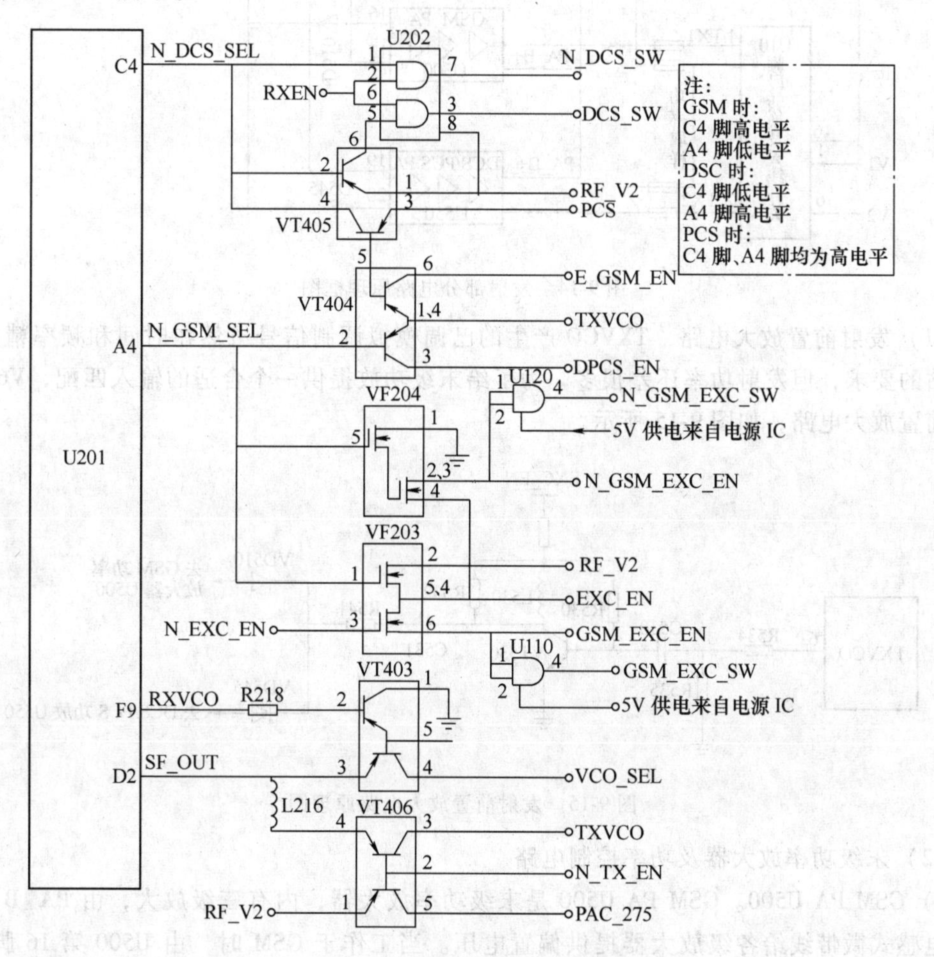

图9-13　三频切换控制电路原理图

3. 发射部分电路分析

发射的音频信号通过机内送话器或外部扬声器，产生的模拟语音信号经PCM编码后，通过CPU形成TXMOD信号进入U201内部进行GMSK调制等，并经发射中频锁相环输出调谐电压（CP_TX）去控制TXVCO（U350）产生适合基站要求的带有用户信息的发射信号，发射信号又经过VT530发信前置放大管给功放提供相匹配的输入信号。发射部分电路原理框图如图 9-14 所示。

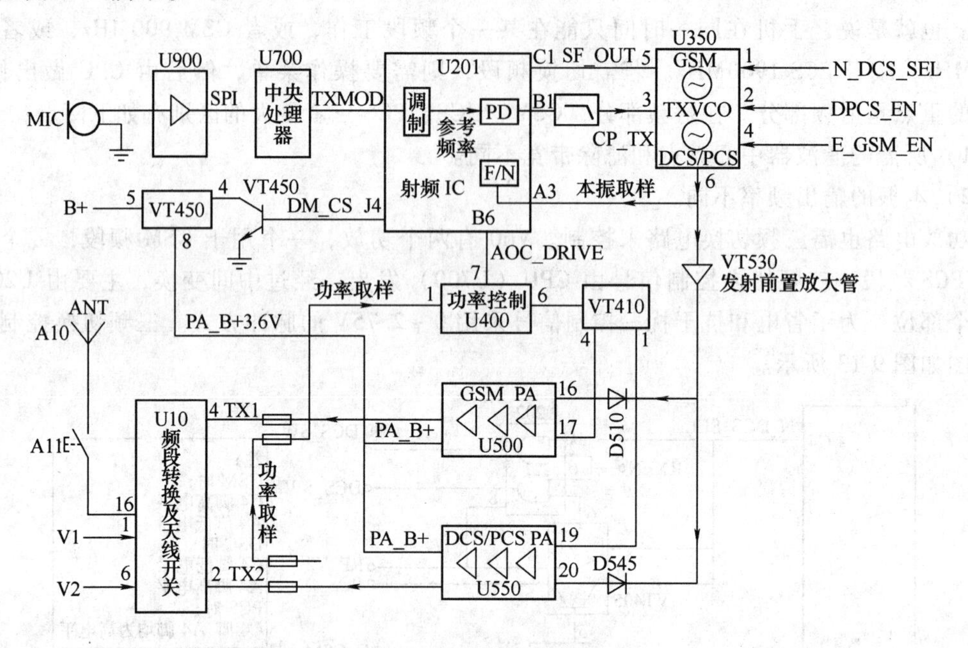

图 9-14　发射部分电路原理框图

（1）发射前置放大电路　TXVCO 产生的已调模拟调制信号虽然在时间和频率精度上符合基站的要求，但发射功率还差很多。为了给末级功放提供一个合适的输入匹配，V60 设有发射前置放大电路，如图 9-15 所示。

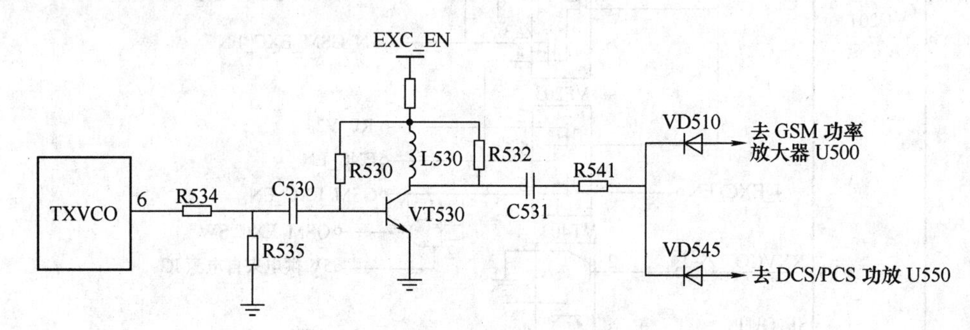

图 9-15　发射前置放大电路原理图

（2）末级功率放大器及功率控制电路

1）GSM PA U500。GSM PA U500 是末级功率放大器，内有三级放大，由 PA_B + 分别通过电感式微带线给各级放大器提供偏置电压。当工作于 GSM 时，由 U500 第 16 脚输入，通过三级放大后由第 6、7、8、9 脚送出，每级放大器的放大量由 U400 功率控制通过 VT410 调节，第 13 脚为 U500 工作使能信号（当 GSM 时为高电平）端。其电路原理图如图 9-16 所示。

2）DCS/PCS PA U550。如图 9-17 所示，DCS/PCS PA U550 末级功率放大器 U550 内共三级放大，每级放大器的供电由 RA_B + 通过电感式微带线提供。当工作于 DCS/PCS 时，由 U550 第 20 脚输入高频发射信号，经过其内部三级放大后，从第 7、8、9、10 脚输出给天线部分。每级放大器的放大量由功率控制电路 U400 通过 VT410 提供。第 3 脚为 U550 工作使能信号端，当工作于 DCS/PCS 时，3 脚为高电平，U550 有效。

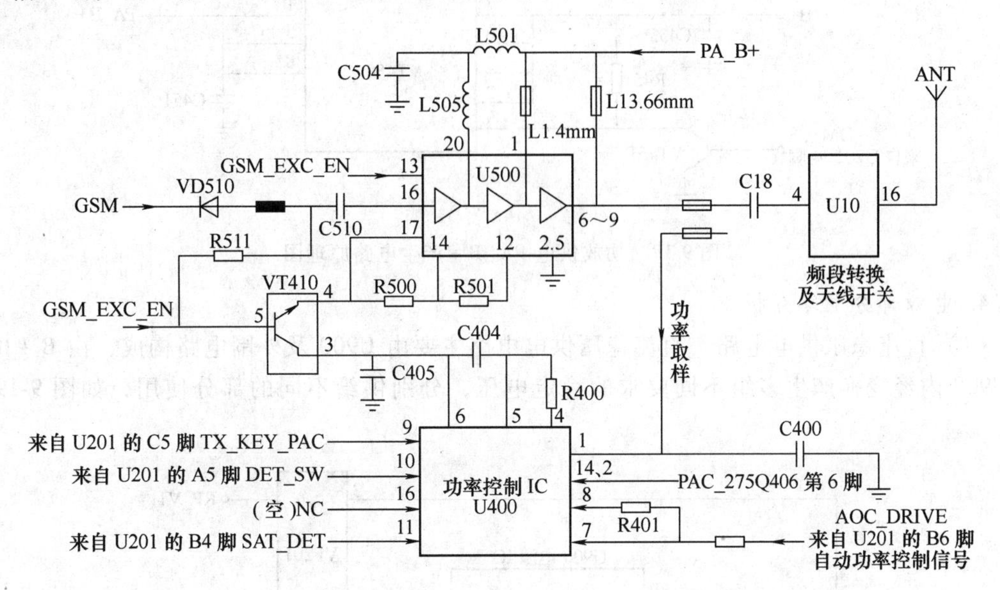

图 9-16　GSM 频段末级功放及功控电路原理图

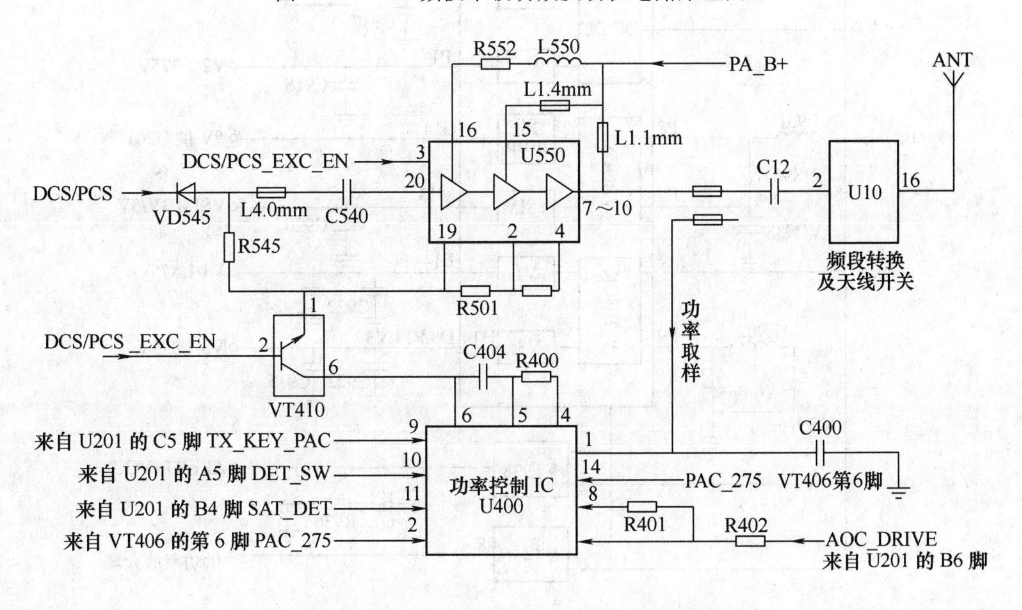

图 9-17　DCS/PCS 频段末级功放及功控电路原理图

（3）功放供电 PA_B + 产生电路　V60 末级功放供电 PA_B + 首先由 B + 供到 VT450 第 7、6、3、2 脚，VT450 的第 1、5、8 脚为输出脚。当 VT450 第 4 脚为高电平时，VT450 第 1、5、8 脚无电压；当 VT450 第 4 脚为低电平时，接通 VT450，即 VT450 第 4 脚为控制脚，第 7、6、3、2 脚为输入脚，第 1、5、8 脚为输出脚。

当来自 U201 的 J4 脚的 DM_CS 为高电平时，导通 VT451，即通过 VT451 的 C 极（E 极接地）把 VT450 第 4 脚电平拉低，此时 VT450 导通，第 1、5、8 脚有 PA_B + 3.6V 给末级

功放供电。其电路原理图如图 9-18 所示。

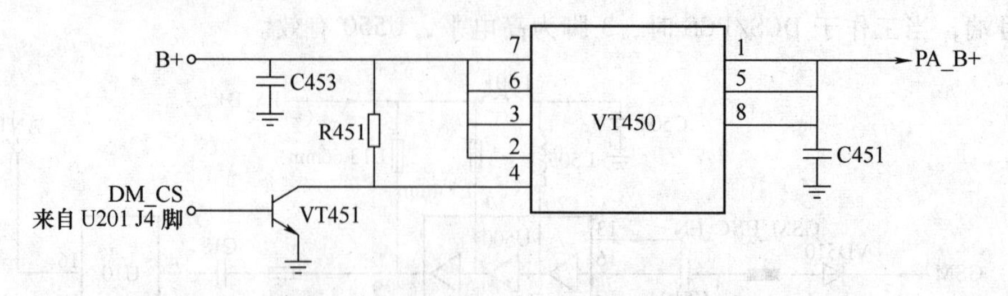

图 9-18 功放供电 PA_B+产生电路原理图

4. 电源部分电路分析

(1) 直流稳压供电电路 直流稳压供电电路主要由 U900 及外围电路构成，由 B+电压在 U900 内经变换产生多组不同要求的稳定电压，分别供给不同的部分使用，如图 9-19 所示。

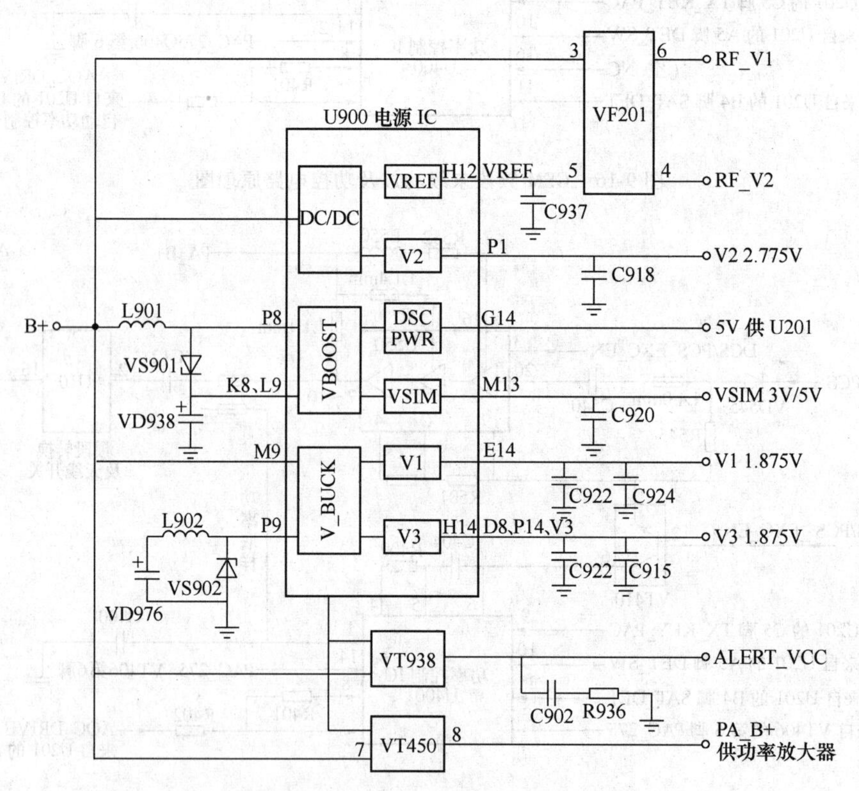

图 9-19 直流稳压供电电路图

直流稳压供电电路各部分供电情况如下：

1) RF_V1、RF_V2 和 VREF 主要供中频 IC 及前端混频放大器使用；

2) V1 (1.875V) 由 V_BUCK 提供电源，主要供 FLASH U701 使用；

3) V2(2.775V) 由 B+提供电源，主要供 CPU U700、音频电路、显示屏、键盘及红绿指示灯等其他电路使用；

4) V3 (1.875V) 由 V_BUCK 提供电源，主要供 U700、FLASH U701 及两个 SRAM

（U702、U703）等使用；

5）VSIM（3V/5V）由 VBOOST 为其提供电源，它为 SIM 卡供电；

6）5V 由 VBOOST 提供电源，由 DSC PWR 输出，主要供 DSC 总线，13MHz、800MHz 二本振和 VCO 电路使用；

7）PA_B+（3.6V）供功放电路使用；

8）ALERT_VCC 为背景彩灯及振铃、振子供电。

（2）开机过程

1）手机加上电源后，送 B+电压给 U900，并在 J5、D6 脚上产生高电平。此高电平变低时，U900 内部稳压电源被触发工作，输出各路供电电压。

2）当手机按下开/关机按键或插入尾部连接器时，分别通过 R804 或 R865 把 U900 的 J5、D6 脚通过开/关机按键、尾部连接器接地后，U900 的 J5、D6 脚的高电平被拉低，相当于触发 U900 工作，输出各路射频电源、逻辑电源及 RST 信号。

3）U900 内部 VBOOST 开关调节器，首先通过外部 L901、CR901、C938 共同产生 VBOOST 5.6V 电压，此电压再送回 U900 的 K8 脚。

4）当射频部分获得供电时，由 U201 中频 IC 和 Y200 晶振（26MHz）组成的 26MHz 振荡器工作产生 26MHz 频率，经过分频产生 13MHz 后，经 R213、R713 送 CPU U700 作为主时钟。

5）当逻辑部分获得供电及时钟信号、复位信号后，开始运行软件，软件运行通过后送维持信号给 U900 维持整机供电，使手机维持开机。其电路原理如图 9-20 所示。

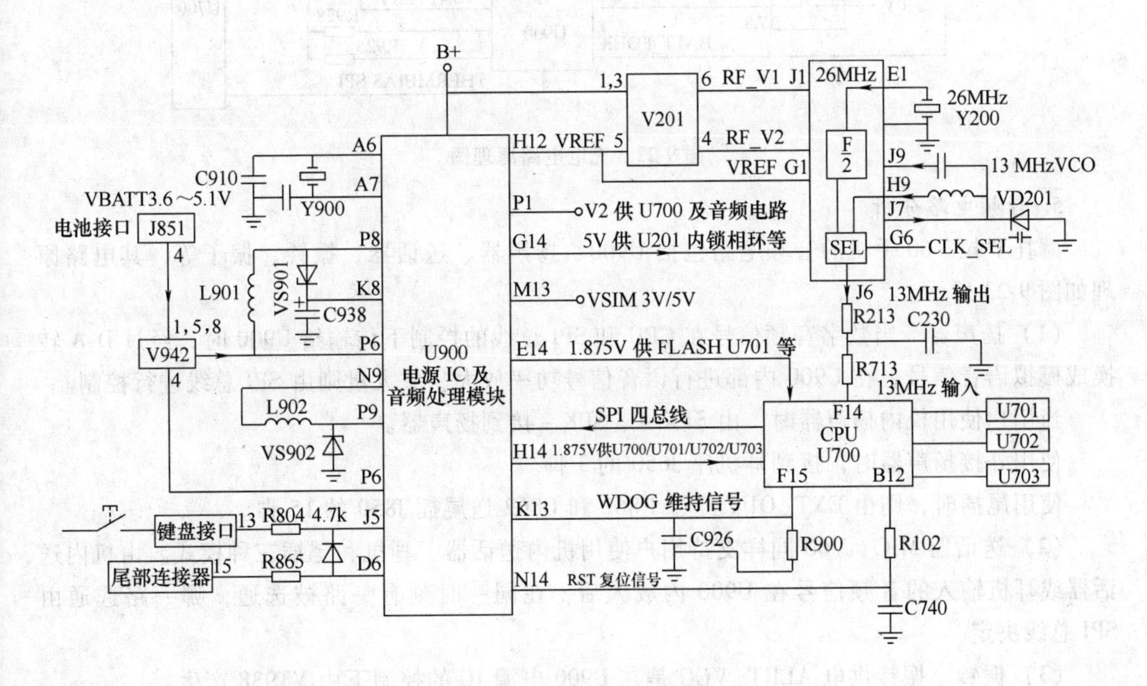

图 9-20　开机过程电路原理图

（3）电源转换及 B+产生电路　电源转换电路主要由 VF945 和 V942 组成，作用是设置机内电池和手机底部接口的外接电源 EXTBATT 的使用状态，由电源转换电路确定供电的路径，当机内电池和外接电源同时存在时，外接电源供电路径优先。其电路如图 9-21 所示。

(4) 充电电路　V60 的充电电路主要由 V932、U900 和 VF945 等组成。充电电路原理图如图 9-22 所示。

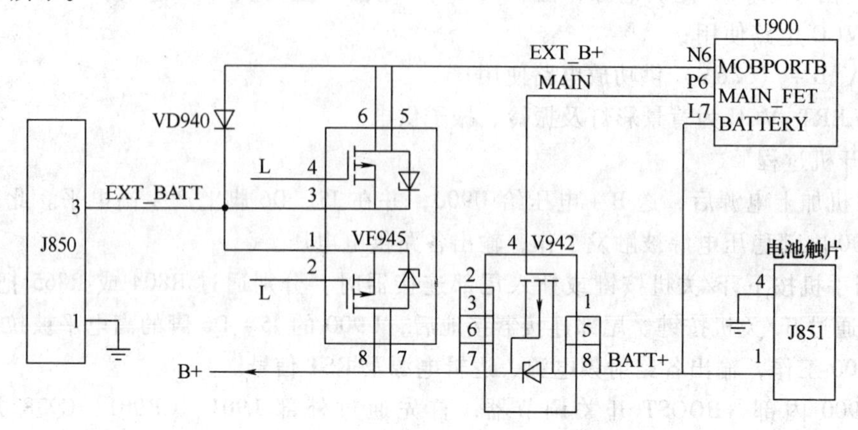

图 9-21　电源转换及 B + 产生电路

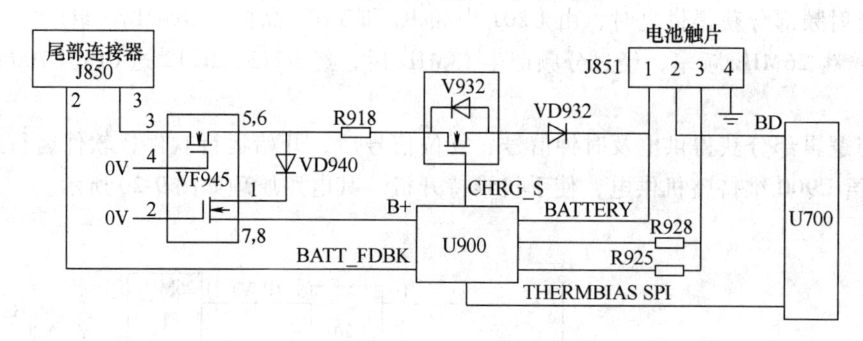

图 9-22　充电电路原理图

5. 音频电路分析

摩托罗拉 V60 手机的音频电路包括 U900、扬声器、送话器、振铃、振子等，其电路原理如图 9-23 所示。

(1) 扬声器　当数字音频信号在 CPU 和 SPI 总线的控制下传输给 U900 时，经过 D-A 转换成模拟语音信号，在 U900 内部进行语音信号功率放大，放大量则由 SPI 总线进行控制。

当用户使用机内扬声器时，由 SPK +、SPK - 接到扬声器。

使用外接扬声器时，接到耳机座 J650 的 3 脚。

使用尾插时，则由 EXT_OUT 经过 R862 和 C862 送尾插 J850 的 15 脚。

(2) 送话器 MIC　V60 同样支持用户使用机内送话器、耳机和尾插三种模式。由机内送话器或耳机输入的音频信号在 U900 内放大后，在同一时刻有一路被选通，哪一路选通由 SPI 总线决定。

(3) 振铃　振铃供电 ALRT_VCC 是在 U900 电源 IC 的控制下由 VT938 产生。

(4) 振子　在电源 IC 内部有一个振子电路，它的输入电压为 ALRT_VCC，从 VIB_OUT 输出 1.30V 去驱动振子。

6. 逻辑控制部分电路分析

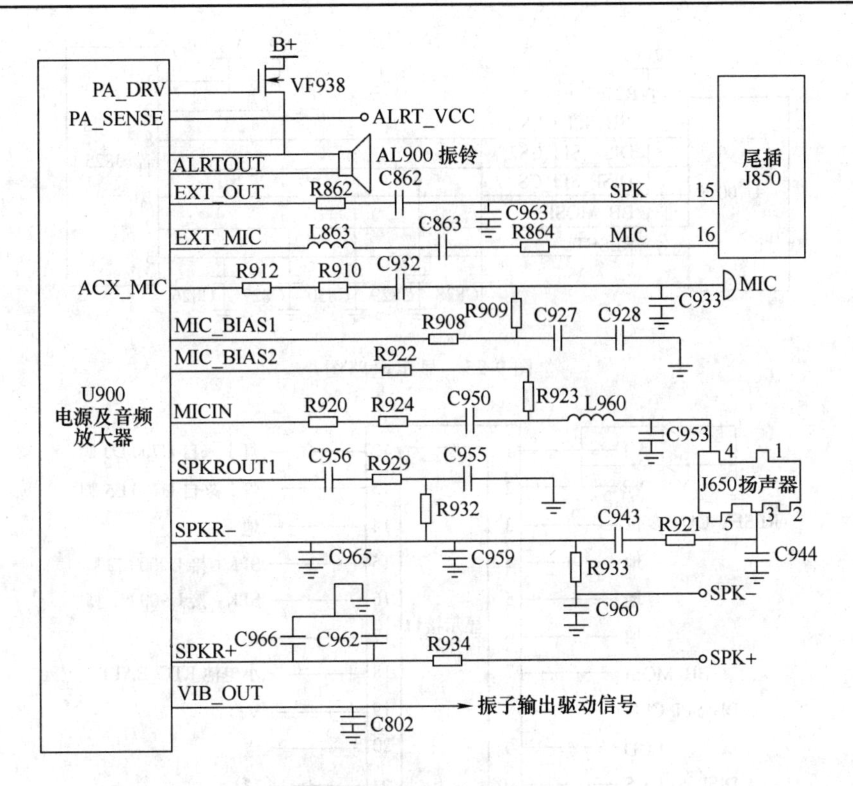

图 9-23　音频电路原理图

逻辑单元主要由主微处理器 U700、系统版本程序存储器 FLASH U701 和两个暂存器 U702、U703 组成，其电路结构如图 9-24 所示。

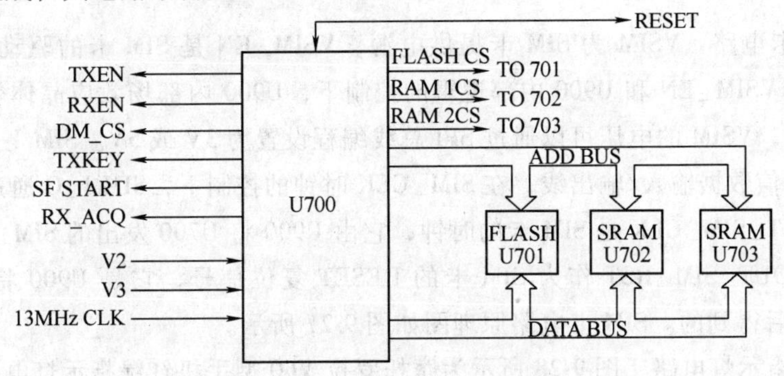

图 9-24　逻辑控制部分电路结构

7. 输入/输出接口部分电路分析

（1）显示电路　V60 的显示电路使用了 BB_SPI 总线，BB_SPI_CLK 是它的时钟，DISP_SPI_CS2 和 DISP_SPI_CS 作为总线控制信号，显示数据从 BB_MOSI 传输，它们由连接器 J825 连接到翻盖的液晶驱动器。采用 SPI 接口需要的传输线路少，显示解码驱动电路集成在上翻盖内，这样，排线很少出问题。V2、V3 为翻盖板提供电源。显示电路图如图 9-25 所示。

显示接口 J825 负责翻盖与主板的连接，共 22 个脚，其中包括显示、彩灯、扬声器、备用电池等的连接，如图 9-26 所示。

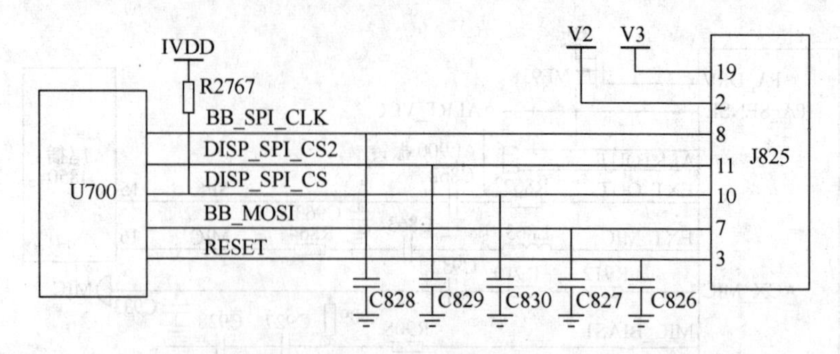

图 9-25 显示电路图

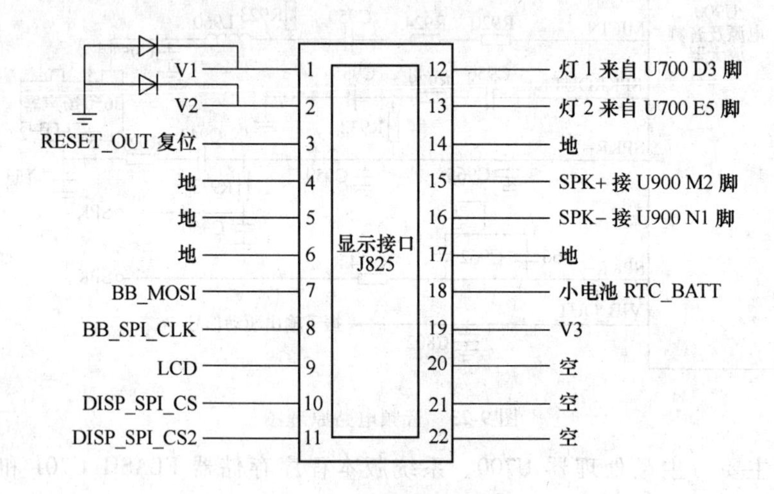

图 9-26 显示接口电路图

（2）SIM 卡电路 VSIM 为 SIM 卡提供电源，VSIM_EN 是 SIM 卡的驱动使能信号，由 U700 发出，在 VSIM_EN 和 U900 内部逻辑的控制下，U900 内部场效应晶体管将 V_BOOST 转化得到 VSIM，VSIM 的电压可以通过 SPI 总线编程设置为 3V 或 5V。SIM I_O 是 SIM 卡和 CPU U700 的通信数据输入/输出线，在 SIM_CLK 时钟的控制下，SIM I_O 通过 U900 与 CPU 通信。LS1_OUT_SIM_CLK 是 SIM 卡的时钟，它由 U900 将 U700 发出的 SIM_CLK 经过缓冲后得到；LS2_OUT_SIM_RST 作为 SIM 卡的 RESET 复位信号，它是 U900 将 U700 发出的 SIM_RST 缓冲后得到的。SIM 卡电路原理图如图 9-27 所示。

（3）红绿指示灯电路 图 9-28 所示为摩托罗拉 V60 型手机红绿指示灯电路原理图。

（4）彩灯电路 V60 的彩灯设有两种颜色，它们由 ALERT_VCC 提供电源，VF1、VF2 为两个场效应晶体管，分别控制红色和绿色彩灯，如图 9-29 所示。

（5）键盘灯电路 U900 中有一个 NMOS 管用以控制手机的键盘灯，ALRT_VCC 作为键盘灯的电源，提供给键盘灯正极，并通过电阻 R939、R938 与 U900 内的 NMOS 管连接。NMOS 的栅极通过 SPI 总线由软件控制其导通与否。键盘灯电路原理图如图 9-30 所示。

（6）键盘接口电路 J800 负责连接键盘与主板，共有 14 脚，其第 13 脚接开关机按键，如图 9-31 所示。

1）第 1 脚接地；

2）第 2、4 脚为振铃供电；

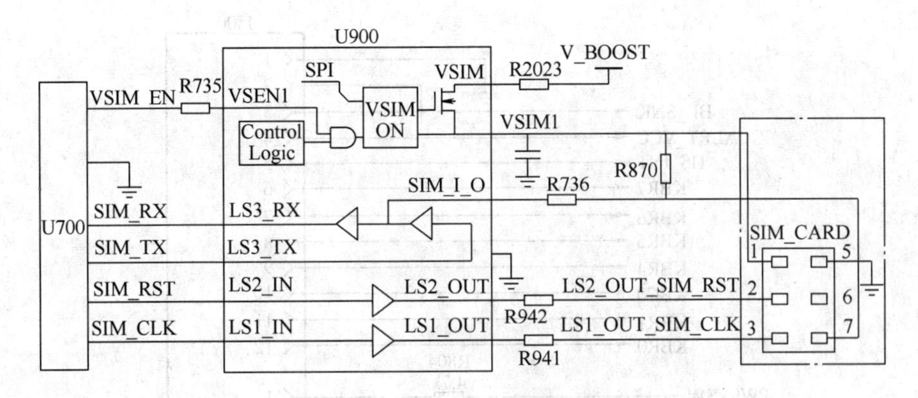

图 9-27 SIM 卡电路原理图

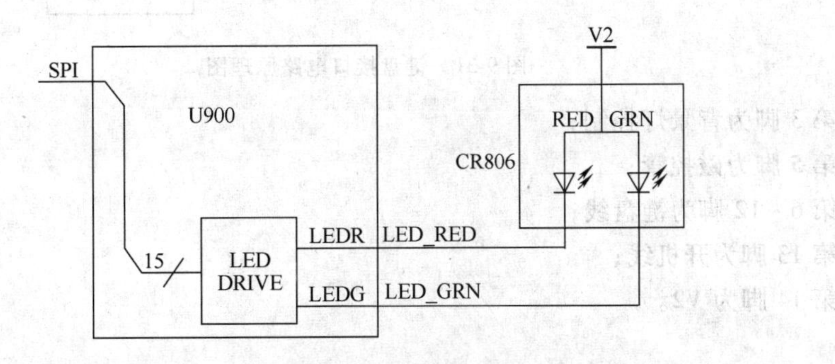

图 9-28 红绿指示灯电路原理图

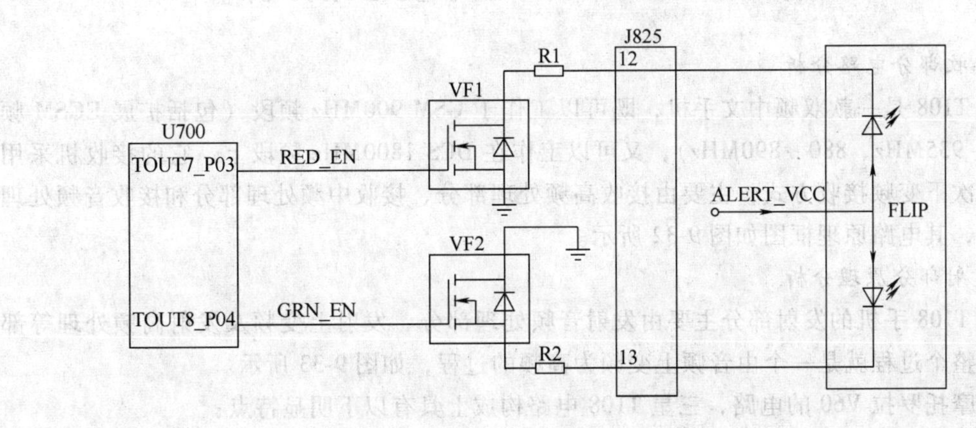

图 9-29 彩灯电路原理图

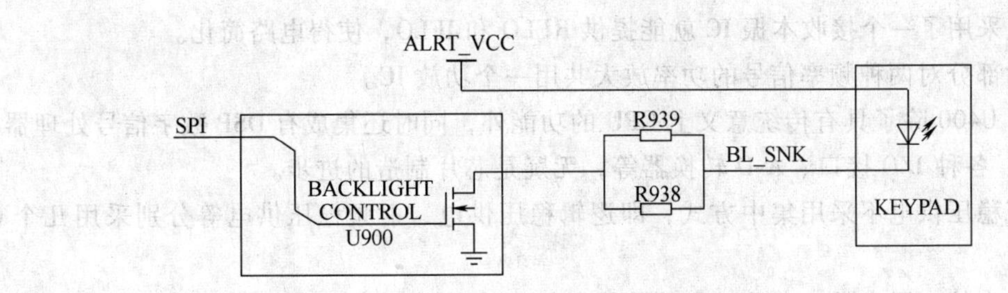

图 9-30 键盘灯电路原理图

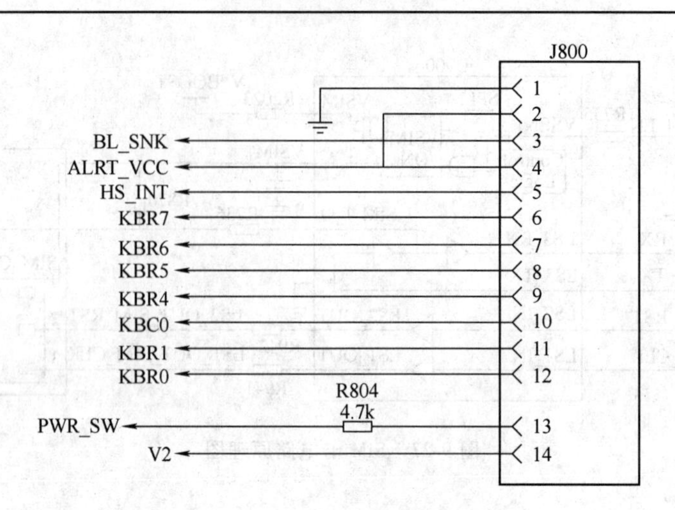

图 9-31 键盘接口电路原理图

3）第 3 脚为背景灯控制；

4）第 5 脚为磁控管；

5）第 6 ~ 12 脚为键盘线；

6）第 13 脚为开机线；

7）第 14 脚为 V2。

情景三 三星 T108 型手机电路分析

1. 接收部分电路分析

三星 T108 是一款双频中文手机，既可以工作于 GSM 900MHz 频段（包括扩展 EGSM 频段：925 ~ 935MHz、880 ~ 890MHz），又可以工作在 DCS 1800MHz 频段上。它的接收机采用超外差二次下变频接收方式，主要由接收高频处理部分、接收中频处理部分和接收音频处理部分组成，其电路原理框图如图 9-32 所示。

2. 发射部分原理分析

三星 T108 手机的发射部分主要由发射音频处理部分、发射上变频及发射高频处理等部分组成，整个过程就是一个由音频上变频为高频的过程，如图 9-33 所示。

对比摩托罗拉 V60 的电路，三星 T108 电路构成上具有以下明显特点：

1）接收部分的中频 IC 独立完成高频放大及两次混频，V60 则采用前端混频高放 IC，同时 T108 仅采用了一个接收本振 IC 就能提供 RFLO 和 IFLO，使得电路简化。

2）发射部分对两种频率信号的功率放大共用一个功放 IC。

3）CPU U400 除了具有传统意义上 CPU 的功能外，同时还集成有 DSP 数字信号处理器、音频处理器、各种 I/O 接口、A-D 转换器等，无疑是芯片制造的进步。

4）直流稳压供电不采用集中方式，即逻辑稳压供电、射频稳压供电等分别采用几个 6 脚的稳压 IC。

5）拥有内外双屏显示、和弦铃音等功能，特别是内屏为超大屏幕彩显，这是三星 T108 型手机的优点。

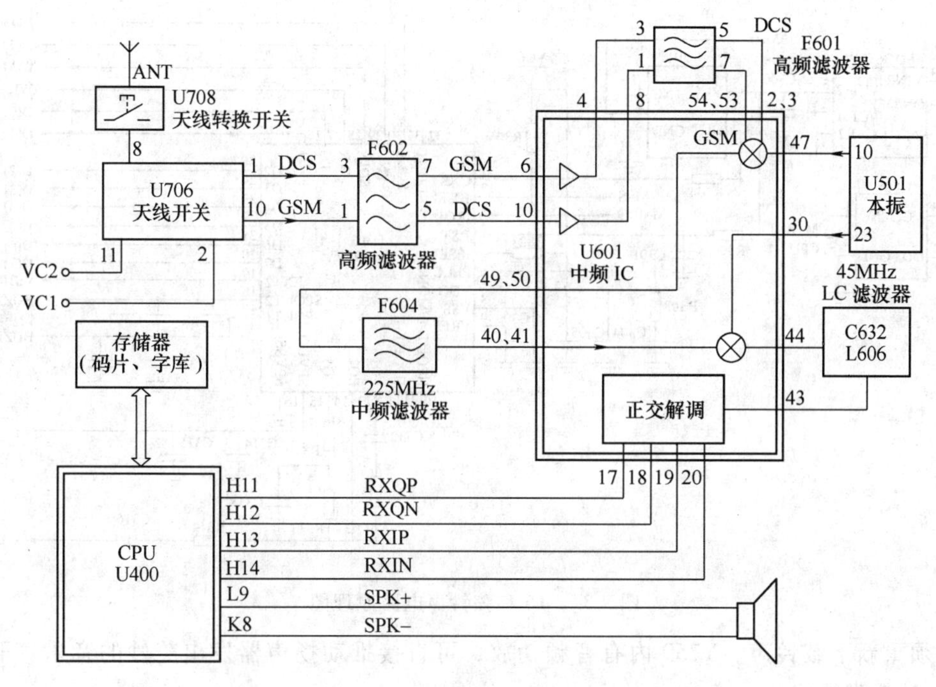

图 9-32 接收电路原理框图

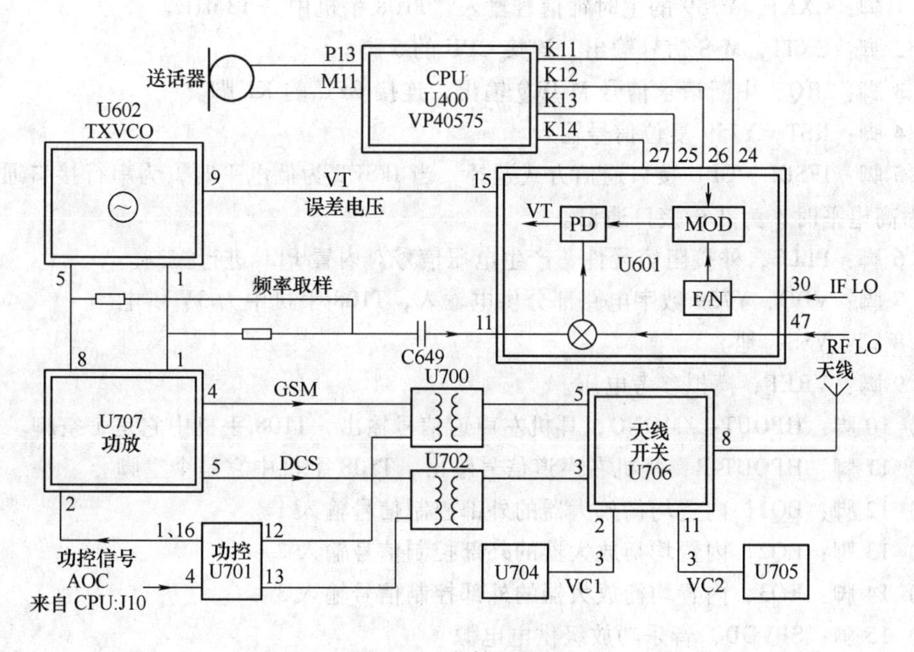

图 9-33 发射流程图

3. 16 和弦 IC U303 工作原理

三星 T108 手机采用 16 和弦铃声，很受用户欢迎。相对于传统的手机振铃，16 和弦铃声采用了全新的电路结构，其电路原理图如图 9-34 所示。

与三星 628 一样，T108 的 16 和弦铃声电路采用的是 YAMAHA 的音乐 IC YMU759-QE2（下文简称 Y759）。Y759 内含存储器，可通过传输线写入音乐程序，因此，当更换 Y759 以

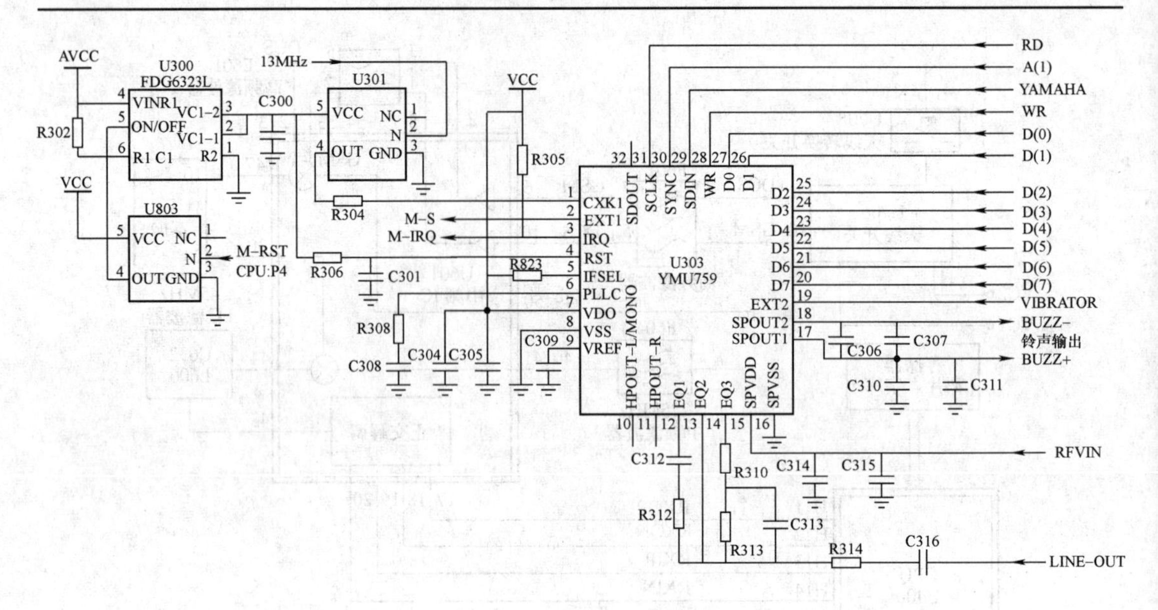

图 9-34　16 和弦铃声电路原理图

后，必须重新下载铃声。Y759 内有音频功放，可直接推动扬声器发出美妙的音乐。下面是 Y759 的各引脚功能：

1）1 脚：CXK1，Y759 的主时钟信号输入，T108 手机中是 13MHz。

2）2 脚：EXT1，M-S 信号输出，连接 CPU 的 5 脚。

3）3 脚：IRQ，中断请求信号 M-IRQ 输出，连接 CPU 的 K1 脚。

4）4 脚：RST，Y759 复位信号输入。

5）5 脚：IFSEL，CPU 接口通信方式选择，当 IFSEL 为低电平时，为串行接口通信；当 IFSEL 为高电平时，为并行接口通信。

6）6 脚：PLLC，外接阻容元件，产生电压信号对内置 PLL 进行控制。

7）7 脚：VDO，Y759 数字电路部分供电输入，T108 手机中为 3V 供电。

8）8 脚：VSS，地。

9）9 脚：VREF，模拟参考电压。

10）10 脚：HPOUT-L/MONO，耳机左声道信号输出，T108 手机中它是个空脚。

11）11 脚：HPOUT-R，耳机右声道信号输出，T108 手机中它是个空脚。

12）12 脚：EQ1，内置均衡放大器的外部控制信号输入 1。

13）13 脚：EQ2，内置均衡放大器的外部控制信号输入 2。

14）14 脚：EQ3，内置均衡放大器的外部控制信号输入 3。

15）15 脚：SPVDD，音乐功放级供电电源。

16）16 脚：SPVSS，功放地。

17）17 脚：SPOUT1，扬声器驱动输出正端。

18）18 脚：SPOUT2，扬声器驱动输出负端。

19）19 脚：EXT2，振子驱动信号输出。

20）20 脚：D7，并行数据总线接口。

21）21 脚：D6，并行数据总线接口。

22）22 脚：D5，并行数据总线接口。

23）23 脚：D4，并行数据总线接口。

24）24 脚：D3，并行数据总线接口。

25）25 脚：D2，并行数据总线接口。

26）26 脚：D1，并行数据总线接口。

27）27 脚：D0，并行数据总线接口。

28）28 脚：W R，并行接口写状态脉冲控制信号。

29）29 脚：SDIN，Y759 的第 5 脚为低电平时，用于传输串行接口数据信号；第 5 脚为高电平时，用于传输并行接口片选信号。

30）30 脚：SYNC，Y759 的第 5 脚为低电平时，用于传输串行接口数据控制信号；第 5 脚为高电平时，用于传输并行接口地址信号。T108 手机中，它是地址线 A1。

31）31 脚：SCLK，Y759 的第 5 脚为低电平时，用于传输串行接口比特时钟信号；第 5 脚为高电平时，用于传输并行接口读状态脉冲控制信号。T108 手机中，SCLK 用来读状态脉冲控制信号。

32）32 脚：SDOUT，串行接口数据输出信号，在 T108 手机中为空脚。

4. 显示屏的工作原理

三星 T108 型手机显示屏有两个，其工作原理如图 9-35 所示。

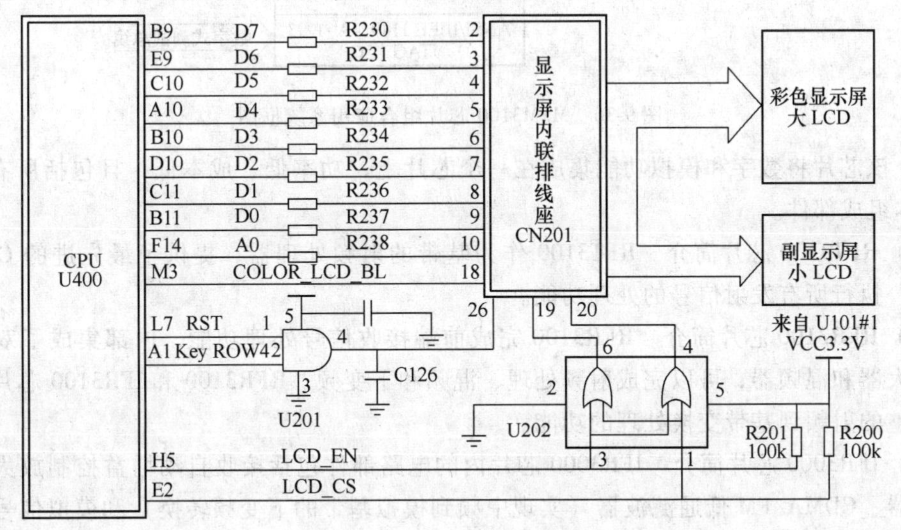

图 9-35　显示屏工作原理图

情景四　CDMA 型手机芯片组合与系统简介

1. MSM3100 芯片组合分析

MSM3100 芯片组合，是高通公司开发出的第六代 CDMA 芯片组合和系统方案，该芯片组合主要包括 MSM3100、IFR3000、RFT3100、RFR3100 和电源管理模块 PM1000 五个芯片。图 9-36 是 MSM3100 芯片组合应用系统框图。

（1）MSM3100 芯片简介　MSM3100 芯片是 3100 芯片组的核心，为 FBGA 封装，共有

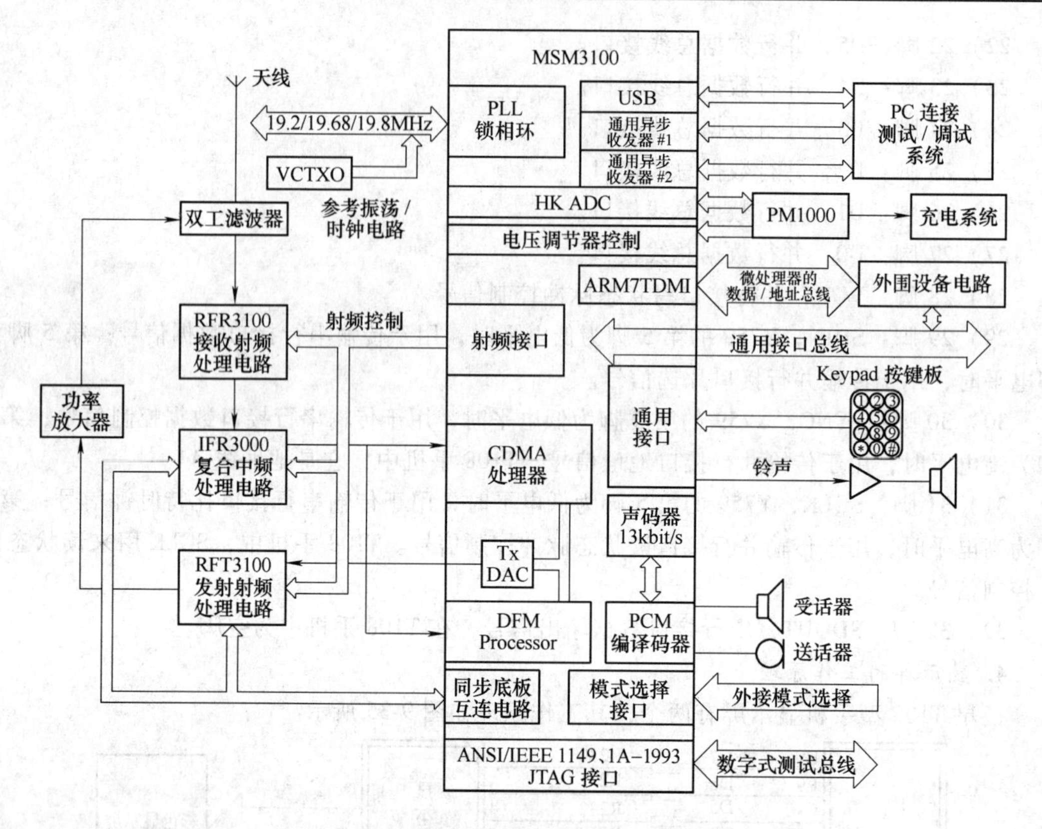

图 9-36 MSM3100 芯片组合应用系统框图

208 脚。该芯片将数字和模拟功能集成在一个芯片上，功率低、成本低，且包括所有的 CD-MA 基本组成部件。

（2）RFT3100 芯片简介 RFT3100 作为基带的射频处理器，提供了最先进的 CDMA 发射技术，执行所有发射信号的处理功能。

（3）RFR3100 芯片简介 RFR3100 完成前端接收信号处理功能，内部集成了双频带低噪声放大器和混频器，可以完成射频处理、混频和下变频。RFR3100 和 IFR3100 芯片一起提供了完整的射频到基带变换处理的功能。

（4）IFR3000 芯片简介 IFR3000 芯片内的电路部件包括接收自动增益控制放大器、中频混频器、CDMA/FM 低通滤波器（实现中频到模拟基带的下变频转换）和模拟信号到数字信号的转换器。IFR3000 芯片还包括时钟发生器，它可以驱动手机的数字处理器和压控振荡器（VCO），产生接收混频本振信号。

（5）PM1000 芯片简介 PM1000 芯片是一个拥有完整电源管理系统的芯片，供 CDMA 终端应用。其基本功能是提供可编程电压，进行电池管理、充电控制和线性电压调整，进行数字信号处理和射频/模拟电路的控制。

2. 三星 CDMA A399 手机的电路结构

三星 CDMA A399 手机采用了美国高通（QUALCOMM）公司开发出来的 CDMA 移动台 MSM3100 芯片组合，该组合包括 MSM3100、IFR3000 和 RFT3100 芯片。图 9-37 是三星 CD-MA A399 手机的整机电路框图。

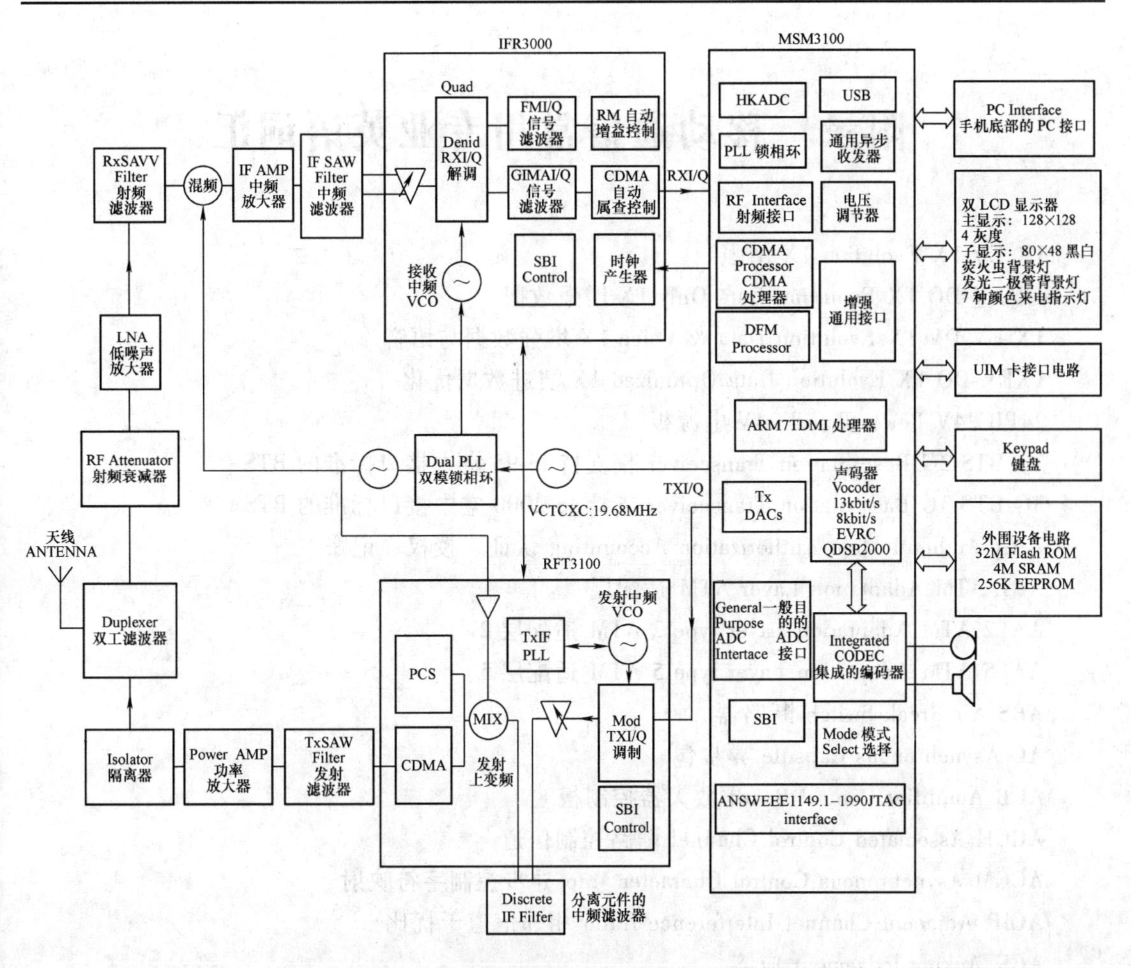

图 9-37　三星 CDMA A399 手机的整机电路框图

项目思考

9-1　说明诺基亚 8210/8850 型手机接收和发射电路结构形式，并作适当的分析。

9-2　说明诺基亚 8210/8850 型手机在电路硬件设计上是如何实现双频功能的。

9-3　简述诺基亚 8210/8850 型手机的接收信号流程与发射信号流程。

9-4　简述诺基亚 8210/8850 型手机逻辑控制部分的主要作用。

9-5　说明诺基亚 8210/8850 型手机的逻辑电路中存储器的特点。

9-6　简述诺基亚 8210/8850 型手机的开/关机流程。

9-7　说明摩托罗拉 V60 型手机接收和发射变频部分电路的结构形式。

9-8　简述摩托罗拉 V60 型手机三频切换的思路。

9-9　摩托罗拉 V60 型手机是如何保证发射频率准确性的？

9-10　简述摩托罗拉 V60 型手机功率控制的方法。

9-11　对比诺基亚 8210/8850 型手机和摩托罗拉 V60 型手机的电路，请简述三星 T108 型手机电路构成上的明显特点。

9-12　简述三星 T108 型手机彩色液晶显示屏的工作原理。

9-13　简述 MSM3100 芯片的特点。

9-14　MSM3100 芯片组合是如何构成 CDMA 型手机整机电路的？

附录　移动通信常用专业英语词汇

1X EV 1X Evolution 1X 增强

1X EV-DO 1X Evolution Data Only 1X 增强数据

1X EV-DV 1X Evolution Data & Voice 1X 增强数据与语音

1XEV-DO 1X Evolution Data Optimized 1X 演进数据优化

24PB 24V Power Board 24V 电源板

2G BTS 2G Base Station Transceiver 仅支持 IS-95 空中接口标准的 BTS

3G BTS 3G Base Station Transceiver 支持 IS-2000 空中接口标准的 BTS

AAA Authentication Authorization Accounting 认证、授权、记账

AAL ATM Adaptation Layer ATM 适配层

AAL2 ATM Adaptation Layer type 2 ATM 适配层 2

AAL5 ATM Adaptation Layer type 5 ATM 适配层 5

ABS Air Break Switch 断路器

AC Asynchronous Capsule 异步包

ACB Amplifier Control Board 放大器控制板

ACCH Associated Control Channel 随路控制信道

ACCM Asynchronous Control Character Map 异步控制字符映射

ACIR Adjacent Channel Interference Ratio 相邻信道干扰比

ACK Acknowledgement 应答

ACLR Adjacent Channel Leakage Power Ratio 相邻信道泄漏功率比

ACS Adjacent Channel Selectivity 相邻信道选择性

ADF Application Dedicated File 应用专用文件

ADN Abbreviated Dialing Numbers 按字母顺序排列的电话号码薄

AESA ATM End System Address ATM 末端系统地址

AGC Automatic Gain Control 自动增益控制

AH Authentication Header 鉴权报头

AI Acquisition Indicator 捕获指示

AICH Acquisition Indicator Channel 捕获指示信道

AID Application Identifier 应用标识符

AIUR Air Interface User Rate 空中接口用户速率

AK Anonymity Key 匿名密钥

ALC Automatic Level Control 自动电平控制

ALCAP Access Link Control Application Protocol 接入链路控制应用协议

AM Acknowledged Mode 应答模式

AMB Attenuation Matching Board 衰减匹配板

AMF Authentication Management Field 鉴权管理域
AMP Address Management Protocol 地址管理协议
AMR Adaptive Multi Rate 自适应多速率
AN Access Network 接入网络
ANID Access Network Identifiers 接入网标识
AP Access Preamble 接入前缀
APB ATM Process Board ATM 接入处理板
APD AC Power Distribution Module 交流配电模块
APDU Application Protocol Data Unit 应用协议数据单元
API Application Programming Interface 应用程序接口
ARM ARM Processor ARM 处理器
ARP Address Resolution Protocol 地址解析协议
ARQ Automatic Repeat Request 自动重发请求
AS Access Stratum 接入层
ASC Access Service Class 接入业务级
A-SGW Access Signaling Gateway 接入信令网关
ASN. 1 Abstract Syntax Notation One 抽象语法表示 1
AT Access Terminal 接入终端
ATM Asynchronous Transfer Mode 异步传输模式
ATR Answer to Reset 复位回答
ATT Attenuator 衰减器
AUC Authentication Center 鉴权中心
AUTN Authentication Token 鉴权标记
AWGN Additive White Gaussian Noise 加性高斯白噪声
B-BDS Backplane of Baseband Digital Subsystem 基带数字子系统背板
BBDS Backplane of BDS BDS 框的背板
BBS BTS Baseband Subsystem 基站基带子系统
BCC Bear Channel Connect 承载通路连接
BCCH Broadcast Control Channel 广播控制信道
BCFE Broadcast Control Functional Entity 广播控制功能实体
BCH Broadcast Channel 广播信道
BCS BTS Communication Subsystem 基站通信子系统
BCSN Backplane of Circuit Switch Network 电路交换网背板
BCTC Backplane of Control Center 控制中心背板
BDM Baseband Digital Module 基带数字模块
BDM1900 1. 9G Baseband Digital Module 微基站 1. 9GHz 基带数字模块
BDM800 800M Baseband Digital Module 微基站 800MHz 基带数字模块
BDS Baseband Digital System 基带数字系统
BER Bit Error Ratio 误码率、比特差错率

BGPS Backplane of GPS GPS 背板
BGT Block Guard Time 块守护时间
BIM BDS Interface Module BDS 系统接口模块
BLER Block Error Rate 误块率
BMC Broadcast/Multicast Control 广播/多址控制
BOC Bell Operating Company 贝尔运行公司
BPD BDS Power Distribute BDS 机柜电源分配模块
BPSK Binary Phase Shift Keying 二进制移相键控
BPSN Backplane of Packet Switch Network 分组交换网背板
BPWS Backplane of PWS PWS 框的背板
BRFE Backplane of RFE RFE 框的背板
BRFS Backplane of TRX and BDM/RFM TRX 和 BDM/RFM 的连接背板
BS Base Station 基站
BSC Base Station Controller 基站控制器
BSM Base Station Management 基站管理系统
BSP Board Support Package 板支持包
BSS Base Station System 基站系统
BSSAP Base Station Subsystem Application Part 基站子系统应用部分
BTRX Backplane of TRX TRX 框的背板
BTS Base Transceiver System 基站收发系统
BUSN Backplane of Universal Switching Network 通用业务网背板
BWT Block Waiting Time 块等待时间
CA Certificate Authentication 证书认证
CAA Capacity Allocation Acknowledgement 容量分配应答
CAMEL Customized Application for Mobile Network Enhanced Logic 用于移动网络增强逻辑定制的应用
CAP CAMEL Application Part CAMEL 应用部分
CB Cell Broadcast 小区广播
CBA IPI CMM-Based Appraisals for Internal Process Improvement 用于内部过程改进的基于 CMM 的评价
CBR Constant Bit Rate 固定比特率
CBS Cell Broadcast Service 小区广播业务
CC Control Channel 控制信道
CC/PP Composite Capability/Preference Profiles 合成能力/优先档案
CCB Configuration Control Board 配置控制委员会
CCCH Common Control Channel 公共控制信道
CCF Call Control Function 呼叫控制功能
CCH Control Channel 控制信道
CCK Corporate Control Key 合并控制键

CCM Communication Control Module 通信控制模块

CCP Compression Control Protocol 压缩控制协议

CCPCH Common Control Physical Channel 公共控制物理信道

CCTrCH Coded Composite Transport Channel 编码合成传送信道

CD Capacity Deallocation/Collision Detection 容量解除分配/冲突检测

CDA Capacity Deallocation Acknowledgement 容量解除分配的应答

CDF Command Dispatch Functions 命令分发功能

CDMA Code Division Multiple Access 码分多址

CDR Call Detail Record 呼叫细节记录

CDSU Channel/Data Service Unit 信道/数据服务单元

CE Channel Element 信道单元

CEB Channel Element Board 信道单元板

CES Channel Element Subsystem 信道单元子系统

CFN Connection Frame Number 连接帧号

CGI Common Gateway Interface 公共网关接口

CHAP Challenge Handshake Authentication Protocol 质询握手认证协议

CHM Channel Processing Module 信道处理模块

CHM-1X Channel Processing Module for CDMA2000 信道处理模块，采用 CSM5000 芯片，支持 IS-2000 空中接口标准

CHM-95 Channel Processing Module for IS-95 信道处理模块，采用 CSM1.5 芯片，支持 IS-95 空中接口标准

CHUB Control HUB 控制流集线器

CIB Circuit-bearer Interface Board 电路承载通道接口板

CIC Circle Identify Code 地面电路识别号

CLA Class 等级

CLK Clock 时钟

CLKD Clock Distributor 时钟分发驱动板

CLKG Clock Generator 时钟产生

CLNP Connectionless Network Protocol 无连接网络协议

CLNS Connectionless Network Service 无连接网络业务

CM Configuration Management 配置管理

CMB Combiner 合路器

CMF Connection Monitor Function 连接监控功能

CMIP Common Management Information Protocol 公共管理信息协议

CMIS Common Management Information Service 公共管理信息服务

CMU Carnegie-Mellon University 卡耐基-梅隆大学

CN Core Network 核心网

CNAP Calling Name Presentation 主叫号码显示

CNL Co-operative Network List 合作操作网络表

CoA Care-of-Address 转交地址
COCOMO Constructive Cost Model 构造性成本模型
CONS Connection-Oriented Network Service 面向连接的网络业务
CPCH Common Packet Channel 公共分组信道
CPCS Common Part Convergence Sublayer 公共聚合子层部分
CPICH Common Pilot Channel 公共导频信道
CPM Calling Processing Module 呼叫处理模块
CPP Core Processor Part 核心处理部分
CPS Common Part Sublayer 公共部分子层
CPU Central Processing Unit 中心处理单元
CR Change Request 变更请求
CRC Cyclic Redundancy Check 循环冗余校验
CRF Command Resolve Function 命令解析功能
CRNC Controlling Radio Network Controller 主控无线器
C-RNTI Cell Radio Network Temporary Identity 小区无线网络临时识别符
CS Circuit Switched 电路交换
CSCF Call Server Control Function 呼叫服务器控制功能
CSE CAMEL Service Environment CAMEL 业务环境
CS-GW Circuit Switched Gateway 电路交换网关
CSM Cell Site Modem 基站调制解调器
CSM5000 Cell Site Modem ASIC 5000 基站调制解调器专用芯片 ASIC 5000
CSU/DSU Channel Service Unit/ Digital Service Unit 信道/数据服务单元
CTCH Common Traffic Channel 公共业务信道
CTDMA Code Time Division Multiple Access 码时分多址
C-TPDU Command TPDU 命令 TPDU
CW Continuous Wave (Unmodulated Signal) 连续波（未调制信号）
DAC Digital-to-Analog Converter 数-模转换器
DAD Destination Address 目的地址
DAM DECT Authentication Module DECT 鉴权模型
DC Dedicated Control (SAP) 专用控制（SAP）
DCA Dynamic Channel Allocation 动态的信道分配
DCCH Dedicated Control Channel 专用控制信道
DCH Dedicated Channel 专用信道
DDI Direct Dial In 直接拨号进
DECT Digital Enhanced Cordless Telecommunications 数字增强无线通信
DF Dedicated File 专用文件
DHCP Dynamic Host Configuration Protocol 动态宿主配置协议
DHO Diversity Handover 分集切换
DIF Data Intermediate Frequency Module 数字中频模块

Diff-Serv Differentiated Services 特殊的业务

DIU Digital Interface Module 数字（中频）接口模块

DL Downlink（Forward Link）下行链路（前向链路）

DLC Data Link Control 数据链路层控制

DN Destination Network 目的网络

DNS Directory Name Service 目录名称业务

DO Data Object 数据对象

Do D Department of Defense 美国国防部

DoI Domain of Interpretation 解析域

DP Defect Prevention 缺陷预防

DPC Destination Point Code 目的地信令点编码

DPCCH Dedicated Physical Control Channel 专用物理控制信道

DPCH Dedicated Physical Channel 专用物理信道

DPDCH Dedicated Physical Data Channel 专用物理数据信道

DRAC Dynamic Resource Allocation Control 动态的资源分配控制

DRC Data Rate Control 数据速率控制

DRNC Drift Radio Network Controller 变动的无线网络控制器

DRNS Drift RNS 变动的 RNS

DRX Discontinuous Reception 非连续接收

DSA Digital Signature Algorithm 数字签名算法

DS-CDMA Direct-Sequence Code Division Multiple Access 直扩-码分多址

DSCH Downlink Shared Channel 下行共享信道

DSM Data Service Module 数据服务模块

DTB Digital Trunk Board 数字中继板

DTCH Dedicated Traffic Channel 专用业务信道

DTI Digital Trunk Interface Element 数字中继接口单元

DTMF Dual Tone Multiple Frequency 双音多频

DTX Discontinuous Transmission 非连续传输

DUP Duplexer 双工器

ECTRA European Committee of Telecommunications Regulatory Affairs 欧洲电信常规事务委员会

EDC Error Detection Code Byte 检错码字节

EDGE Enhanced Data Rate for GSM Evolution GSM 改进型的增强数据速率

EF Elementary File 基本文件

EFD Event Forwarding Discriminator 事件前转辨别器

E-GGSN Enhanced GGSN 增强的 GGSN

EGPRS Enhanced GPRS 增强的 GPRS

EHB Ethernet HUB Board 以太网共享式 HUB 板

E-HLR Enhanced HLR 增强的 HLR

EIRP Equivalent Isotropic Radiated Power 等效各向辐射功率
EMC Electromagnetic Compatibility 电磁兼容性
EMF Network Element Mediation Function 网元中介功能
EMI Electromagnetic Interference 电磁干扰
EMS Electromagnetic Susceptibility 电磁敏感性
ESB Ethernet Switch Board 以太网交换板
ESD Electrostatic Discharge 静电放电
ESP Encapsulating Security Payload 封装安全载荷
ESU Extended Subscriber Unit 扩展用户单元
ETSI European Telecommunications Standards Institute 欧洲电信标准研究院
ETU Elementary Time Unit 基本时间单元
EUT Equipment Under Test 被试设备
F/R-CCCH Forward / Reverse Common Control Channel 前/反向公共控制信道
F/R-DSCH Forward/Reverse Dedicated Signal Channel 前/反向专用信令信道
F/R-DCCH Forward / Reverse Dedicated Control Channel 前/反向专用控制信道
F/R-FCH Forward / Reverse Fundamental Channel 前/反向基本信道
F/R-PICH Forward / Reverse Pilot Channel 前/反向导频信道
F/R-SCCH Forward / Reverse Supplemental Code Channel 前/反向补充码信道
F/R-SCH Forward / Reverse Supplemental Channel 前/反向补充信道
FA Foreign Agent 外地代理
FAC Foreign Agent Challenge 外地代理质询
FACH Forward Access Channel 前向接入信道
F-APICH Forward Dedicated Auxiliary Pilot Channel 前向专用辅助导频信道
F-ATDPICH Forward Auxiliary Transmit Diversity Pilot Channel 前向辅助发射分级导频信道
FAUSCH Fast Uplink Signaling Channel 快速上行链路信令信道
FAX Facsimile 传真
F-BCCH Forward Broadcast Control Channel 前向广播控制信道
FBI Feedback Information 反馈信息
F-CACH Forward Common Assignment Channel 前向公共指配信道
FCI File Control Information 文件控制信息
FCP Flow Control Protocol 流量控制协议
F-CPCCH Forward Common Power Control Channel 前向公共功率控制信道
FCS Frame Check Sequence 帧校验序列
FD Full Duplex 全双工
FDD Frequency Division Duplex 频分双工
FDMA Frequency Division Multiple Access 频分多址
FE Front End 射频收发前端
FEC Forward Error Correction 前向纠错
FER Frame Erasure Rate/Frame Error Rate 误帧率

FLPC Forward Link Power Control 前向链路功率控制
FM Fault Management 故障管理
FN Frame Number 帧号
FNUR Fixed Network User Rate 固定的网络用户速率
FP Function Point 功能点
F-PCH Forward Paging Channel 前向寻呼信道
F-QPCH Forward Quick Paging Channel 前向快速寻呼信道
FS Frequency Synthesizer 频率合成器
FSB Frequency Synthesizer Board 频率合成板
F-SYNCH Forward Sync Channel 前向同步信道
FTAM File Transfer Access Maintenance 文件传输存取维护
FTB Fiber Transceiver Board 光纤收发板
FTC Forward Traffic Channel 前向业务信道
F- TDPICH Forward Transmit Diversity Pilot Channel 前向发射分集导频信道
FTP File Transfer Protocol 文件传输协议
GC General Control（SAP）一般控制（SAP）
GCM GPS Control Module GPS 控制模块
GID1 Group Identifier（Level 1）组识别符(级别 1)
GID2 Group Identifier（Level 2）组识别符(级别 2)
GLI GE Line Interface GE 线接口
GMSC Gateway MSC 网关 MSC
GMSK Gaussian Minimum Shift Keying 高斯最小频移键控
GP Guard Period 保护时间
GPCM General Purpose Chip-select Machine 通用片选状态机
GPRS General Packet Radio Service 通用分组无线业务
GPSR Global Position System Receiver 全球定位系统接收机
GPSTM GPS Timing Module GPS 定时模块
GRE Generic Routing Encapsulation 通用路由封装
GSM Globe System for Mobile Communication 全球移动通信系统
GSN GPRS Support Nodes GPRS 支持的节点
GTP GPRS Tunneling Protocol GPRS 隧道传输协议
HA Home Agent 归属代理
HCS Hierarchical Cell Structure 分层小区结构
HDLC High-level Data Link Control 高级数据链路控制
HDR High Data Rate 高速数据速率
HE-VASP Home Environment Value Added Service Provider 归属环境的增值业务提供者
HHO Hard Handover 硬切换
HIRS High-speed Interconnect Router Subsystem 高速互连路由子系统
HLR Home Location Register 归属位置寄存器

HN Home Network 归属网络

HO Handover 切换

HPA High Power Amplifier 高功放

HPLMN Home Public Land Mobile Network 归属公共陆地移动网络

HPS Handover Path Switching 切换路径交换

HRPD High Rate Packet Data 高速率分组数据

HRR Handover Resource Reservation 切换资源预留

HSCSD High Speed Circuit Switched Data 高速率电路交换数据

HSS Home Subscriber Server 归属用户服务器

HTTP Hyper Text Transfer Protocol 超文本传输协议

HWB HW-signal Process Board HW 信号处理板

I/O Input/Output 输入/输出

I-Block Information Block 信息块

ICC Integrated Circuit Card 集成电路卡

ICGW Incoming Call Gateway 呼入网关

ID Identifier 识别符

IDEAL Initiating-Diagnosing-Establishing-Acting-Leveraging 启动、诊断、建立、行动、推行

IE Information Element 信息元素

IF Intermediate Frequency 中频

IFS Information Field Sizes 信息域大小

IFSC Information Field Size for the UICC UICC 的信息域大小

IFSD Information Field Size for the Terminal 终端的信息域大小

IKE Internet Key Exchange 互联网密钥交换

IM Intermodulation 互调失真

IMA Inverse Multiplexing on ATM ATM 上的反向复用

IMEI International Mobile Equipment Identity 国际移动设备识别码

IMGI International Mobile Group Identity 国际移动组识别码

IMSI International Mobile Subscriber Identity 国际移动用户识别码

IMT-2000 International Mobile Telecommunications 2000 国际移动通信系统 2000

IMUN International Mobile User Number 国际移动用户号

IN Intelligent Network 智能网

INAP Intelligent Network Application Part 智能网应用部分

INF Information Field 信息域

IP Internet Protocol Internet 协议

IPB IP Process Board IP 处理板

IPCP IP Control Protocol IP 控制协议

IP-M IP Multicast IP 多址广播

ISAKMP Internet Security Association and Key Management Protocol 互联网 SA 和密钥管理

协议

ISCP Interference Signal Code Power 干扰信号码功率

ISDN Integrated Services Digital Network 集成业务数字网

ISM Integrated Software Management 集成软件管理

ISO International Standardization Organization 国际标准化组织

ISP Internet Service Provider Internet 业务提供商

ISUP ISDN User Part ISDN 用户部分

ITU International Telecommunications Union 国际电信联盟

IUI International USIM Identifier 国际 USIM 识别符

IWFB Interworking Function Board IWF 背板（用于手机上网的辅助设备）

JP Joint Predistortion 联合预失真

kbps kilo-bits per second 每秒千比特

KP Key Practice 关键实践

KPA Key Process Area 关键过程域

KSLoC Kilo Source Lines of Code 千行源代码

ksps kilo-symbols per second 每秒千符号

L1 Layer 1（Physical Layer）层 1（物理层）

L2 Layer 2（Data Link Layer）层 2（数据链路层）

L3 Layer 3（Network Layer）层 3（网络层）

L3 Addr Layer 3 Address 第三层地址

LAC Link Access Control 链路接入控制

LAI Location Area Identity 位置区域识别

LAN Local Area Network 本地网

LATA Local Access and Transport Area 本地接入和传送区域

LCD Low Constrained Delay 低限制延迟

LCF Link Control Function 连接控制功能

LCP Link Control Protocol 链路控制协议

LCS Location Services 定位业务

LE Local Exchange 本地交换机

LEN Length 长度

LFM Local Fibre Module 近端光模块

LLC Logical Link Control 逻辑链路控制

LMT Local Management Terminal 本地维护终端

LN Logical Name 逻辑名

LNA Low Noise Amplifier 低噪声放大器

LOMC Local OMC 本地操作维护中心

LoS Line of Sight 视距

LPA Linear Power Amplifier 线性功放

LPF Low Pass Filter 低通滤波器

LRU Large Replacing Unite 较大可替代单元
LSA Localized Service Area 本地化的业务区
LSB Least Significant Bit 最低有效比特
LTZ Local Time Zone 本地时区
LUP Location Update Protocol 位置更新协议
M&C Monitor and Control 监控
MA Multiple Access 多址
MAC Message Authentication Code（Encryption Context）消息鉴权码（保密）
MAF Application Management Features 管理应用功能
MAHO Mobile Assisted Handover 移动台协助的切换
MAP Mobile Application Part 移动应用部分
MC Message Center 消息中心
MCC Mobile Country Code 移动国家码
MCE Module Control Element 模块控制单元
MCU Media Control Unit 媒质控制单元
MDN Mobile Directory Number 移动用户号码簿号码
MDS Multimedia Distribution Service 多媒体分布业务
ME Mobile Equipment 移动设备
MEHO Mobile Evaluated Handover 移动台估计的切换
MER Message Error Rate 误消息率
MExE Mobile Station（Application）Execution Environment 移动台（应用）执行环境
MF Mediation Function 中介功能
MGCF Media Gateway Control Function 媒质关卡控制功能
MGCP Media Gateway Control Part 媒质关卡控制部分
MGPS Micro GPS 微基站 GPS
MGT Mobile Global Title 移动全球称号
MGW Media Gateway 媒质关卡
MHEG Multimedia and Hypermedia Information Coding Expert Group 多媒体和超媒体信息编码专家组
MHz Mega Hertz 兆赫兹
MIB Management Information Base 管理信息库
MIF Management Information Function 管理信息功能
MIN Mobile Identification Number 移动台识别码
MIP Mobile IP 移动 IP
MIPS Million Instructions per Second 每秒百万次指令
MIT MO Instance Tree MO 实例树
MM Mobility Management 移动性管理
MMI Man Machine Interface 人机接口
MML Man Machine Language 人机语言

MNC Mobile Network Code 移动网络码
MNIC Multi-service Network Interface Card 多功能网络接口板
MNP Mobile Number Portability 移动号可携带性
MO Mobile Originated 移动台启呼
MOF MO Administration Function MO 管理功能
MOHO Mobile Originated Handover 移动台启呼的切换
MONB Monitor Board 监控板
MOS Mean Opinion Score 平均意见分
MPA800 Micro Power Amplifier 微基站 800MHz 放大器
MPB Main Process Board 主处理板
MPD Micro-BTS Power Distribution 微基站电源模块
MPEG Moving Pictures Experts Group 移动图像专家组
MPM MSC Processing Module MSC 处理模块
MRB Media Resource Board 媒体资源板
MRF Media Resource Function 媒体资源功能
MS Mobile Station 移动台
MSB Most Significant Bit 最高有效比特
MSC Mobile Service Switching Center 移动业务交换中心
MSG Management Steering Group 管理指导组
MSID Mobile Station Identifier 移动台识别符
MSM Message Switching Module 消息交换模块
MSP Multiple Subscriber Profile 多用户档案
MSU Main Subscriber Unit 主用户单元
MT Mobile Termination 移动终端
MTBF Mean Time Between Failure 平均无故障时间间隔
MTP Message Transfer Part 消息传递部分
MTP3-B Message Transfer Part Level 3 消息传递部分级别 3
MTSI Master to Slave Interface 主备用接口
MUI Mobile User Identifier 移动用户识别符
NAD Node Address Byte 节点地址字节
NAI Network Access Identifier 网络接入标识
NAS Non-Access Stratum 非接入层
NBAP Node B Application Part Node B 应用部分
NCK Network Control Key 网络控制键
NCM Network Control Module 网络控制模块
NDC National Destination Code 国际目的码
NDUB Network Determined User Busy 网络用户忙
NE Network Element 网元
NEF Network Element Function 网元功能

NEHO Network Evaluated Handover 网络估计切换
NIM Network Interface Module 网络接口模块
NITZ Network Identity and Time Zone 网络识别和时区
NMC Network Management Center 网管中心
NMSI National Mobile Station Identifier 国家移动台识别符
NNI Network-Node Interface 网络 - 节点接口
NO Network Operator 网络运营商
NP Network Performance 网络性能
NPA Numbering Plan Area 编号计划地区
NPI Numbering Plan Identifier 编号计划识别符
NRT Non-Real Time 非实时
NSAP Network Service Access Point 网络业务接入点
NSCK Network Subset Control Key 网络子集控制键
NSDU Network Service Data Unit 网络业务数据单元
NSS Network Sub System 网络子系统
NT Non Transparent 非透明的
Nt Notification（SAP）通知（SAP）
NUI National User / USIM Identifier 国家的用户/USIM 识别符
NW Network 网络
O&M Operation and Maintenance 运行和维护
O_AMP O_Alarm Management Part 操作维护告警管理
O_CMP O_Configuration Management Part 操作维护配置管理
O_PMP O_Performance Management Part 操作维护性能管理
O_RMP O_Right Management Part 操作维护权限管理部分
O_TMP O_Test Management Part 操作维护诊断测试
OCCCH ODMA Common Control Channel ODMA 公共控制信道
ODCCH ODMA Dedicated Control Channel ODMA 专用控制信道
ODCH ODMA Dedicated Channel ODMA 专用信道
ODMA Opportunity Driven Multiple Access 机会驱动的多址接入
ODTCH ODMA Dedicated Traffic Channel ODMA 专用业务信道
OIB Optical Interface Board 光纤接口板
OIM Optical Interface Module 光纤接口模块
OMC Operation Maintenance Centre 操作维护中心
OMF Operation Maintenance Function 操作维护功能
OMI Operation Maintenance Interface 操作维护接口
OMM Operation Maintenance Module 操作维护模块
OMS Operation & Maintenance Subsystem 操作与维护子系统
OO Object-Oriented 面向对象
OOF Operation Outputting Function 操作输出功能

OPD Organization Process Definition 组织过程定义
OPF Organization Process Focus 组织过程焦点
OPRM Optical Receiver Module 光接收模块
OPTM Optical Transmitter Module 光发射模块
ORACH ODMA Random Access Channel ODMA 随机接入信道
OSA Open Service Architecture 开放业务结构
OSF Operating Systems Function 操作系统功能
OSS Operating Systems Subsystem 操作系统子系统
OSS_CLP OSS_Communicating Link Part OSS 通信连接部分
OSS_FMP OSS_File Management Part OSS 文件管理部分
OSS_RSP OSS_Running Support Part OSS 运行支持部分
OSS_SCP OSS_Status Control Part OSS 状态控制部分
OSS_SWD OSS_Software Download OSS 软件下载
OVSF Orthogonal Variable Spreading Factor 正交变化扩频因子
OWB Order Wire Board 勤务电话处理板
PA Power Amplifier 功率放大器
PAB Power Amplify Board 功率放大板
PACA Priority Access and Channel Assignment 优先接入和信道指配
PAM Power Alarm Module 电源告警模块
PAP Password Authentication Protocol 口令认证协议
PBP Paging Block Periodicity 寻呼块周期
PBX Private Branch Exchange 私人分支交换
PC Power Control 功率控制
PCB Protocol Control Byte 协议控制字节
PCCH Paging Control Channel 寻呼控制信道
PCCPCH Primary Common Control Physical Channel 基本公共控制物理信道
PCF Packet Control Function 分组控制功能
PCH Paging Channel 寻呼信道
PCK Personalisation Control Key 个性化控制键
PCM Process Change Management 过程变更管理
PCMCIA Personal Computer Memory Card International Association 个人计算机内存卡国际协会
PCP Packet Consolidation Protocol 包封装协议
PCPCH Physical Common Packet Channel 物理公共分组信道
PCS Personal Communication System 个人通信系统
PCU Packet Control Unit 分组控制单元
PD Power Divider 功分器
PDB Process Database 过程数据库
PDCP Packet Data Convergence Protocol 分组数据聚合协议

PDF Detecting of Power Direction Forward 下行功率检测
PDH Plesiochronous Digital Hierarchy 准同步数字系列
PDN Public Data Network 公共数据网
PDP Packet Data Protocol 分组数据协议
PDR Detecting of Power Direction Reverse 上行功率检测
PDSCH Physical Downlink Shared Channel 物理下行链路共享信道
PDSN Packet Data Serving Node 分组数据服务节点
PDU Protocol Data Unit 协议数据单元
PERT Program Evaluation and Review Technique 计划评价与复审技术
PG Processing Gain 处理增益
PHB Per Hop Behavior 逐跳行为
PHS Personal Handyphone System 个人手机系统
PHY Physical Layer 物理层
PhyCH Physical Channel 物理信道
PI Page Indicator 寻呼指示
PICH Pilot Channel 导频信道
PID Packet Identification 分组识别
PIM Power Amplifier Interface Module 功放接口模块
PIN Personal Identify Number 个人识别号码
PL Physical Layer 物理层
PLI POS Line Interface POS 线接口
PLMN Public Land Mobile Network 公共陆地移动网
PMM Power Monitor Module 预失真处理板
PN Pseudo Noise 伪随机噪声
PNP Private Numbering Plan 个人编号计划
POTS Plain Old Telephony Service 原有的电话业务
PPM Protocol Process Module 协议栈处理模块
PPP Point-to-Point Protocol 点对点协议
PPS Protocol and Parameter Select（response to the ATR）协议和参数选择（对 ATR 的响应）
PRACH Physical Random Access Channel 物理随机接入信道
PRE Pre-amplifiy Board 预放大板
PRM Power Rectifier Module 一次电源整流器模块（AC 220V / DC 48V）
PRX Predistortion Receiver Board 预失真接收板
PS Packet Switched 分组交换
PSB Power Splitter Board 功率分配板
PSC Primary Synchronization Code 基本同步码
PSCH Physical Shared Channel 物理共享信道
PSE Personal Service Environment 个人业务环境

PSI PCF Session ID 分组控制功能会话标识
PSM Power Supplier Module 电源模块
PSN Packet Switch Network 分组交换网板
PSTN Public Switched Telephone Network 公共交换电话网
PTM Power Transition Module 二次电源变换器（24V/48V）
PTM-G PTM Group Call PTM 群呼
PTM-M PTM Multicast PTM 多点广播
PTP Point to Point 点对点
PU Payload Unit 开销单元
PUSCH Physical Uplink Shared Channel 物理上行链路共享信道
PVD Power VSWR Detect Board 功率驻波比检测板
PWRD Power Distributor 电源分配
PWS Power System 电源系统
QA Quality Assurance 质量保证
QAF Q3 Adaptor Function Q3 适配功能
QC Quality Control 质量控制
QoS Quality of Service 业务质量
QPM Quantitative Process Management 定量过程管理
QPSK Quadriphase Shift Keying 四相移键控
RA Routing Area 路由区
RAB Reverse Activity Bit 反向活动指示比特
RAC Reverse Access Channel 反向接入信道
R-ACH Reverse Access Channel 反向接入信道
RACH Random Access Channel 随机接入信道
RADIUS Remote Authentication Dial-In User Service 拨入用户服务远端认证
RAI Routing Area Identity 路由区域识别
RAN Radio Access Network 无线接入网络
RANAP Radio Access Network Application Part 无线接入网络应用部分
R-APDU Response APDU APDU 的响应
RB Radio Bearer 无线承载
R-Block Receive-ready Block 接收准备块
RC Radio Configuration 无线配置
RDF Resource Description Format 资源描述格式
R-EACH Reverse Enhanced Access Channel 反向增强接入信道
RF Radio Frequency 无线频率
RFCM RF Control Module 射频控制模块
RFE Routing Functional Identity 路由功能识别
RFF RF Filter 射频滤波器
RFIM RF Interface Module 射频接口模块

RFM Remote Fiber Module 远端光纤模块
RFM1900 1.9GHz Remote Fiber Module 1.9GHz 远端光纤模块
RFM800 Remote Fiber Module 远端光模块
RFS RF Subsystem 射频子系统
RFU Reserved for Future Use 为将来的使用预留
RIM RF Interface Module 射频接口模块
RL Radio Link 无线链路
RLC Radio Link Control 无线链路控制
RLCP Radio Link Control Protocol 无线链路控制协议
RLP Radio Link Protocol 无线链路协议
RM Requirements Management 需求管理
RMM RF Management Module 射频管理模块
RN Radio Network 无线网络
RNC Radio Network Controller 无线网络控制器
RNS Radio Network Subsystem 无线网络子系统
RNSAP Radio Network Subsystem Application Part 无线网络子系统应用部分
RNTI Radio Network Temporary Identity 无线网络临时识别
ROI Return on Investment 投资回报率
RPC Reverse Power Control 反向功率控制
RPD RFS Power Distribute RFS 机柜电源分配模块
RPT Repeater 直放站
RRC Radio Resource Control 无线资源控制
RRI Reverse Rate Indication 反向速率指示
RRM Radio Resource Management 无线资源管理
RRP Mobile IP Registration Reply 移动 IP 注册应答
RRQ Mobile IP Registration Request 移动 IP 注册请求
RSA Rivest-Shamir-Adleman Public Key Algorithm 公用密钥算法
RSCP Received Signal Code Power 接收信号的码功率
R-SGW Roaming Signalling Gateway 漫游信令通路
RSM Reverse Switch Module 反向开关板
RSSI Received Signal Strength Indicator 接收信号的强度指示
RST Reset 复位
RSVP Resource Reservation Protocol 资源预留协议
RT Real Time 实时
RTC Reverse Traffic Channel 反向业务信道
RTOS Real Time Operating System 实时操作系统
RTP Real Time Protocol 实时协议
R-TPDU Response TPDU TPDU 的响应
RU Resource Unit 资源单元

RUM Route Update Message 路由更新消息
RUP Route Update Protocol 路由更新协议
RX Receiver 接收器
RXB Receiver Board 反向接收板
SCCP Signalling Connection Control Part 信令连接控制部分
SA Security Association 安全联盟
SAAL Signaling ATM Adaptation Layer ATM 适配层信令
SACCH Slow Associated Control Channel 慢速随路控制信道
SAD Source Address 源地址
SAM Site Alarm Module 现场告警模块
SAP Service Access Point 业务接入点
SAPI Service Access Point Identifier 业务接入点识别符
SAR Segmentation and Reassembly 分段和重组
SAT SIM Application Toolkit SIM 应用工具箱
SB Storage Battery 蓄电池
S-Block Supervisory Block 监督块
SC Synchronous Capsule 同步包
SCC Serial Communication Controller 串行通信控制器
SCCB Software Configuration Control Board 软件配置控制委员会
SCCH Synchronization Control Channel 同步控制信道
SCCP Signaling Connection Control Part 信令连接控制部分
SCCPCH Secondary Common Control Physical Channel 辅助公共控制物理信道
SCE Software Capability Evaluation 软件能力评价
SCF Service Control Function 业务控制功能
SCH Synchronization Channel 同步信道
SCI Subscriber Controlled Input 用户控制的输入
SCM Sub-BDS Control Module 从 BDS 控制模块
SCP Session Configuration Protocol 会话配置协议
SCS System Control Subsystem 系统控制子系统
S-CSCF Serving CSCF 服务 CSCF
SDCCH Stand-Alone Dedicated Control Channel 独立专用控制信道
SDF Service Discovery Function 服务发现功能
SDH Synchronous Digital Hierarchy 同步数字系列
SDHB SDH Board 内置 SDH 板
SDL Specification & Description Language 规格和描述语言
SDP Software Development Plan 软件开发计划
SDTB Sonet Digital Trunk Board 光数字中继板
SDU Service Data Unit 业务数据单元
SE Security Environment 安全环境

SEI Software Engineering Institute 软件工程研究所
SEPG Software Engineering Process Group 软件工程过程组
SF Spreading Factor 扩频因子
SFI Short EF Identifier 短 EF 识别符
SFN System Frame Number 系统帧号
SGSN Serving GPRS Support Node 主 GPRS 支持节点
SHA Secure Hash Algorithm 安全 Hash 算法
SHCCH Shared Channel Control Channel 共享信道控制信道
SIC Service Implementation Capabilities 业务完成能力
SIE Sector Interface Element 扇区接口单元
SIM Subscriber Identity Module 用户识别模块
SINR Signal to Interface Plus Noise Ratio 信号与接口加性噪声之比
SIP Session Initiated Protocol 会话初始协议
SIR Signal-to-Interference Ratio 信干比
SLA Service Level Agreement 业务级别协议
SLoC Source Lines of Code 源代码行
SLP Signaling Link Protocol 信令链路协议
SMC Serial Management Controller 串行管理控制器
SME Short Message Entity 短消息实体
SMF Session Management Function 会话管理功能
SMP Session Management Protocol 会话管理协议
SMS Short Message Service 短消息业务
SMS-CB SMS Cell Broadcast SMS 小区广播
SN Serving Network 服务网络
SNM Switching Network Module 交换网络模块
SNP Signaling Network Protocol 信令网络协议
SoLSA Support of Localized Service Area 本地化业务区的支持
SoW Statement of Works 工作说明
SP Switching Point/Service Provider 交换点/业务提供商
SPA Software Process Assessment 软件过程评估
SPB Signaling Process Board 信令处理板
SPCK Service Provider Control Key 业务提供商控制键
SPE Software Product Engineering 软件产品工程
SPI Software Process Improvement 软件过程改进
SPLL System Phase Lock Loop 系统锁相环
SPM Service Process Module 业务处理模块
SPP Software Project Planning 软件项目计划
SPS Signal Process Subsystem 信令处理子系统
SPTO Software Project Tracking and Oversight 软件项目跟踪与监督

SQA Software Quality Assurance 软件质量保证

SQM Software Quality Management 软件质量管理

SQN Sequence Number 序列号

SR1 Spreading Rate 1 扩频速率 1

SRNC Serving Radio Network Controller 服务无线网络控制器

SRNS Serving RNS 服务 RNS

S-RNTI SRNC Radio Network Temporary Identity SRNC 无线网络临时识别

SRS Software Requirement Specification 软件需求说明

SSC Secondary Synchronization Code 辅助同步码

SSCF Service Specific Co-ordination Function 特定业务协调功能

SSCF-NNI Service Specific Coordination Function-Network Node Interface 特定业务协调功能—网络节点接口

SSCOP Service Specific Connection Oriented Protocol 特定业务面向连接协议

SSCS Service Specific Convergence Sublayer 特定业务聚合子层

SSDT Site Selection Diversity Transmission 地点选择分集传输

SSF System Support Function 系统支撑功能

SSM Software Subcontract Management 软件子合同管理

SSSAR Service Specific Segmentation and Re-assembly Sublayer 特定业务的分段和重组子层

STC Signaling Transport Converter 信令传送转换器

STTD Space Time Transmit Diversity 空间时间发射分集

SVBS Selector & Vocoder Bank Subsystem 选择器声码器子系统

SVC Switched Virtual Circuit 交换虚拟电路

SVE Selector & Vocoder Element 选择器/声码器单元

SVICM Selector & Vocoder Interface Control Module 选择器/声码器接口控制模块

SVM Selector & Vocoder Module 选择器声码器模块

SVP Selector & Vocoder Processor 选择器/声码器处理器

SVPM Selector & Vocoder & PCF Module 选择器/声码器/PCF 模块

SVPP Selector & Vocoder & PCF Processor 选择器/声码器/PCF 处理器

SW Status Word 状态字

TC Transmission Convergence 传输聚合

TCH Traffic Channel 业务信道

TCM Technology Change Management 技术变更管理

TCP Transmission Control Protocol 传输控制协议

TCP/IP Transfer Control Protocol/Interconnect Protocol 传输控制协议/因特网协议

TD-CDMA Time Division-Code Division Multiple Access 时分-码分多址

TDD Time Division Duplex 时分双工

TDMA Time Division Multiple Access 时分多址

TE Terminal Equipment 终端设备

TF Transport Format 传送格式

TFC Transport Format Combination 传送格式组合
TFCI Transport Format Combination Indicator 传送格式组合指示
TFCS Transport Format Combination Set 传送格式组合集
TFI Transport Format Indicator 传送格式指示器
TFM Timing Frequency Module 时钟/频率处理模块
TFS Timing &Frequency Subsystem 时频子系统
TLLI Temporary Link Level Identity 临时链路级识别
TLS Transport Layer Security 传送层安全性
TLV Tag Length Value 标签长度值
TMB Traffic Manage Board 流量管理板
TMN Telecommunication Management Network 电信管理网
TMSI Temporary Mobile Subscriber Identity 临时移动用户识别
TN Termination Node 终端节点
TOD Time of Date 时钟
TP Training Program 培训大纲
TPC Transmit Power Control 发射功率控制
TPDU Transfer Protocol Data Unit 传输协议数据单元
TPTL Transmission Power Track Loop 发射功率跟踪环路
TQM Total Quality Management 全面质量管理
TR Technical Report 技术支持
TrCH Transport Channel 传送信道
TRX Transmitter and Receiver 收发信机
TS Technical Specification 技术规范
T-SGW Transport Signalling Gateway 传送信令通路
TSNB TDM Switch Network Board T 网交换板
TSTD Time Switched Transmit Diversity 时间交换发射分集
TTI Transmission Timing Interval 传输时间间隔
TWG Technical Work Group 技术工作组
TX Transmit 发射机
UAF User Applications Function 用户应用功能
UARFCN UTRA Absolute Radio Frequency Channel Number UTRA 绝对无线频率信道号
UARFN UTRA Absolute Radio Frequency Number UTRA 绝对无线频率号
UART Universal Asynchronous Receiver Transmitter 通用异步收发器
UATI Unicast Access Terminal Identification AT 单播地址
UCS2 Universal Character Set 2 全体符号集 2
UDD Unconstrained Delay Data 非限制时延数据
UDP User Datagram Protocol 用户数据报协议
UDR User Data Record 用户数据记录
UE User Equipment 用户设备

UER User Equipment with ODMA Relay Operation Enabled 带有 ODMA 中继操作使能的用户设备

UI User Interface 用户接口

UICC Universal Integrated Circuit Card 通用集成电路卡

UIM Universal Interface Module 通用接口模块

UL Uplink（Reverse Link）上行链路（反向链路）

ULB Universal LED Board 通用 LED 显示板

UM Unacknowledged Mode 无应答模式

UMS User Mobility Server 用户移动性服务器

UMTS Universal Mobile Telecommunications System 全球移动电信系统

UNI User-Network Interface 用户-网络接口

UP User Plane 用户平面

UPM User Programming Machine 用户可编程状态机

UPT Universal Personal Telecommunication 全球个人电信

URA User Registration Area 用户登记区

URAN UMTS Radio Access Network UMTS 无线接入网

URI Uniform Resource Identifier 统一资源标识符

URL Uniform Resource Locator 统一资源定位器

U-RNTI UTRAN Radio Network Temporary Identity UTRAN 无线网络临时识别

USC UE Service Capabilities UE 业务能力

USCH Uplink Shared Channel 上行链路共享信道

USIM Universal Subscriber Identity Module 全球用户识别模块

USSD Unstructured Supplementary Service Data 无结构的补充业务数据

UT Universal Time 全球时间

UTD Detecting Voltage of Temperature 温度检测电压

UTRA Universal Terrestrial Radio Access 全球陆地无线接入

UTRAN Universal Terrestrial Radio Access Network 全球陆地无线接入网络

UUAF Unit User Applications Function 单元用户应用功能

UUI User-to-User Information 用户-用户信息

UUS Uu Stratum Uu 层

UWSF Unit Workstation Functions 单元工作站功能

VAF Voice Activity Factor 语音激活因子

VASP Value Added Service Provider 增值业务提供商

VBR Variable Bit Rate 可变的比特速率

VBS Voice Broadcast Service 语音广播业务

VC Virtual Circuit 虚拟电路

VCO Voltage Control Oscillator 压控振荡器

VGCS Voice Group Call Service 语音群呼业务

VHE Virtual Home Environment 虚拟归属环境

VLR Visitor Location Register 拜访位置寄存器
VMS Voice Mail System 语音邮箱系统
VoIP Voice over IP IP 上传的语音
VPLMN Visited Public Land Mobile Network 可访问的公共陆地移动网
VPM VLR Processing Module VLR 处理模块
VPN Virtual Private Network 虚拟专用网
VSWR Voltage Standing Wave Ratio 电压驻波比
VTC Voice Transcoder Card 语音码型变换板
WAE Wireless Application Environment 无线应用环境
WAP Wireless Application Protocol 无线应用协议
WBS Work Breakdown Structure 工作分解结构
WCDMA Wideband Code Division Multiple Access 宽带码分多址
WCF Workstation Control Function 工作站控制功能
WDP Wireless Datagram Protocol 无线数据报协议
WIN Wireless Intelligent Network 无线智能网
WMF Windows Management Function 窗口管理功能
WPB Wireless Protocol Process Board 无线协议处理板
WSF Workstation Function 工作站功能
WSP Wireless Session Protocol 无线会话协议
WTA Wireless Telephony Applications 无线电话应用
WTAI Wireless Telephony Applications Interface 无线电话应用接口
WTLS Wireless Transport Layer Security 无线传送层安全性
WTP Wireless Transaction Protocol 无线处理协议
WTX Waiting Time Extension 等待时间扩展
WWT Work Waiting Time 工作等待时间
XRES Expected User Response 希望用户的响应

参考文献

[1] 陈良.手机原理与维护[M].西安:西安电子科技大学出版社,2009.
[2] 崔雁松.移动通信技术[M].西安:西安电子科技大学出版社,2010.
[3] 郭梯云.移动通信[M].3版.西安:西安电子科技大学出版社,2010.
[4] 韦惠民.移动通信技术[M].西安:西安电子科技大学出版社,2011.

检
18